图像处理前沿技术丛书

高光谱图像分类技术

李伟 张蒙蒙 陶然◎著

U0377355

人民邮电出版社

北京

图书在版编目（CIP）数据

高光谱图像分类技术 / 李伟，张蒙蒙，陶然著.
北京 ： 人民邮电出版社，2024. -- （图像处理前沿技术
丛书）. -- ISBN 978-7-115-64449-7

Ⅰ. TP751

中国国家版本馆 CIP 数据核字第 2024N403N2 号

内 容 提 要

　　本书以高光谱图像分类技术为核心，采用理论方法详解与实验分析论证相结合的方式，从高光谱显微图像维度约减及分类技术、多尺度深度学习的医学高光谱显微图像分类技术，到高光谱图像结构感知学习、空间信息提取的地物分类技术，再到多源数据融合分类技术等多个方面，介绍了高光谱图像分类领域的理论发展和前沿技术。

　　本书可作为从事高光谱图像分类解译研究的科研人员的工具书，帮助从业人员系统了解高光谱图像分类解译方法的研究进展，同时使读者能够全面地了解高光谱图像分类技术的发展脉络和最新进展。

- ◆ 著　　　　李　伟　张蒙蒙　陶　然
  责任编辑　郭　家
  责任印制　马振武
- ◆ 人民邮电出版社出版发行　　北京市丰台区成寿寺路 11 号
  邮编　100164　电子邮件　315@ptpress.com.cn
  网址　https://www.ptpress.com.cn
  涿州市般润文化传播有限公司印刷
- ◆ 开本：700×1000　1/16
  印张：15.75　　　　　　　　2024 年 9 月第 1 版
  字数：283 千字　　　　　　 2024 年 9 月河北第 1 次印刷

定价：129.80 元

读者服务热线：(010)81055410　印装质量热线：(010)81055316
反盗版热线：(010)81055315
广告经营许可证：京东市监广登字 20170147 号

近年来，传感技术与信息技术实现了跨越式发展，已成功应用于社会生活的各个方面，涵盖航天遥感、工业控制、军事侦察及生物医学等领域。在诸多传感手段中，高光谱传感可同时实现目标光谱获取及目标空间成像，是最重要的信息探测方式之一。与利用宽波段传感探测手段采集的图像相比，高光谱图像的光谱特征峰的半峰宽通常更窄，在物质属性鉴别方面有不容忽视的潜力。因此，从待观测目标的精准解译和典型地物的诊断性识别角度来看，高光谱数据具有红外数据、可见光数据等无法比拟的优势。同时，机器学习等人工智能技术的进步，进一步推动了高光谱图像解译研究的发展，使得高光谱图像分类技术成为遥感及图像处理领域最热门的研究课题之一。

尽管基于高光谱进行物质分类的研究已经成功应用于诸多领域，但是，对于如何抽取高价值数据特征，提高高光谱观测区的信息解译及分类准确性，仍面临以下几点挑战。第一，高光谱图像蕴含丰富的光谱信息，存在数据维度高、冗余度高、非线性等特点。因此，高光谱图像的分析与处理手段通常涉及机器学习的降维算法。第二，高光谱遥感难以同时兼顾空间与光谱感知的辨识力，其光谱与空间分辨率常呈现不平衡状态，存在高光谱分辨率、低空间分辨率的情况，因此，高光谱图像面向复杂场景的分类结果通常并不理想。第三，单源高光谱无法全面揭示地物的空间纹理、散射特性、高程信息等属性，单源高光谱图像易受云雾等复杂天气的干扰，基于单源高光谱实施分类存在较强的不确定性。积极探索其他有效信息源，提高高光谱图像分类可靠性，构建多源协同表达，是有效提升观测效能和观测质量的有效手段。本书基于高光谱图像分类技术，从特征提取、维度约减、多尺度深度学习、结构感知、空间信息提取、多源数据融合分类等多个角度，采用理论方法详解与实验分析论证相结合的方式，深入阐述了高光谱图像分类技术的原理、方法及应用，构建了较为完整的高光谱图像分类体系。

　　本书力图为读者全面、系统地展现高光谱图像分类技术的发展脉络和最新进展，为相关领域的科研人员和工程技术人员提供全面的参考。

目　录

第 1 章　高光谱图像分类概述 ·········· 1

　1.1　高光谱图像 ·········· 1

　1.2　高光谱图像分类现状 ·········· 3

　　1.2.1　高光谱图像特征提取方法 ·········· 3

　　1.2.2　高光谱分类器设计方法 ·········· 7

　　1.2.3　高光谱图像特征提取及分类难点分析 ·········· 11

　参考文献 ·········· 13

第 2 章　高光谱显微图像维度约减及分类 ·········· 19

　2.1　高光谱显微图像成像系统及数据采集 ·········· 19

　　2.1.1　高光谱显微图像成像系统 ·········· 19

　　2.1.2　膜性肾病病理组织标准化数据采集及预处理 ·········· 20

　2.2　基于空谱密度峰值的高光谱显微图像维度约减 ·········· 25

　　2.2.1　引言 ·········· 25

　　2.2.2　相关原理与方法 ·········· 26

　　2.2.3　基于空谱密度峰值的维度约减方法 ·········· 27

　　2.2.4　实验内容及结果分析 ·········· 30

　2.3　基于张量表示的高光谱显微图像多特征提取 ·········· 39

　　2.3.1　引言 ·········· 39

1

2.3.2 张量相关原理与知识 ……………………………………………… 39

2.3.3 基于判别张量的多特征融合提取算法 ……………………… 39

2.3.4 实验内容及结果分析 ……………………………………………… 43

2.4 基于张量回归分析的高光谱显微图像分类 ………………………… 52

2.4.1 引言 ……………………………………………………………………… 52

2.4.2 最小二乘回归分析方法 ……………………………………………… 52

2.4.3 基于张量块的判别线性回归分析方法 ……………………… 52

2.4.4 实验内容及结果分析 ……………………………………………… 55

参考文献 ………………………………………………………………………… 60

第 3 章　高光谱显微图像多尺度深度学习分类 ……………… 63

3.1 基于深度学习的高光谱显微图像膜性肾病分类 ……………… 63

3.1.1 图像数据预处理 ……………………………………………………… 63

3.1.2 膜性肾病分类模型 …………………………………………………… 68

3.1.3 实验内容及结果分析 ……………………………………………… 74

3.2 基于深度特征融合网络的高光谱显微图像分类 ……………… 83

3.2.1 深度特征融合网络 …………………………………………………… 84

3.2.2 实验内容及结果分析 ……………………………………………… 88

3.3 基于 Gabor 引导 CNN 的高光谱显微图像分类 ……………… 93

3.3.1 基于 CNN 和 Gabor 滤波器的分类算法 ……………… 94

3.3.2 实验内容及结果分析 ……………………………………………… 97

参考文献 ………………………………………………………………………… 102

第 4 章　高光谱图像结构感知学习模型及分类 ……………… 104

4.1 基于结构感知协同表示的高光谱图像分类 ………………… 104

4.1.1 引言 ……………………………………………………………………… 104

4.1.2 SaCRT 模型 …………………………………………………………… 105

4.1.3 实验内容及结果分析 ．．．．．．．．．．．．．． 109

4.2 基于 DMLSR 的高光谱图像分类 ．．．．．．．．．． 123

4.2.1 引言 ．．．．．．．．．．．．．．．．．．．．． 123

4.2.2 DMLSR 模型 ．．．．．．．．．．．．．．．． 124

4.2.3 实验内容及结果分析 ．．．．．．．．．．．．．． 126

4.3 基于 ICS–DLSR 的滨海湿地数据样本空间变换 ．．． 140

4.3.1 引言 ．．．．．．．．．．．．．．．．．．．．． 140

4.3.2 滨海湿地典型地物高光谱遥感数据特征分析 ．． 141

4.3.3 基于回归表示的样本空间变换及 ICS-DLSR 模型 ．．． 143

4.3.4 滨海湿地数据样本空间变换效果分析 ．．．．． 145

4.4 基于 SPCRGE 的高光谱图像分类 ．．．．．．．．． 149

4.4.1 引言 ．．．．．．．．．．．．．．．．．．．．． 149

4.4.2 模型基础 ．．．．．．．．．．．．．．．．．．． 151

4.4.3 SPCRGE 模型 ．．．．．．．．．．．．．．．． 153

4.4.4 实验内容及结果分析 ．．．．．．．．．．．．．． 155

参考文献 ．．．．．．．．．．．．．．．．．．．．．．．．． 169

第 5 章 高光谱图像空间信息提取及分类 ．．．．．．．． 173

5.1 基于多形变体输入的深度学习高光谱图像分类 ．．． 173

5.1.1 DR-CNN 模型 ．．．．．．．．．．．．．．．． 173

5.1.2 多形变体输入及特征提取 ．．．．．．．．．．．． 175

5.1.3 DR-CNN 模型训练 ．．．．．．．．．．．．．． 180

5.1.4 实验内容及结果分析 ．．．．．．．．．．．．．． 181

5.2 基于像素对的数据增强及高光谱图像分类 ．．．．． 194

5.2.1 像素配对模型 ．．．．．．．．．．．．．．．．． 195

5.2.2 基于像素对输入的深度特征提取 ．．．．．．．． 195

5.2.3 实验内容及结果分析 …………………………………………… 196

5.3 基于像素块配对的高光谱图像深度网络分类 …………………………… 202

5.3.1 基于数据增强的 CNN 分类模型 ……………………………… 203

5.3.2 传统样本扩充方法 ……………………………………………… 204

5.3.3 基于像素块配对的样本扩充方法 ……………………………… 205

5.3.4 实验内容及结果分析 …………………………………………… 208

参考文献 ………………………………………………………………… 213

第 6 章　高光谱多源数据融合分类 ………………………………… 216

6.1 多源遥感融合分类研究现状 ………………………………………… 216

6.1.1 多源传感器融合分类研究现状 ………………………………… 216

6.1.2 基于高光谱的多源遥感融合分类研究现状 ………………… 218

6.2 基于 CNN 的高光谱多源数据融合分类 ………………………… 220

6.2.1 双通道 CNN 与级联 CNN ……………………………………… 221

6.2.2 双分支 CNN 训练及分析 ……………………………………… 223

6.2.3 实验内容及结果分析 …………………………………………… 224

6.3 基于结构信息聚合的 HSI 与 LiDAR 数据的融合分类 ………… 232

6.3.1 基于 IP-CNN 的结构信息聚合分类模型 …………………… 233

6.3.2 语义信息导向的分类模型及训练策略 ……………………… 234

6.3.3 HSI 协同 LiDAR 数据分类实验 ……………………………… 235

参考文献 ………………………………………………………………… 242

第1章　高光谱图像分类概述

1.1　高光谱图像

高光谱图像（Hyperspectral Image，HSI）是指光谱分辨率在 $10^{-2}\lambda$（λ 为波长）数量级的光谱图像，图 1.1 展示了目标区域不同地物的反射光谱曲线，它们具有不同的形状，是这些地物的"指纹"。生活中常见的彩色图像是将可见光波段 400～720nm 分成红、绿、蓝三个通道后所形成的 RGB 图像，而高光谱成像技术则是将成像范围划分为几十甚至上百个连续且细分的光谱窄波段，与多光谱图像相比，高光谱图像具有更高的光谱分辨率，一般为 2～20nm；同时高光谱成像技术不局限于可见光的成像范围，还可在紫外、近红外和中红外等更广范围内进行成像，从而提供更丰富的信息。

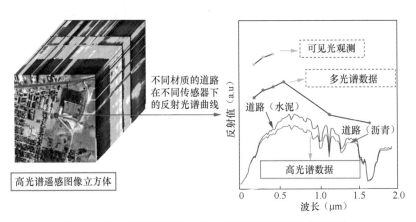

图 1.1　高光谱遥感图像立方体与相应反射光谱曲线示意

随着传感技术的不断进步，高光谱成像技术得到了快速发展，该技术最早应用于遥感成像领域，地物分类是高光谱遥感的基础应用之一。高光谱图像实现了空间信息和光谱信息的有效结合，能够更加精准地反映地物的类别信息，已成功应用于航天遥感、农业监测和地质灾害预警等诸多领域，如图 1.2 所示。同时，高光谱成像技术与其他成像技术的结合也使得高光谱成像技术的应用范围不再局限于最初的遥感成像领域。例如：在生物医学领域，高光谱成像技术与显微成像技术结合产生的高光谱显微图像成像技术能够从微观角度有效表征组织和细胞的精细光谱特征，为识别组织和细胞的病变状态提供了强有力的信息支撑，已成功应用于肾病和皮肤病的诊断[1-5]。

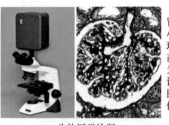

肾小球高光谱图像

农业监测　　　　　　　　　　　生物医学诊断

图 1.2　高光谱图像在自然资源监测和生物医学中的应用示意图

对于不同物质，高光谱图像能够表现出不同的光谱反射与辐射特征，其物理机制是物质内部不同的分子、原子和离子对应不同能级，能在特定频率下产生能级跃迁，由此引起不同波长的光谱发射和吸收，从而产生不同的光谱特征[6]，形成了工作波段多、宽度窄、识别能力强的数据集合体。在高光谱遥感成像领域，通过将高光谱成像设备搭载在卫星或无人机上对目标区域进行扫描，得到目标区域地物的发射光谱，最终获得目标区域的高光谱遥感图像。高光谱成像技术利用成像光谱仪，将表征光谱响应的一维特征信息与反映目标分布情况的二维几何信息进行联合获取[7]，实现了高光谱图像既能够以图像方式刻画目标，还能够借助精细电磁波谱进行光谱探测，实现了图像与光谱信息的结合。高光谱图像具有明显优势，既能够从空间维检测、识别物体，又能够基于光谱维的精细特征来分析、识别物体的成分。相较于其他数据源，高光谱图像具有以下几个特点。

（1）具有出色的光谱分辨率，能够辨别不同地物光谱的细微差别，包含大范围且小间隔连续的波段，从可见光至近红外，再到远红外。

（2）基于物体产生的不同电磁辐射，高光谱图像呈现出不同的光谱信息，实现检测识别。此外，图谱合一的特色使得高光谱图像可以同时捕捉空间信息和光谱信息，实现对典型物体的诊断分析。

（3）高光谱仪能够捕获丰富的光谱信息，而密集的光谱波段使得高光谱图像各个通道间具有较强的相关性，同时通道间的冗余信息也给分析和处理数据带来了一定的挑战。

（4）光谱分辨率高于大多数多光谱图像，但在传感器接收信号并成像时一般难以同时实现较高的空间分辨率和光谱分辨率，两者存在一定的制约关系，通常光谱分辨率大于空间分辨率[8]。

高光谱图像在物质属性鉴别方面有不容忽视的潜力，受到国内外普遍重视，而高光谱成像技术的逐渐成熟，又为高光谱图像分析研究工作的开展提供了技术保障。与此同时，机器学习等人工智能技术的进步，进一步推动了高光谱图像解译研究的发展，使得基于高光谱图像的精细分类成为热门的研究课题之一。利用计算机技术对高光谱图像中的光谱、空间等信息进行解译，有助于实现物体的自动化和智能化识别，也有助于提高识别的高效性和准确性。高光谱图像分类作为高光谱数据处理流程中基本且关键的一环，属于典型的模式识别问题。

1.2　高光谱图像分类现状

基于高光谱图像的分类研究是图像处理领域的研究热点之一，也是遥感和显微领域最重要且最基本的任务之一。对经过几何校正等预处理的高光谱数据来说，高光谱图像分类一般包括特征提取和分类判决两个过程。

1.2.1　高光谱图像特征提取方法

对高光谱图像进行特征提取，有三方面的必要性。首先，高光谱数据量大、测量复杂度很高且波段之间具有强相关性[9]，这使得基于高光谱图像的分析处理涉及的运算量较大，给计算机带来很大的计算负担。然后，高光谱图像的光谱相关系数大，易造成高光谱冗余信息堆叠，冗余度还随成像波段数目以及成像分辨率的增加而增加，严重影响分类有效性。最后，高光谱图像标签样本采集困难，人工标注成本高昂，实际应用中有效训练样本数量不足，小样本问题成为掣肘高光谱数据分析的难题。简言之，高光谱图像的高特征维度、高冗余度、高数据体量以及低样本标注量，极大增加了数据分析的难度，容易造成"维数灾难（也称维度灾难）"现象[10]。

特征提取能为分类器提供冗余度更小、可分性更强的信息表达，可作为高光谱图像的预处理步骤[11]，也是保证分类器实现理想分类性能的关键。因此，为降低高光谱图像分析的系统复杂度，提高后续分类结果可靠性，国内外学者探索了一系列高光谱图像的特征提取方案，在改善高光谱图像分类性能的同时降低了数据分析的抽象复杂程度。

高光谱图像特征提取，就是在对高光谱实施数据分析的过程中，对输入数据所包含的抽象特征进行处理和预分析，将代表性强、抗干扰能力好的信息作为数据的特征进行针对性提取，也可将其视作数据冗余信息的去除过程。对于高光谱图像分类任务而言，图像识别的精度可以由所提取特征包含的信息的纯度来保证。另外，当高光谱图像特征信息量小于原始数据量时，还可以间接地提高分类任务的运算速度。目前，依据高光谱图像特征提取、处理形式的不同，有学者对高光谱图像特征提取方法进行了划分 [11]。

（1）将数据先验标签利用度纳为划分标准，基于真值标签使用情况，将特征提取方法进一步分为有监督、无监督和半监督特征提取算法。

（2）将高光谱数据使用方式纳为划分标准，基于空、谱信息利用情况，将特征提取方法分为光谱特征提取算法和空谱联合特征提取算法。

（3）将特征空间利用方式纳为划分标准，基于特征提取运算方式，将特征提取方法分为线性特征提取算法和非线性特征提取算法。

由于三种特征提取方法存在交叉重叠，本章基于内容穿插方式对上述三种特征提取方法展开描述。

特征提取通常是基于特征统计量间的线性操作，将高光谱数据投影至特征空间，并将该空间内衍生的新特征作为后续数据处理目标。独立成分分析（Independent Component Analysis，ICA）[12] 以及主成分分析（Principal Component Analysis，PCA）[13] 是使用最广泛的两种无监督特征提取算法。基于 PCA 实施高光谱图像特征提取及分类的研究较多，技术手段也较为成熟 [14]。另外，经典的有监督特征提取算法有：非参数权重特征提取（Non-parameter Weighted Feature Extraction，NWFE）和线性判别分析（Linear Discriminant Analysis，LDA）等。例如，Du 等探究了 LDA 在高光谱图像中的应用，有效利用 LDA，将高光谱数据变换至类间距离最大化且类内距离最小化的子空间内，以有监督方式捕获了分类指向性较强的判别特征 [15]。除此之外，针对高光谱图像分类任务，Bandos 等分析了 5 种不同的基于 LDA 的方法，针对不适定问题提出了有监督正则化线性判别分析的方法，改善了分类效果 [16]。非参数特征提取算法在非正态分布的数据分析中比有参数特征提取算法更有优势，能够提取更多的数据特征，Yang 等利用基于余弦的非参数特征提取算法实施高光谱图像特征提取，之后进行高光谱图像分类，该方法通过使用基于余弦距离的散度矩阵，有效减小了样本中异常点的影响 [17]。这些有监督特征提取算法均能够有效提升高光谱图像分类的有效性，但高光谱数据样本标注代价高，带标签样本数量有限，难以满足实际应用的需求，Li 等针对此问题提出了基于线性判别分析及模糊线性判别分析散度矩阵的半监督特征提取算法，在保证数据分析效果的前提下有效提高了小样本情况下的分类精度 [18]。

虽然上述方法利用特征的变换运算捕获了较为关键的信息，在一定程度上有效改善了高光谱图像分类效果，但它们本质上属于线性特征提取算法，线性特征提取算法的使用需假设数据分布呈线性结构，此类模型对非线性结构数据的分析难以达到最优效果。高光谱成像仪在对地拍摄过程中易受大气干扰、多路径散射、折射以及介质衰减等随机因素影响，这使得捕获的数据呈现复杂的非线性特征 [11]，在该种情况下，线性特征提取算法的使用易导致原始信息流失，制约分类效果的进一步提升，为了解决该问题，国内外研究者先后提出了一系列非线性特征提取算法 [19]。流形学习特征提取算法旨在挖掘和利用数据中隐藏的线性或非线性的流形结构，有助于实施数据的非线性降维，因此被引入高光谱领域 [20]。除此以外，也有许多非线性特征降维方法 [21-24] 被应用于高光谱图像特征提取，并且取得了较好的分类效果。核方法基于模式可分性理论，在数据分析过程中完成了由线性变换至非线性变换的转换，具体而言，核方法将原始数据空间内不可分的数据映射至高维特征空间，以便在高维特征空间内实施数据特征提取。Fauvel 等将核 PCA 应用到高光谱图像分类中，而且有效论证了基于核 PCA 提取的特征比基于常规 PCA 提取的特征具备更好的可分性 [25]。另外，Kuo 等将 NWFE 扩展到核领域，基于核 NWFE 实施高光谱图像特征提取，该方法表明核 NWFE 兼具线性变换方法以及非线性变换方法的优势，分类效果优于 NWFE 以及决策边界特征提取等方法 [26]。Lee 等还提出了基于核函数的局部判别分析降维法 [27]，类似的方法还有基于核的半监督判别分析法 [28] 等。

仅依赖光谱信息实施特征提取及分类并不能保证分类结果的可靠性，为有效利用高光谱数据，国内外研究者还开展了基于高光谱空谱联合特征提取与分析的相关研究。Zhou 等提出了一种空谱正则局部判别嵌入的高光谱图像特征提取算法 [29]，用于提取高光谱图像的空谱联合特征，该算法通过最小化局部空谱散度以及最大化总体数据散度，实现特征提取过程中的最优判别投影。Yuan 等提出了一种用于提取空谱特征表示的共享线性回归方法 [30]，该回归方法基于凸集计算线性投影矩阵，同时有效刻画高光谱空间表达，从而获取类别可分性较好的特征，以改善分类效果。Erturk 等将经验模态分解（Empirical Mode Decomposition，EMD）和光谱梯度增强联用，进行高光谱图像特征提取 [31]，该方法通过提取模态函数的权重来优化总体绝对谱梯度，采用基于遗传算法的优化策略自动获得权重，有效提高了高光谱数据的分类可靠性。

除了以上空间信息结合方式，一些可见光图像处理领域的特征提取方法因能够有效刻画图像的空间纹理，也被广泛引入高光谱空谱联合特征提取的相关研究。例如，灰度共生矩阵（Gray-Level Co-occurrence Matrix，GLCM）是 Haralick 等人提出的一种纹理统计方法[32]，该方法提取基于图像统计信息的特征，常用于可见光图像处理领域。GLCM 通过计算图像中像元间的灰度相关性，表征图像在空间方位等方面的相关性以及图像的纹理统计特性等[33]。在高光谱领域，Tsai 等使用 GLCM 设计了高维半方差分析策略，该方法提取的特征是更有助于分类的判别性特征[34]。虽然 GLCM 特征能有效反映图像在空间位置以及纹理结构等方面的局部模式信息，但它无法描述形状、空间结构等方面的全局分布性信息，因此它主要被用于纹理特征提取[35]。除 GLCM 方法外，许多在可见光图像处理领域广泛使用的频谱变换类方法也被应用于高光谱空谱联合特征提取中。例如，Li 等基于 Gabor 滤波器提取的纹理特征，实施了基于距离权重的最近正则子空间分类，在有效利用高光谱空间信息的基础上改善分类效果[36]。Yin 等针对特征维度过高和频谱离散等问题，利用三维 Gabor 滤波器提取特征，在保持光谱连续的同时实现了对特征维度的有效控制[37]。除此之外，将三维小波变换[38]以及自适应多级维纳滤波器[39]作为高光谱图像特征提取手段，也能够提升分类效果。形态学特征提取方法可通过对图像实施多尺度开、闭以及重构运算，实现对表达区域形状的鲁棒性特征提取，也应用于高光谱空谱联合分析任务中。Benediktsson 等率先在高光谱图像中采用形态学方法作预处理，并提取了相应特征[40]，此后，Pablo 等提取了扩展形态学特征（Extended Morphological Profile，EMP），将其用于空谱协同化的分类[41]。不仅如此，研究者们还提出了一系列形态学特征提取的改进方法[42-45]，进一步提升了高光谱图像特征提取及分类的效果。

针对高光谱图像特征提取问题，本节基于光谱分析与空谱联合分析两个角度进行系统调研，图 1.3 为调研结果。通过分析研究现状可知，高光谱图像空间信息及光谱信息的结合使用是提高对地识别分类精度的有效方法，也是当前的研究热点之一。然而，现有的空谱联合特征提取算法致力于调控高光谱数据的空间利用度，缺乏对空间分布信息的规划性解读，同时，现有方法在强调空谱融合性的同时也降低了高光谱端元的光谱精确度，致使在空间分布复杂度较高的场景下仍旧存在错分、误分情况。因此，针对高光谱空谱合一的优势特性，若能进一步提升空间信息利用的精准性，减少光谱信息使用损失，实现空谱有机融合，将有助于进一步增强高光谱图像分类效果[46]。

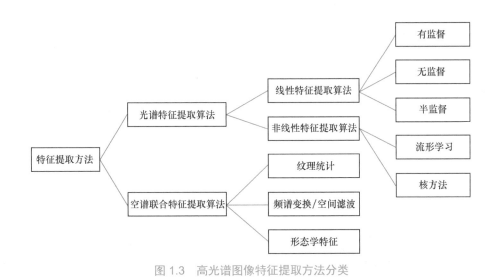

图 1.3 高光谱图像特征提取方法分类

1.2.2 高光谱分类器设计方法

高光谱图像分类本质上是对未标记像素进行类别划分，是进行图像解译和信息获取的主要方式之一。我们将在本节对现有高光谱图像分类方法的研究现状进行系统分析，与高光谱图像特征提取方法的分析过程类似，本节分析同样基于算法发展历程，以层次递进的方式进行，图 1.4 为高光谱图像分类方法总体层次图。

传统分类方法依赖光谱数据库，通过将目标样本的光谱信息和标准光谱库中已知样本的光谱信息进行相似性匹配，找出最接近的样本，达到分类目的。这种基于光谱相似性进行分类的方法包括光谱编码法、光谱投影法以及信息度量法等。光谱编码法以编码方式描述高光谱的光谱特征，将计算出的编码和标准光谱库内的多项编码作校验对比，达到分类目的。光谱编码主要包括光谱二值编码、多阈值编码和光谱吸收特征编码。该类方法操作简单，但编码阈值的选择对光

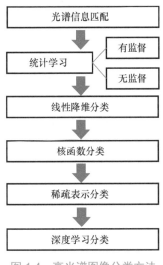

图 1.4 高光谱图像分类方法总体层次图

谱生成结果影响较大，容易因光谱编码不当造成光谱信息丢失[47]。光谱角匹配（Spectral Angle Match，SAM）是能够有效降低光谱信息损失的光谱匹配法，

该方法是较为典型的光谱投影法，依据映射投影的相关结果刻画样本间相似情况。SAM 将光谱信息视为光谱空间的高维矢量，测算目标样本与标准光谱库中各标准数据样本之间的夹角，计算二者相似性，达到分类目的。SAM 对光谱匹配情况的刻画方式立足于光谱向量的空间形态，可以有效去除光谱亮度对匹配任务的负面影响并降低光谱信息损失，但是，该方法容易受到光谱不确定性的影响，光谱差异性为匹配阈值的合理设置增加了难度[46]。光谱信息散度（Spectral Information Divergence，SID）是基于信息度量的光谱相似性测度算法，通过计算目标样本与标准光谱库中各标准数据样本之间的概率冗余度来衡量光谱间的相似性。与 SAM 相比，SID 是一种与概率相关的随机算法，光谱相似性度量效果要优于 SAM[48]。

综上所述，光谱信息匹配基于某种相似性准则函数测算目标样本与标准光谱的相似性，以该相似性计算值为基准实现目标样本的最终分类。虽然上述方法在高光谱图像分类应用中取得了一定的效果，但是由于高光谱数据采集及数据处理过程易引入干扰，加上观测区域分布复杂、地物目标类型多样，这使得高光谱数据中存在"同谱异物"以及"同物异谱"现象，因此，仅仅依赖标准光谱库中的典型光谱进行匹配存在统计可变性，给地物分类带来极大不确定性。

基于统计模式的地物分类方法综合考虑了地物及相应光谱存在的多种形态，相对光谱信息匹配，其鲁棒性更强，引起广泛关注。基于统计模式的地物分类方法从观测数据出发，得出新的分类判读规律，从而对未知样本实施分类[49]。近年来，基于统计学习的高光谱图像分类算法得到了广泛研究，与高光谱图像特征提取过程类似，根据训练阶段是否依赖数据的标签样本信息，基于统计学习的高光谱图像分类方法被划分为无监督分类和有监督分类两种。无监督分类基于样本在特征空间上的距离或相似性对样本进行子簇划分，这种子簇聚类过程独立于样本先验知识，且能通过特定度量方法衡量样本的聚合度与相似性，增大类间距离的同时缩小类内差异性。经典的无监督分类方法有迭代自组织数据分析技术算法（Iterative Self-Organizing Data Analysis Technique Algorithm，ISODATA）和 K- 均值法。例如，Rahman 等正是利用 ISODATA 进行高光谱图像分类并提取信息[50]。无监督分类方法操作便捷且算法复杂度较低，但该类方法的可靠性与准确性较差，通常被用作有监督分类方法的辅助算法。在高光谱图像分析中，有监督分类方法仍是分类任务中采用的主要方法，典型的有监督分类方法有最小距离法、马氏距离（Mahalanobis Distance，MD）法、K- 近邻算法[51]、Fisher 线性判决法[52] 以及极大似然分类法等。其中，极大似然分类法是高光谱分析中使用较为广泛的有监督分类方法，它假设高光谱像素在高维空间服从多维高斯分布，基于相关准则构建判别函数，在有限样本下求解参数估计问题。该方法在训练样本充足时分类较为理想，然而，由于高光谱图像图幅大且校准困难，通常较难获取足够多的训练数据。因此，在实际任务中，极大似然分类法的分类效果并不理想。

小样本之所以成为掣肘高光谱图像分类的重要问题，关键原因在于高光谱图像的高维度特性，数据维度过高且与有效样本较少联立，极易促使分类模型陷入"Hughes"现象。该现象又称为"维数灾难"现象，在既定数量的训练样本下，数据维度达到某上界后，模型分类效果随维度的进一步提高而下降。基于此，许多线性特征降维方法被提出[53-54]。虽然该类方法改善了分类效果，但是这类方法专注于数据降维，缺乏对高光谱数据的全面表征。另外，高光谱图像还存在信号冗余及地表异质等导致的结构非线性问题，上述基于线性空间的分类算法限制了高光谱图像的分类有效性。基于核函数的分类方法能够很好地解决复杂非线性问题，该类方法通过将低维空间中的数据依托核函数变换至样本区分度更好的高维特征空间来完成分类。换句话说，基于核函数的分类方法能够通过核函数、利用线性分类方法解决非线性问题。较为常用的核函数分类法为支持向量机（Support Vector Machine，SVM）分类器。Vapnik 等基于统计学习与结构风险优化策略提出了 SVM[55]，该算法基于有限样本信息平衡模型的特异性与普适性识别能力，在小样本情况下能够实现较为理想的分类效果，因而在高光谱图像分类任务中被广泛应用[56]。Das 等基于多分类支持向量机与二次 Fisher 判别分析对高光谱图像实施分类[57]；Lin 等将多项式核函数与径向基核函数结合，形成了新的 PRBF 核函数模型，设计了用遗传算法优化的高光谱支持向量机分类器[58]。此外，Gao 等将基于子空间投影的多项式逻辑回归技术进行了应用型拓展，为每种类别关联的子空间构建 SVM 非线性函数[59]，该算法在提高训练及测试速度的同时还能有效提升分类效果。上述基于 SVM 分类的超平面概念设计方法在高光谱数据分析中均取得了较好效果。然而，由于 SVM 是面向二分类任务构建的分类器，在实现多类别分析任务时，通常需将若干二分类参数优化归并至单个优化问题中，该优化任务的求解涉及的变量多且计算量大。因此，就高光谱图像分类任务而言，虽然 SVM 适用于小样本学习且抗噪性较好，但其精度和计算效率受分类器参数影响较大，核函数自适应选择及优化求解变量等过程仍需进一步完善。

另外，高光谱数据结构存在内在稀疏性。遥感学者对高光谱数据特性的深入认识，再结合压缩感知[60]及协作表征技术的推广，推动了面向高光谱数据的稀疏表示研究的不断发展。稀疏表示分类器通过将高光谱像元构建为少量字典像元与对应系数项的线性组合，对高维数据进行有效表征，通过搜索最小重构残差项完成对应分类过程。Zhang等设计了非局部权重联合稀疏表示分类法，在该模型中，测试像素邻域窗内的像元被配以不同权重，这种特异性的稀疏模型利用方式有效改善了高光谱图像分类效果[61]。Liu等基于空间及光谱信息整合，实施了基于核函数的稀疏表示分类，将该方法与其他技术进行了对比，结果表明该方法具备较强分类优越性[62]。纵观高光谱数据分析过程中涉及的稀疏技术，其在有效传递数据源类别标识信息的同时大大简化了信号处理过程，同时，它区别于可分性与复杂度呈正相关的高光谱图像分类方法，为高光谱图像分类算法的设计贡献了新思路。在单纯稀疏表示工作的基础上，Li等还提出将协同表示和稀疏表示联合应用于高光谱图像分类任务，有效解决了单纯稀疏约束对字典原限定性过强、不能很好地反映类内变化的问题[63]。该研究不仅有效提高了分类精度及可靠性，也为协同稀疏在内的多元约束构建与优化提供了新的解决思路。

近年来，一些新的模式识别分类方法也被应用于高光谱图像分类，决策树[64]、随机森林[65]以及深度学习方法被先后应用于高光谱图像分类，不同程度地改善了高光谱图像的分类效果。特别是伴随深度学习技术的发展与推广，一系列新型高光谱地物分类策略被不断提出。深度学习方法不同于传统的统计分类方法中分类设计独立于数据分布的假设，它通过样本的信息传递与损失来优化更新模型参数，整体鲁棒性强且具有较强非线性逼近能力，可以构建出用数学模型难以刻画的复杂系统。因此，深度学习方法能更好地处理和分析光谱及空间分布复杂的高光谱图像。Chen等率先提出将深度学习的概念引入高光谱图像分类，首先验证了堆叠自编码器的有效性[66]。另外，具备局部连接和权重共享设计的卷积神经网络（Convolutional Neural Network，CNN）由于大大减少了参数计算量而被广泛应用，国内外学者将其与高光谱图像分类任务成功结合。Hu等率先在高光谱数据分析中运用CNN设计了分类器，该方法基于光谱特征提取与全连接分类，提升了分类效果[67]。Zhao等提出了结合空间信息的CNN分类方法，该方法首先利用多尺度卷积自动编码器提取高光谱图像特征，然后基于逻辑回归分类器对相关特征进行分类[68]。基于深度学习的高光谱图像分类方法在匹配适当的网络架构设计时可以实现较好分类效果，但针对特定观测数据，其通常较难在短时间内完成网络搭建，网络模块选择涉及较多影响因素，包括隐层节点数目、网络分支类型以及目标函数等。

综上所述，高光谱图像分类方法的选择范围很广，各种方法各有利弊，在具体应用中应当结合数据特点及目标任务合理取舍，综合分类效果、方法效率以及鲁棒性等方面进行选择及设计。

1.2.3　高光谱图像特征提取及分类难点分析

高光谱图像具有丰富的光谱信息，能够精细刻画地物间微小差异，但实际解译中基于高光谱图像的特征提取及分类方法往往面临如下问题。

在特征提取方面，高光谱图像具有光谱信息丰富、波段多、数据维度高、冗余度高的特点，现有的高光谱图像分类算法不能满足数据处理需求，首要难题是特征维度太高，带来了"维数灾难"问题，同时巨大的数据量给图像处理带来压力，导致计算机处理负荷大幅增加。因此，如何既充分利用高维特征空间所提供的充足信息量，又去除冗余以解决特征维度过高的问题，是进行高光谱数据分析的关键。传统的数据降维方法适用于数据在高维特征空间中呈现高斯分布的情况，而在高光谱遥感中，高光谱数据呈现非高斯分布，这导致数据内在结构被破坏，无法对易混分目标实现精准分类。

在分类器设计方面，在实际的高光谱遥感图像中，同质区域面积分布不均衡、成像环境复杂等多种因素的干扰会导致"同物异谱"和"同谱异物"现象，单纯依靠光谱信息分类，易产生噪点且分类精度不高，无法满足应用需求。高光谱图像的空间域数据可以提供地物的几何、纹理等信息，随着高光谱图像的空间分辨率越来越高，高光谱图像分类愈发重要。关于高光谱图像分类的研究虽然取得了一定的进展，但仍存在许多问题尚待解决，如图 1.5 所示。

图 1.5　高光谱图像分类难点

图 1.6 展示了高光谱图像的优势和劣势。相比传统图像，高光谱成像作为一种窄波段成像方式，融合了多种遥感特性，协同利用电磁波谱与几何表征特性对目标种类与状态进行精密分析，从而实现精细分类。但是，高光谱遥感图像难以同时兼顾空间与光谱感知的辨识力，存在高光谱分辨率、低空间分辨率的情况，因此，面向复杂场景的高光谱图像的分类效果通常并不理想。另外，

高光谱图像的数据采集及数据处理过程易引入干扰，再加上观测区域的场景复杂度较高，这使得高光谱图像极易出现"同物异谱"和"同谱异物"现象[69]，进一步提升了对地观测任务中精细解译的难度。其中，"同物异谱"及"同谱异物"现象难以通过提高传感器硬件配置来消除，这给高光谱图像分析算法设计带来了更多考验。

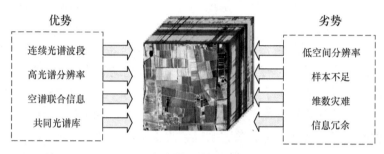

图 1.6　高光谱图像的优势和劣势

　　若要实现可靠的地物分类，积极探索其他有效信息、构建基于高光谱数据的多源遥感协同表达，是增强对地观测效能的有效手段。例如：相较高光谱数据，激光雷达（Light Detection and Ranging, LiDAR）数据可以呈现观测目标的不同属性，两种手段的信息表征既存在交集又互为补充，具有单源特性突出且互补性极强的特点。如何发挥高光谱与激光雷达数据的互补优势，改善对地分类系统的可靠性，引起了越来越多学者的关注。激光雷达作为一种主动式遥感技术，具有对光照不敏感、可穿透云层的优势，同时能捕获地物垂直结构和高程信息，具备较好的空间结构探测力；但是，它缺乏光谱和纹理信息方面的表征，在物质属性鉴别方面存在缺陷。显然，高光谱数据与激光雷达数据在信息表征方面存在极强互补性，集成两源影像的个体异质性与总体多样性是破除单源数据探测局限性的有效手段，也是提升对地观测及复杂地物分类准确性的可靠途径。

　　高光谱数据与其他遥感数据协作使其在物质属性鉴别方面有不容忽视的潜力，受到业界的关注与重视，传感成像技术的逐渐成熟，也为多源数据协同研究的开展提供了数据保障[70]。当前，面向高光谱遥感与其他遥感源开展的协同分类方法研究取得了一定进展，但是仍然存在许多问题尚未解决。比如，如何克服多源数据协同解译带来的特征冗余问题？如何减少异源信息语义差异的问题，实现特征有效融合？

　　针对上述难题，本书有针对性地介绍了高光谱图像特征提取及分类新方法，同时介绍了相关方法在医学高光谱和遥感高光谱方面的应用。

参考文献

[1] LORENTE D, ALEIXOS N, GÓMEZ-SANCHIS J, et al. Recent advances and applications of hyperspectral imaging for fruit and vegetable quality assessment[J]. Food and Bioprocess Technology, 2012, 5(4): 1121-1142.

[2] HUANG H, LIU L, NGADI M O. Recent developments in hyperspectral imaging for assessment of food quality and safety[J]. Sensors, 2014, 14(4): 7248-7276.

[3] 王润生, 熊盛青, 聂洪峰, 等. 遥感地质勘查技术与应用研究 [J]. 地质学报, 2011, 85(11): 1699-1743.

[4] 谭克龙, 万余庆, 杨一德, 等. 高光谱遥感考古探索研究 [J]. 红外与毫米波学报, 2005, 24(6): 437-440.

[5] 高连如, 李伟, 孙旭, 等. 高光谱图像信息提取 [M]. 北京：科学出版社，2020.

[6] 万佳明. 光谱遥感技术在找矿中的应用 [J]. 矿业装备, 2013(8): 88-90.

[7] 魏峰. 高光谱遥感数据特征提取与特征选择方法研究 [D]. 西安：西北工业大学, 2015.

[8] 张航, 郑玉权, 王文全, 等. 基于遥感监测的高光谱分辨率与高信噪比光谱探测技术 [J]. 光学精密工程, 2015, 23(10): 229-238.

[9] 刘悦. 高光谱图像特征提取和分类方法研究 [D]. 天津：天津工业大学, 2018.

[10] PU H, CHEN Z, WANG B, et al. A novel spatial-spectral similarity measure for dimensionality reduction and classification of hyperspectral imagery[J]. IEEE Transactions on Geoscience and Remote Sensing, 2014, 52(11): 7008-7022.

[11] 刘务. 基于空谱特征挖掘的高光谱图像分类方法研究 [D]. 哈尔滨：哈尔滨工程大学, 2018.

[12] 浦瑞良, 宫鹏. 高光谱遥感及其应用 [M]. 北京：高等教育出版社, 2000.

[13] JOLLIFFE I. Principal component analysis[M]. Berlin: Springer Berlin Heidelberg, 2011.

[14] LICCIARDI G, MARPU P R, CHANUSSOT J, et al. Linear versus nonlinear PCA for the classification of hyperspectral data based on the extended morphological profiles[J]. IEEE Geoscience and Remote Sensing Letters, 2011, 9(3): 447-451.

[15] DU Q, YOUNAN N H. Dimensionality reduction and linear discriminant analysis for hyperspectral image classification[C]// International Conference on Knowledge-Based and Intelligent Information and Engineering Systems. Berlin, Germany: Springer-Verlag, 2008: 392-399.

[16] BANDOS T V, BRUZZONE L, CAMPS-VALLS G. Classification of hyperspectral images with regularized linear discriminant analysis[J]. IEEE Transactions on Geoscience and Remote Sensing, 2009, 47(3): 862-873.

[17] YANG J M, YU P T, KUO B C. A nonparametric feature extraction and its application to nearest neighbor classification for hyperspectral image data[J]. IEEE Transactions on Geoscience and Remote Sensing, 2009, 48(3): 1279-1293.

[18] LI C H, HO H H, KUO B C, et al. A semi-supervised feature extraction based on supervised and fuzzy-based linear discriminant analysis for hyperspectral image classification[J]. Applied Mathematics and Information Sciences, 2015, 9: 81-87.

[19] 余意. 高光谱数据分布式分类处理方法研究 [D]. 哈尔滨：哈尔滨工业大学, 2017.

[20] BACHMANN C M, AINSWORTH T L, FUSINA R A. Improved manifold coordinate representations of large-scale hyperspectral scenes[J]. IEEE Transactions on Geoscience and Remote Sensing, 2006, 44(10): 2786-2803.

[21] ZHAI Y, ZHANG L, WANG N, et al. A modified locality-preserving projection approach for hyperspectral image classification[J]. IEEE Geoscience and Remote Sensing Letters, 2016, 13(8): 1059-1063.

[22] FANG Y, LI H, MA Y, et al. Dimensionality reduction of hyperspectral images based on robust spatial information using locally linear embedding[J]. IEEE Geoscience and Remote Sensing Letters, 2014, 11(10): 1712-1716.

[23] DONG G J, ZHANG Y S, JI S. Dimensionality reduction of hyperspectral data based on ISOMAP algorithm[C]//International Conference on Electronic Measurement & Instruments. Piscataway, USA: IEEE, 2007: 935-938.

[24] QIAN S E, CHEN G. A new nonlinear dimensionality reduction method with application to hyperspectral image analysis[C]//IEEE International Geoscience and Remote Sensing Symposium. Piscataway, USA: IEEE, 2007: 270-273.

[25] FAUVEL M, CHANUSSOT J, BENEDIKTSSON J A. Kernel principal component analysis for the classification of hyperspectral remote sensing data over urban areas[J]. EURASIP Journal on Advances in Signal Processing, 2009(1): 783194.

[26] KUO B C, LI C H, YANG J M. Kernel nonparametric weighted feature extraction for hyperspectral image classification[J]. IEEE Transactions on Geoscience and Remote Sensing, 2009, 47(4): 1139-1155.

[27] LI W, PRASAD S, FOWLER J E, et al. Locality-preserving dimensionality reduction and classification for hyperspectral image analysis[J]. IEEE Transactions on Geoscience and Remote Sensing, 2012, 50(4):1185-1198.

[28] 张鹏强, 谭熊, 余旭初, 等. 基于核半监督判别分析的高光谱影像特征提取 [J]. 测绘科学技术学报, 2016, 33(3): 258-262.

[29] ZHOU Y, PENG J, CHEN C L P. Dimension reduction using spatial and spectral regularized local discriminant embedding for hyperspectral image classification[J]. IEEE Transactions on Geoscience and Remote Sensing, 2015, 53(2): 1082-1095.

[30] YUAN H, TANG Y Y. Spectral-spatial shared linear regression for hyperspectral image classification[J]. IEEE Transactions on Cybernetics, 2017, 47(4): 934-945.

[31] ERTURK A, GULLU M K, ERTURK S. Hyperspectral image classification using empirical mode decomposition with spectral gradient enhancement[J]. IEEE Transactions on Geoscience and Remote Sensing, 2013, 51(5): 2787-2798.

[32] HARALICK R M, SHANMUGAM K, DINSTERN I H. Texture features for image classification[J]. IEEE Transactions on Systems, Man, and Cybernets: Systems, 1973, 3(6): 610-621.

[33] 卢易枫 . 基于灰度共生矩阵的织物图像分析 [J]. 工业控制计算机 , 2013, 26(9): 112-113.

[34] TSAI F, CHANG C K, RAU J Y, et al. 3D computation of gray level co-occurrence in hyperspectral image cubes[C]// International Workshop on Energy Minimization Methods in Computer Vision and Pattern Recognition. Berlin, Germany: Springer-Verlag, 2007: 429-440.

[35] ZHANG L, ZHANG L, TAO D, et al. On combining multiple features for hyperspectral remote sensing image classification[J]. IEEE Transactions on Geoscience and Remote Sensing, 2012, 50(3): 879-893.

[36] LI W, DU Q. Gabor-filtering-based nearest regularized subspace for hyperspectral image classification[J]. IEEE Journal of Selected Topics in Applied Earth Observations and Remote Sensing, 2014, 7(4): 1012-1022.

[37] YIN M, TAN X, ZHANG P, et al. A classification method of informative vector machine for hyperspectral imagery based on texture and spectral features[J]. Journal of Geomatics Science and Technology, 2015, 32(4): 368-372.

[38] YOO H Y, LEE K, KWON B D. Implementation of 3D discrete wavelet scheme for space-borne imagery classification and its application[C]//IEEE International Geoscience and Remote Sensing Symposium. Piscataway, USA：IEEE, 2007: 3437-3440.

[39] BOURENNANE S, FOSSATI C, CAILLY A. Improvement of classification for hyperspectral images based on tensor modeling[J]. IEEE Geoscience and Remote Sensing Letters, 2010, 7(4): 801-805.

[40] BENEDIKTSSON J A, PALMASON J A, SVEINSSON J R. Classification of hyperspectral data from urban areas based on extended morphological profiles[J]. IEEE Transactions on Geoscience and Remote Sensing, 2005, 43(3): 480-491.

[41] PABLO Q, FRANCISCO A, HERAS D B. Spectral-spatial classification of hyperspectral images using wavelets and extended morphological profiles[J]. IEEE Journal of Selected Topics in Applied Earth Observations and Remote Sensing, 2014, 7(4): 1177-1185.

[42] GHAMISI P, MURA M D, BENEDIKTSSON J A. A survey on spectral-spatial classification techniques based on attribute profiles[J]. IEEE Transactions on Geoscience and Remote Sensing, 2015, 53(5): 2335-2353.

[43] GHAMISI P, BENEDIKTSSON J A, CAVALLARO G, et al. Automatic framework for spectral-spatial classification based on supervised feature extraction and morphological attribute profiles[J]. IEEE Journal of Selected Topics in Applied Earth Observations and Remote Sensing, 2014, 7(6): 2147-2160.

[44] LIAO W Z, BELLENS R, PIZURICA A, et al. Classification of hyperspectral data over urban areas using directional morphological profiles and semi-supervised feature extraction[J]. IEEE Journal of Selected Topics in Applied Earth Observations and Remote Sensing, 2012, 5(4): 1177-1190.

[45] LV Z Y, ZHANG P, BENEDIKTSSON J A, et al. Morphological profiles based on differently shaped structuring elements for classification of images with very high spatial resolution[J]. IEEE Journal of Selected Topics in Applied Earth Observations and Remote Sensing, 2014, 7(12): 4644-4652.

[46] 任越美 . 高光谱图像特征提取与分类方法研究 [D]. 西安 : 西北工业大学 , 2017.

[47] EISMANN M T, HARDIE R C. Application of the stochastic mixing model to hyperspectral resolution enhancement[J]. IEEE Transactions on Geoscience and Remote Sensing, 2004, 42(9): 1924-1933.

[48] VAN D M F, BAKKER W. CCSM: cross correlogram spectral matching[J]. International Journal of Remote Sensing, 1997, 18(5): 1197-1201.

[49] 周阳 . 多传感器数据协同分类技术研究 [D]. 哈尔滨 : 哈尔滨工业大学 , 2009.

[50] RAHMAN S A E. Hyperspectral imaging classification using ISODATA algorithm: big data challenge[C]// 2015 Fifth International Conference on e-Learning (econf). Piscataway, USA: IEEE, 2015: 247-250.

[51] 黄鸿 , 郑新磊 . 加权空 - 谱与最近邻分类器相结合的高光谱图像分类 [J]. 光学精密工程 , 2016, 24(4): 873-881.

[52] LU D, WENG Q. A survey of image classification methods and techniques for improving classification performance[J]. International Journal of Remote Sensing, 2007, 28(5): 823-870.

[53] YANG H, DU Q. Particle swarm optimization-based dimensionality reduction for hyperspectral

image classification[C]//IEEE International Geoscience and Remote Sensing Symposium. Vancouver, Canada: IGARSS, 2011: 2357-2360.

[54] SUGIYAMA M. Dimensionality reduction of multimodal labeled data by local fisher discriminant analysis[J]. Journal of Machine Learning Research, 2007, 8(1): 1027-1061.

[55] VAPNIK V. The nature of statistical learning theory[M]. Berlin: Springer Science and Business Media, 2013.

[56] HASANLOU M, SAMADZADEGAN F, HOMAYOUNI S. SVM-based hyperspectral image classification using intrinsic dimension[J]. Arabian Journal of Geosciences, 2015, 8(1): 477-487.

[57] DAS R, DASH R, MAJHI B. Hyperspectral image classification based on quadratic fisher's discriminant analysis and multi-class support vector machine[J]. IETE Journal of Research, 2014, 60(6): 406-413.

[58] LIN Z, YAN L. A support vector machine classifier based on a new kernel function model for hyperspectral data[J]. GIScience & Remote Sensing, 2016, 53(1): 1-17.

[59] GAO L, LI J, KHODADADZADEH M, et al. Subspace-based support vector machines for hyperspectral image classification[J]. IEEE Geoscience and Remote Sensing Letters, 2015, 12(2): 349-353.

[60] DONOHO D L. Compressed sensing[J]. IEEE Transactions on Information Theory, 2006, 52(4): 1289-1306.

[61] ZHANG H, LI J, HUANG Y, et al. A nonlocal weighted joint sparse representation classification method for hyperspectral imagery[J]. IEEE Journal of Selected Topics in Applied Earth Observations and Remote Sensing, 2013, 7(6): 2056-2065.

[62] LIU J, WU Z, SUN L, et al. Hyperspectral image classification using kernel sparse representation and semilocal spatial graph regularization[J]. IEEE Geoscience and Remote Sensing Letters, 2014, 11(8): 1320-1324

[63] LI W, DU Q, ZHANG F, et al. Hyperspectral image classification by fusing collaborative and sparse representations[J]. IEEE Journal of Selected Topics in Applied Earth Observations and Remote Sensing, 2016, 9(9): 4178-4187.

[64] VELÁSQUEZ L, CRUZ-TIRADO J P, SICHE R, et al. An application based on the decision tree to classify the marbling of beef by hyperspectral imaging[J]. Meat Science, 2017, 133: 43-50.

[65] XIA J, FALCO N, BENEDIKTSSON J A, et al. Hyperspectral image classification with rotation random forest via KPCA[J]. IEEE Journal of Selected Topics in Applied Earth

17

Observations and Remote Sensing, 2017, 10(4): 1601-1609.

[66] CHEN Y, LIN Z, ZHAO X, et al. Deep learning-based classification of hyperspectral data[J]. IEEE Journal of Selected Topics in Applied Earth Observations and Remote Sensing, 2014, 7(6): 2094-2107.

[67] HU W, HUANG Y, Li W, et al. Deep convolutional neural networks for hyperspectral image classification[EB/OL]. (2015-01-22) [2023-07-15].

[68] ZHAO W, GUO Z, Yue J, et al. On combining multiscale deep learning features for the classification of hyperspectral remote sensing imagery[J]. International Journal of Remote Sensing, 2015, 36(13): 3368-3379.

[69] 王凡. 基于深度学习的高光谱图像分类算法的研究 [D]. 合肥: 中国科学技术大学, 2017

[70] 亓辰. 高光谱与高空间分辨率遥感图像融合算法研究 [D]. 哈尔滨: 哈尔滨工业大学, 2008.

第 2 章 高光谱显微图像维度约减及分类

高光谱成像技术被广泛应用于各个领域，包括显微成像领域和遥感成像领域。在显微成像领域，针对膜性肾病（Membranous Nephropathy，MN）的高光谱显微成像技术的研究备受关注。下面以此为例展示了高光谱显微图像成像系统及数据采集过程，针对膜性肾病研究了基于降维方法的高光谱显微图像特征提取及分类。

2.1 高光谱显微图像成像系统及数据采集

2.1.1 高光谱显微图像成像系统

高效获取膜性肾病病理组织的成分信息对成像系统的光谱分辨率提出了较高的要求。因此，在系统搭建过程中选用了内置线扫描高光谱显微图像成像系统 SOC-710 和生物显微镜 CX31RTSF。高光谱显微图像成像系统如图 2.1 所示。

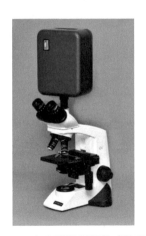

图 2.1　高光谱显微图像成像系统

该高光谱显微图像成像系统覆盖的光谱范围为 400 ～ 1000nm，分辨率为 4.69nm，包括 128 个波段，图像大小为 696 像素 ×520 像素，满足组织精细识别对光谱分辨率和空间分辨率的要求。为获取完整的肾小球图像，本实验中显微镜的物镜放大倍数设置为 40，数值孔径为 0.65。该系统的图像扫描时间小于 25s，实验操作简单，效率高。上述系统性能指标均满足膜性肾病病理检测对免疫复合物成分的研究需求。图 2.2 显示了利用该系统获得的膜性肾病患者的肾小球示意图。

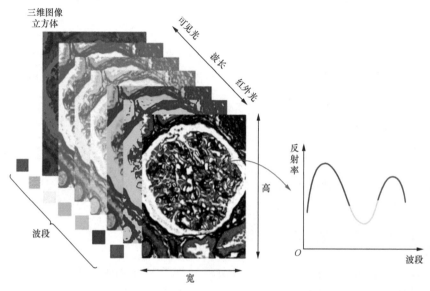

图 2.2　膜性肾病患者的肾小球示意图

2.1.2　膜性肾病病理组织标准化数据采集及预处理

本研究面向解决膜性肾病的智能辅助诊断问题。全世界有超过 2.57 亿人被乙型肝炎病毒（Hepatitis B Virus，HBV）感染，每年导致近 100 万人死亡[1]。HBV 相关膜性肾病（HBV-MN）是 HBV 感染的主要临床表现。因此，本书着重研究 HBV-MN 和原发性膜性肾病（Primary MN，PMN）的诊断问题，数据采集涵盖 HBV-MN 病理样本和 PMN 病理样本。肾穿刺通常从穿刺者体内获取两条组织，第一条为含皮质组织，将其送光镜检查，将第二条组织在肉眼下进行分割，尽量切取皮质区 1mm 组织送电镜检查，余下组织送免疫荧光检查。本研究所用组织为第一条含皮质组织。标准化数据采集过程包括医学样本获取和高光谱显微图像数据采集，如图 2.3 所示。

对于病理研究来说，制备病理切片是获取医学样本的手段。通常，制作一张切面平整、染色鲜艳、对比明显的临床用病理切片的工序十分复杂，涉及多种化学试剂，需耗费数十小时，具体流程包括取材、固定组织、脱水透明、浸蜡包埋、切片和贴片、染色封片。

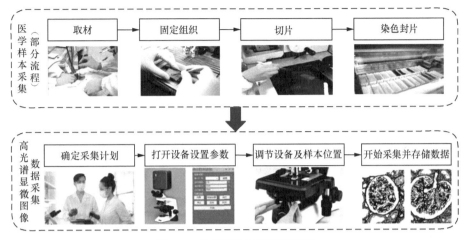

图 2.3　标准化数据采集流程图

（1）取材。常规肾活检样本来源有两类，一类为切割式活检，另一类为穿刺抽吸式活检，前者所取组织较多，但对肾脏损伤较大，不便在临床推广，临床常用穿刺抽吸式活检。本研究使用穿刺抽吸式活检获取肾脏组织。

（2）固定组织。获取离体样本后需要固定液将其及时固定，保持组织形态和位置。使用中性福尔马林固定液将样本固定 6 ～ 12 小时。

（3）脱水透明。使用乙醇对组织进行脱水以去除组织中的水分，便于后续操作。脱水后使用透明剂将组织全部覆盖时，光线可以透过，组织呈现不同程度的透明状态。因脱水剂无法与石蜡混合，透明过程起到了过渡作用。

（4）浸蜡包埋。使用石蜡包埋剂浸透组织，使组织变硬直至完全包埋，以有效去除透明剂并保证切片厚度。

（5）切片和贴片。将蜡块修理成梯形形状进行连续等厚度切片，得到蜡片，将蜡片伸展摊平，将蜡片放在载玻片上，展片后为载玻片标本编号。

（6）染色封片。选用六胺银套染马松染色法。染色后进行快速脱水透明和封片操作。

获取样本后，制定了一套标准化高效数据采集流程。

（1）根据患者相关信息对样本进行编号和信息记录，制定详细的数据采集目标和采集计划。

（2）打开显微镜光源、成像仪、数据采集系统，设置各项采集参数，关闭室内光源。

（3）将病理切片置于显微镜物镜下，按照从低倍率（10 倍）到高倍率（40 倍）的顺序观察样本，根据研究目标和计划，确定倍率。本实验确定物镜倍率（40 倍），并使每张高光谱显微图像中包含一个肾小球且肾小球基本占满整张图像。

（4）调节样本位置，将目标区域置于视场中心位置。

（5）调节光源亮度，使目标可见，同时确保图像不达到饱和状态。

（6）细微调节系统焦距，使目标清晰成像。

（7）保持系统平台稳定，避免产生振动，点击"开始"按钮进行数据采集，观察成像过程，若成像界面图像清晰度不足，需进行微调以确保获取的图像清晰。

（8）查看已采集图像，由医生选取感兴趣区域并将图像分类存储。

（9）调节病理切片位置，将切片空白区域置于视场中心，采集空白切片的高光谱显微图像。

（10）缓慢移动切片位置或更换切片样本，重复（4）～（9）过程，并做好编号及相关信息记录工作。

在临床实践中，基于免疫化学的方法进行诊断，结果存在一定的假阳性概率，且常规光镜下的二维图像中 PMN 与 HBV-MN 的病理特征高度一致。与用传统诊断方法获得的免疫荧光结果不同（荧光会产生淬灭，且伴随时间积累，荧光强度会变弱直至消失），利用高光谱显微图像成像系统获取的高光谱显微图像具有可重复使用性，基于对数据的深入研究，可对数据隐藏信息进行更深入的挖掘。依据实际临床需求，本研究分批采集了某医院肾内科的两批次膜性肾病数据，I 批次包含 19 名患者（详细信息见表 2.1，以粗体标记的患者是由临床医生诊断的具有典型临床症状的患者），II 批次包含 68 名患者（详细信息见表 2.2）。通常，为了捕获足够的信息，对每个患者收集三张图像，部分 I 批次患者的采集图像少于三张。研究中使用与免疫复合物对应的高光谱数据信息来区分 HBV-MN 与 PMN。经验丰富的专家在染色组织的载玻片的数字图像上标记免疫复合物区域。图 2.4（a）和图 2.4（c）分别是 HBV-MN 和 PMN 的伪彩色场景，图 2.4（b）和图 2.4（d）是相应的真值图。真值图包含标记的免疫复合物的位置信息。在真值图中，白色对应原始高光谱显微图像中免疫复合物沉积的位置。具体来说，PMN 真值图中的白色位置对应像素的标签为 1，HBV-MN 真值图中的白色位置对应像素的标签为 2，黑色位置对应像素的标签为 0。

表 2.1　膜性肾病 I 批次数据详细信息

肾病类别	患者编号	图像数量（张）	标记像素数量（个）
PMN	**15684**	**3**	**959**
	16295	3	838

续表

肾病类别	患者编号	图像数量（张）	标记像素数量（个）
PMN	16367	1	194
	16389	3	776
	16442	3	663
	16466	3	1019
	16480	3	1151
	16485	3	653
	17516	2	319
HBV-MN	17002	3	395
	17072	3	481
	17136	3	453
	17198	**3**	**465**
	17221	3	417
	17276	3	803
	17325	3	766
	17472	3	704
	17559	3	596
	18055	3	418

表 2.2　膜性肾病 II 批次数据详细信息

HBV-MN 患者编号	标记像素数量（个）	PMN 患者编号	标记像素数量（个）
19063	479	10127	43
19067	715	10186	66
19071	439	11492	33
19088	488	12148	85
19092	514	12152	73
19089	599	12161	48
19099	698	12255	52
19126	370	12257	76
19138	291	12289	87
19153	369	12320	68
19156	596	12336	34
19167	679	12416	64
19168	481	13204	58

续表

HBV-MN 患者编号	标记像素数量（个）	PMN 患者编号	标记像素数量（个）
19176	309	13228	77
19184	774	13229	52
19206	664	13230	68
19219	222	13232	54
19236	176	13233	56
19242	357	13234	67
19247	408	13235	89
19278	446	13236	69
19279	538	13237	48
19286	289	13242	66
19292	200	13250	80
19312	247	13251	53
19318	162	13256	128
19323	173	13271	70
19335	328	13273	75
19336	210	13277	72
19349	283	13310	62
19380	272	13311	81
19417	285	13317	62
19434	217	13384	87
19465	294		
19499	310		

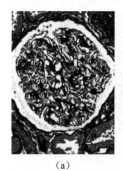  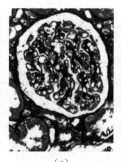 

（a） （b） （c） （d）

图 2.4 肾小球及标记示意图

（a）HBV-MN 伪彩色场景；（b）HBV-MN 真值图；（c）PMN 伪彩色场景；（d）PMN 真值图

完成数据采集后的第一步就是数据的预处理。因医学高光谱数据经常受到成像系统噪声的影响，因此本书选用均值滤波算法以降低系统噪声。在均值滤波中，$T×T$（即窗口大小）窗口中的中心像素被窗口内像素的平均向量所代替。均值滤波相当于一种低通滤波器，可用于消除尖锐噪声的影响。本研究获取的膜性肾病高光谱显微图像是一个包含 128 个通道的三维图像立方体，其中每个通道对应一个二维图像。为了可视化均值滤波的性能，以单一通道滤波前后的效果为例。图 2.5 显示了 15684-1（PMN 患者 15684 的第一张高光谱显微图像）中第 10 通道图像在均值滤波前后的对比图。可以看出，经均值滤波处理后，数据噪声得以有效去除。将经均值滤波处理后的数据进行归一化处理，并用于后续图像分析。

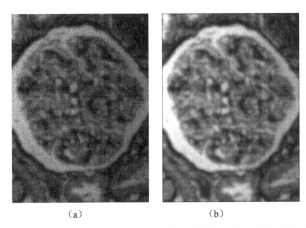

（a） （b）

图 2.5 15686-1 中第 10 通道图像在均值滤波前后的对比图

（a）原图像；（b）均值滤波后的图像

2.2 基于空谱密度峰值的高光谱显微图像维度约减

2.2.1 引言

现有维度约减（Dimensionality Reduction，DR）算法对医学高光谱显微图像的数据像素分布特征及鉴别信息的不充分利用，使得获取的低维特征无法对原始特征进行全面表征。基于图嵌入（Graph Embedding，GE）框架[2]，利用医学高光谱显微图像空谱密度分布信息及标签信息，引入一种基于空谱密度峰值的判别分析（Spatial-Spectral Density Peaks-based discriminant analysis，

SSDP）方法。区别于传统基于局部邻域关系[3-4]和基于稀疏重构关系[5-6]的图构建方法，在 SSDP 中设计了基于密度峰值[7]的空间相似性度量指标和光谱相似性度量指标，用以构建基于密度峰值的空间图和光谱图。在空间图构建过程中，连接任意边的两个像素点均来自同一类别，边的权重由连接像素点对应的空间密度计算。在光谱图构建过程中，对于类内光谱图（类内图），每个像素点只与同一类别的像素点连接，且每条边的权重由连接像素点对应的光谱密度计算；对于类间光谱图（类间图），每个像素点以不同权重分别与同类像素点和异类像素点进行连接。结合经典分类器，使用膜性肾病 I 批次数据对 SSDP 有效性进行评估和验证。

本节主要用到图嵌入框架和密度峰值聚类算法。根据膜性肾病高光谱显微图像特点，建立了 SSDP 方法，重点探讨不同参数对模型的影响。随后将数据集按照个体样本进行划分，再进行实验验证，并对实验结果进行分析。

2.2.2　相关原理与方法

本节简要回顾了经典的图嵌入框架[2]和密度峰值聚类算法[8]。膜性肾病数据集中的第 i 个高光谱显微图像可以表示为 $\mathcal{X}_i = \mathbb{R}^{W \times H \times D}, i=1,\cdots,M$，其中 W 和 H 表示图像宽度和高度，D 表示光谱波段数（光谱维度），M 是图像编号。针对膜性肾病，仅对免疫复合物成分进行研究，对于每张高光谱显微图像，仅使用感兴趣区域中的像素给出对应位置信息。图像中免疫复合物沉积的位置对应的感兴趣区域由医生标记。假设数据集中的第 i 个高光谱显微图像的感兴趣区域包含 n_i 个像素，实验数据集可构造为 $X = [x_{11}, x_{12}, \cdots, x_{1n_1}, \cdots, x_{M1}, x_{M2}, \cdots, x_{Mn_M}] \in \mathbb{R}^{D \times n}$，其中 $n = \sum\limits_{i=1}^{M} n_i$。维度约减方法旨在找到一个矩阵 $P \in \mathbb{R}^{D \times d}$（$d \leqslant D$），将高维特征投影到低维空间，从而在保持原始数据几何结构信息的前提下降低特征维度。由 $Y = P^T X$ 可获得低维嵌入数据集 $Y = [y_1, y_2, \cdots, y_n] \in \mathbb{R}^{d \times n}$，$d$ 表示嵌入空间的维度。

1．图嵌入框架

图嵌入框架基于数据的统计或几何特性，提供了一个描述维度约减算法的通用框架。图嵌入框架构造了两个无向加权图：一个内在图 $G = \{X, W\}$ 和一个惩罚图 $G^p = \{X, W^p\}$。具有顶点集 X 和相似性矩阵 W 的内在图 G 描述了需要保留的数据本征属性。具有顶点集 X 和差异性矩阵 W^p 的惩罚图 G^p 表征应该去掉的数据属性。图嵌入的目标是找到一个保留原始数据几何结构的低维嵌入空间 $Y = P^T X$。获取嵌入数据的优化问题可表述为：

$$\min_{\text{tr}(\boldsymbol{YBY}^{\text{T}})=b} \frac{1}{2}\sum_{i=1}\sum_{j=1}\left\| \boldsymbol{y}_i - \boldsymbol{y}_j \right\|_2^2 W_{ij} = \text{tr}(\boldsymbol{YLY}^{\text{T}}) \tag{2-1}$$

其中，$\boldsymbol{L}$ 表示图 $\boldsymbol{G}$ 的拉普拉斯矩阵，b 是一个常数，$\boldsymbol{B}$ 是一个用于避免平凡解的约束矩阵，它可以是用于尺度归一化的对角矩阵，也可以是惩罚图的拉普拉斯矩阵 $\boldsymbol{L}^{\text{p}}$。$\boldsymbol{L}$ 和 $\boldsymbol{L}^{\text{p}}$ 由下式获取：

$$\boldsymbol{L} = \boldsymbol{D} - \boldsymbol{W}, D_{ii} = \sum_{j\neq i} W_{ij} \tag{2-2}$$

W_{ij} 和 W_{ij}^{p} 分别表示图 $\boldsymbol{G}$ 和图 $\boldsymbol{G}^{\text{p}}$ 的边权重。

2. 密度峰值聚类算法

采用 DP 聚类算法（基于密度峰值的聚类算法）计算第 i 个样本和第 j 个样本之间的欧氏距离：

$$d_{ij} = \left\| \boldsymbol{x}_i - \boldsymbol{x}_j \right\|_2^2 \tag{2-3}$$

第 i 个样本的局部密度 ρ_i 可以通过下式获得：

$$\rho_i = \sum_j \chi(d_{ij} - d_c) \tag{2-4}$$

其中，

$$\begin{cases} \chi(d_{ij} - d_c) = 0, & d_{ij} > d_c \\ \chi(d_{ij} - d_c) = 1, & \text{其他} \end{cases} \tag{2-5}$$

其中，截断距离 d_c 定义了搜索区域的半径。实际上，局部密度 ρ_i 代表距第 i 个样本 d_c 距离内的样本个数。基于局部密度 ρ_i，定义 δ_i：

$$\delta_i = \begin{cases} \max_j(d_{ij}), & \rho_i = \max(\rho) \\ \min_j(d_{ij}), & \text{其他} \end{cases} \tag{2-6}$$

DP 聚类算法的基本思想意味着只有具有较高 ρ_i 和 δ_i 的样本才能成为聚类中心。因此，第 i 个样本的得分定义为：

$$\gamma_i = \rho_i \times \delta_i \tag{2-7}$$

2.2.3　基于空谱密度峰值的维度约减方法

基于 DP 聚类算法的思想，定义了一个新的空间密度来评估空间中每个

27

像素的密度分布。随后，基于样本空间密度和光谱密度分别设计了空间相似性度量指标和光谱相似性度量指标，用于构建基于密度峰值的空间图和光谱图。与传统基于距离的图构建方法不同，SSDP 构建基于空间密度峰值的类内图来保留空间域的局部结构，并设计基于光谱密度峰值的类内图和类间图来保持光谱域的局部鉴别结构。通过结合高光谱显微图像数据的空间特性和光谱特性，学习判别投影矩阵保留数据本征结构信息的同时增加类内聚合度和类间离散度。

1. 基于空间密度的判别图构建

为有效表征同一类别像素的空间密度分布特征，设计了每个像素的空间密度，并构建了相应的相似性度量矩阵。(a_i, b_i) 为高光谱像素 x_i 的坐标，$\Omega(x_i)$ 表示以 x_i 为中心的局部空间邻域：

$$\Omega(x_i) = \left\{ x \leftarrow (a,b) \middle| \begin{array}{l} a \in [a_i - q, a_i + q] \\ b \in [b_i - q, b_i + q] \end{array} \right\} \tag{2-8}$$

其中，$q = (T-1)/2$，$T \times T$ 为空间邻域（或窗口）大小（T 为奇数），$x \leftarrow (a,b)$ 表示样本对应的坐标。基于 x_i 定义了一个新的空间密度：

$$\rho_i^{\text{spatial}} = \sum_j \chi[l(x_i) - l(x_j)] \tag{2-9}$$

其中，当 $x = 0$ 时，$\chi(x) = 1$，否则 $\chi(x) = 0$，$l(x_i)$ 是 x_i 的标签。具体地，ρ_i^{spatial} 是 $\Omega(x_i)$ 中与 x_i 具有相同标签的像素的个数。以 PMN 患者为例，如图 2.4（b）所示，白色位置对应像素的标签为 1，黑色位置对应像素的标签为 0，中心像素具有较大的密度值，边缘像素具有较小的密度值。基于像素的空间密度，定义空间相似性度量矩阵：

$$W_{ij}^{\text{spatial}} = \begin{cases} \dfrac{\rho_i^{\text{spatial}} \times \rho_j^{\text{spatial}}}{t^{\text{spatial}}}, & l(x_i) = l(x_j) \\ 0, & \text{其他} \end{cases} \tag{2-10}$$

其中，$t^{\text{spatial}} = \max\limits_{i,j}(\rho_i^{\text{spatial}} \times \rho_j^{\text{spatial}})$。基于空间密度峰值的类内图 $G = \{X, W^{\text{spatial}}\}$ 反映了同一类别像素之间基于密度的关系。因此，空间密度分布边缘的像素的权重很小，而空间密度分布中心的像素的权重明显更大。图构建过程能够有效增强高密度点之间的相关性，消除潜在异常值的影响。

2. 基于光谱密度的判别图构建

基于密度峰值的思想，像素 x_i 的光谱密度定义如下 [8]：

$$\rho_i^{\text{spectral}} = \sum_j \chi(d_{ij} - d_c) \tag{2-11}$$

其中，$d_{ij} = \parallel \boldsymbol{x}_i - \boldsymbol{x}_j \parallel_2^2$，当 $x = 0$ 时，$\chi(x) = 1$，否则 $\chi(x) = 0$。基于每个像素的光谱密度，定义 $\boldsymbol{x}_i$ 和 $\boldsymbol{x}_j$ 之间的光谱密度权重：

$$W_{ij}^{\text{spectral}} = \frac{\rho_i^{\text{spectral}} \times \rho_j^{\text{spectral}}}{t^{\text{spectral}}} \tag{2-12}$$

其中，$t^{\text{spectral}} = \max\limits_{i,j}(\rho_i^{\text{spectral}} \times \rho_j^{\text{spectral}})$。由于离群点的光谱密度很小，采用光谱密度权重能够弱化潜在离群点的影响。基于像素的光谱密度，构建光谱相似性度量矩阵：

$$W_{ij}^{(\text{lb})} = \begin{cases} W_{ij}^{\text{spectral}} / (1/n - 1/n_c), & l(\boldsymbol{x}_i) = l(\boldsymbol{x}_j) = c \\ 1/n, & \text{其他} \end{cases} \tag{2-13}$$

$$W_{ij}^{(\text{lw})} = \begin{cases} W_{ij}^{\text{spectral}} / n_c, & l(\boldsymbol{x}_i) = l(\boldsymbol{x}_j) = c \\ 0, & \text{其他} \end{cases} \tag{2-14}$$

其中，$c \in [1, C]$，C 表示总类别数；n_c 表示属于第 c 类的样本的个数；n 表示总样本个数。类间图 $\boldsymbol{G} = \{\boldsymbol{X}, \boldsymbol{W}^{(\text{lb})}\}$ 和类内图 $\boldsymbol{G} = \{\boldsymbol{X}, \boldsymbol{W}^{(\text{lw})}\}$ 描述了不同类别样本之间和同一类别样本之间基于密度的关系。

3. SSDP 算法

本部分基于图 $\boldsymbol{G} = \{\boldsymbol{X}, \boldsymbol{W}^{(\text{lb})}\}$、图 $\boldsymbol{G} = \{\boldsymbol{X}, \boldsymbol{W}^{(\text{lw})}\}$ 和图 $\boldsymbol{G} = \{\boldsymbol{X}, \boldsymbol{W}^{\text{spatial}}\}$ 引入了 SSDP 算法。对于分类任务，期望 SSDP 在保留数据本征结构信息的同时能够增强类可分性。

基于图 $\boldsymbol{G} = \{\boldsymbol{X}, \boldsymbol{W}^{\text{spatial}}\}$，将子空间的类内聚合模型定义为：

$$\begin{aligned} \min_{\boldsymbol{P}} & \frac{1}{2} \sum_{i,j=1}^{n} \parallel \boldsymbol{P}^{\text{T}} \boldsymbol{x}_i - \boldsymbol{P}^{\text{T}} \boldsymbol{x}_j \parallel_2^2 W_{ij}^{\text{spatial}} \\ & = \text{tr}(\boldsymbol{P}^{\text{T}} \boldsymbol{S}^{(\text{sw})} \boldsymbol{P}) \end{aligned} \tag{2-15}$$

其中，$\boldsymbol{S}^{(\text{sw})} = \boldsymbol{X}(\boldsymbol{D} - \boldsymbol{W}^{\text{spatial}})\boldsymbol{X}^{\text{T}}$，$\boldsymbol{D}$ 是一个对角元素为 $D_{ii} = \sum\limits_{j=1}^{n} W_{ij}^{\text{spatial}}$ 的对角矩阵。

同样地，基于图 $\boldsymbol{G} = \{\boldsymbol{X}, \boldsymbol{W}^{(\text{lb})}\}$ 和图 $\boldsymbol{G} = \{\boldsymbol{X}, \boldsymbol{W}^{(\text{lw})}\}$，子空间的类间离散模型和类内聚合模型分别定义为：

$$\max_{\boldsymbol{P}} \frac{1}{2} \sum_{i,j=1}^{n} \parallel \boldsymbol{P}^{\text{T}} \boldsymbol{x}_i - \boldsymbol{P}^{\text{T}} \boldsymbol{x}_j \parallel_2^2 W_{ij}^{(\text{lb})} = \text{tr}(\boldsymbol{P}^{\text{T}} \boldsymbol{S}^{(\text{lb})} \boldsymbol{P}) \tag{2-16}$$

$$\max_{\boldsymbol{P}} \frac{1}{2} \sum_{i,j=1}^{n} \| \boldsymbol{P}^{\mathrm{T}} \boldsymbol{x}_i - \boldsymbol{P}^{\mathrm{T}} \boldsymbol{x}_j \|_2^2 W_{ij}^{(\mathrm{lw})} = \mathrm{tr}(\boldsymbol{P}^{\mathrm{T}} \boldsymbol{S}^{(\mathrm{lw})} \boldsymbol{P}) \tag{2-17}$$

综上，SSDP 模型可构建为：

$$\max_{\boldsymbol{P}} \frac{\mathrm{tr}(\boldsymbol{P}^{\mathrm{T}} \boldsymbol{S}^{(\mathrm{lb})} \boldsymbol{P})}{\mathrm{tr}\{\boldsymbol{P}^{\mathrm{T}}[\alpha \boldsymbol{S}^{(\mathrm{sw})} + (1-\alpha) \boldsymbol{S}^{(\mathrm{lw})}] \boldsymbol{P}\}} \tag{2-18}$$

其中，$\alpha \in [0,1]$，α 是空间光谱权衡参数。优化问题可以转化为求解广义特征值问题：

$$\boldsymbol{S}^{(\mathrm{lb})} \boldsymbol{p}_i = \lambda_i [\alpha \boldsymbol{S}^{(\mathrm{sw})} + (1-\alpha) \boldsymbol{S}^{(\mathrm{lw})}] \boldsymbol{p}_i \tag{2-19}$$

其中，λ_i 代表特征值，$\boldsymbol{p}_i$ 为 λ_i 对应的特征向量。投影矩阵 $\boldsymbol{P} = [\boldsymbol{p}_1, \boldsymbol{p}_2, \cdots, \boldsymbol{p}_d] \in \mathbb{R}^{D \times d}$，由对应于前 d 个最大特征值的特征向量构成。

2.2.4　实验内容及结果分析

对于膜性肾病识别任务，选择适当的分类器来验证算法有效性。一般可选择性能较好的分类器，如 SVM[9]、极限学习机（Extreme Learning Machine，ELM）[10]、深度学习分类器 [11] 等。实验验证使用 I 批次数据，包括两种类型的很难用光学显微镜区分的膜性肾病，即 PMN 和 HBV-MN。

由于医疗数据存在显著的个体差异，目标 MN 数据集相对较小，因此考虑了五折交叉验证方法。HSI 数据集分为两部分，训练部分和测试部分。训练部分由 5 名 PMN 患者和 5 名 HBV-MN 患者组成。通过使用"留一法"模式，将训练部分分为学习部分和验证部分（由 1 名 PMN 患者和 1 名 HBV-MN 患者组成）进行参数优化。测试部分包含的样本（由 4 名 PMN 患者和 5 名 HBV-MN 患者组成）是完全独立的，仅用于评估。然后，使用五折交叉验证的分类结果的平均值来估计模型性能。本书采用总分类精度（Overall Classification Accuracy，OA）、单类别分类精度（Class-specific Classification Accuracy，CA）、平均分类精度（Average Classification Accuracy，AA）和 Kappa 系数（Kappa Coefficient，KC）来评估分类性能。

1. 模型参数

SSDP 算法包含 4 个待调节参数：窗口大小 $T \times T$、空间光谱权衡参数 α、嵌入低维空间维度 d 和截断距离 d_c。根据经验，d_c 设定为区域内包含的像素平均数目占全像素 2% 时对应的距离。将 SSDP 分别与 SVM 和 ELM 结合，以验证其对不同分类器的适用性。SVM 和 ELM 的参数通过五折交叉验证确定。下面讨论不同参数对 SSDP 性能的影响以及最优参数的选择。

（1）窗口大小

窗口大小 $T \times T$ 非常重要，它决定了空间密度图对空间密度分布的表征效果。因此，在 MN 数据集上验证各种窗口大小 $\{3\times3, 5\times5, 7\times7, 9\times9, 11\times11, 13\times13, 15\times15, 17\times17, 19\times19\}$ 对应的算法性能，实验结果如表 2.3 所示。

表 2.3　SSDP 在不同窗口大小下的 AA 比较（单位：%）

$T \times T$	AA（SSDP+ELM）	AA（SSDP+SVM）
3×3	90.50	93.06
5×5	96.66	96.77
7×7	98.26	98.64
9×9	98.82	98.99
11×11	99.12	99.20
13×13	**99.66**	**99.74**
15×15	99.39	99.01
17×17	99.47	99.44
19×19	99.40	99.38

从表 2.3 可以看出，AA 随着窗口大小的增加先升高后降低，最佳性能对应的窗口大小为 13×13，过大或过小的窗口均无法合理描述免疫复合物的分布特征。因此，在接下来的实验中选择 13×13 作为窗口大小。

（2）空间光谱权衡参数

空间光谱权衡参数 α 用于调整空间信息和光谱信息在 SSDP 中的贡献。当 α 在 [0,1] 这一区间时，设置步长为 0.1。表 2.4 中列出了 SSDP 在不同参数下的 AA 结果。为了研究参数调整对 SSDP 的影响，将在不同参数下获得的低维空间特征分布可视化。图 2.6 显示了经 SSDP 处理前后的空间特征分布。从 α = 0 和 α = 1 的数据分布可以看出，空间信息和光谱信息对提取有价值的信息来说是必要的。在 α = 0 的情况下，维度约减过程只使用了光谱信息，数据比较分散。在 α = 1 的情况下，维度约减过程仅使用了空间信息，数据分布呈现局部聚合、全局离散状态，丧失聚合特性。图 2.6 和表 2.4 的结果表明，α = 0.9 时，算法展现了最好的性能，并且嵌入低维空间中的数据具有较强的紧凑性。因此，在后续实验中选择 α = 0.9 作为空间光谱权衡参数。

31

表 2.4　SSDP 在不同参数下的 AA 结果（单位：%）

α	AA（SSDP+ELM）	AA（SSDP+SVM）
0.0	99.19	99.05
0.1	99.22	99.07
0.2	99.09	99.14
0.3	99.11	99.16
0.4	99.21	99.24
0.5	99.20	99.33
0.6	99.33	99.39
0.7	99.43	99.44
0.8	99.61	99.58
0.9	**99.66**	**99.74**
1.0	97.88	99.56

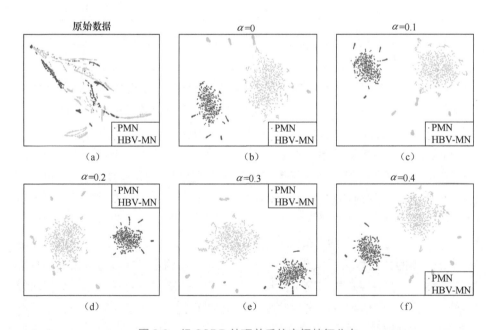

图 2.6　经 SSDP 处理前后的空间特征分布

（a）为原始数据分布；（b）～（1）为 α 取不同值时对应的低维空间特征分布情况

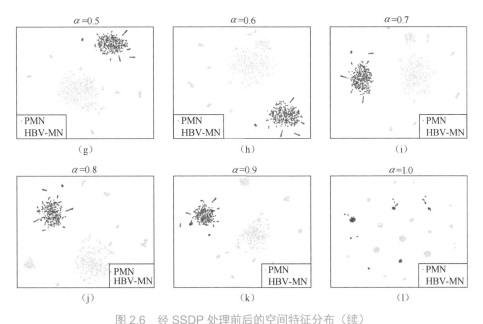

图 2.6　经 SSDP 处理前后的空间特征分布（续）

（a）为原始数据分布；（b）～（l）为 α 取不同值时对应的低维空间特征分布情况

（3）嵌入低维空间维度

利用 SVM 和 ELM 对不同维度的低维空间的特征进行分类实验。以原始数据在 SVM 和 ELM 分类器下获得的分类结果为基准。在 MN 数据集上，SSDP 结合不同分类器的分类结果如图 2.7 所示，其中横坐标表示低维空间维度，即约减后特征维度。可以看出，OA 随着维度的增加呈现先上升后下降的趋势，并且维度为 10 时分类效果最好。因此，在接下来的实验中，选择 10 作为嵌入低维空间维度。图 2.7 说明了价值较大的诊断信息包含在少量特征中，而原始医学高光谱显微图像包含的冗余信息往往导致分类效果不佳。

2．分类和灵敏度性能分析

SSDP 的最优参数已经通过五折交叉验证确定，并基于最优参数进行后续实验。为了评估 SSDP 的分类性能，使用五折交叉验证确定的平均分类精度（AA）。CNN 模型已广泛应用于 HSI 数据识别任务，实验也评估了 CNN 在膜性肾病分类方面的性能。图 2.8 给出了基于 SVM、CNN 和 SSDP+SVM 获得的灵敏度（Sensitivity，SE）、特异性（Specificity，SP）和 CA。SSDP+SVM 的分类性能优于 SVM 和 CNN，这表明 SSDP 能够提取有效的诊断信息。实验结果也证实了 CNN 需要大量标记样本才能获得较好分类结果。

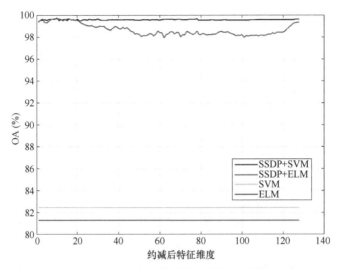

图 2.7　基于不同分类器获得的 OA 比较

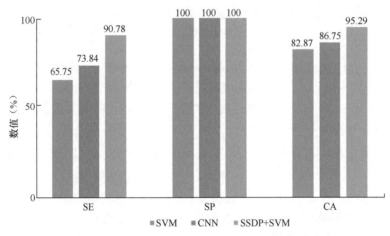

图 2.8　基于 SVM、CNN 和 SSDP+SVM 获得的 SE、SP 和 CA

为了进一步评估 SSDP 仅对每个类别中一名患者进行训练的极端情况下的性能，通过构造 90 个验证数据组来检验 SSDP 的分类性能。每个数据组通过选择 19 个不同类别的患者中的任意两个患者（一个患者从 9 个 PMN 患者中选取，另一个患者从 10 个 HBV-MN 患者中选取）构建训练集（每个组合只出现一次），其余部分作为测试集。表 2.5 列出了最小单类别分类精度（Min CA）、最大单类别分类精度（Max CA）和 CA 平均值（Ave CA）。其中，最好的分类性能分别来自患者 15684 和患者 17472，它们在后续实验中被用来构造训练集。

表 2.5 SSDP 在 90 个验证数据组中的分类性能（单位：%）

肾病类别	患者编号	Min CA	Max CA	Ave CA
PMN	**15684**	87.26	**98.66**	95.51
	16295	89.13	95.80	92.89
	16367	82.70	95.40	89.05
	16389	89.68	97.85	94.05
	16442	89.11	96.42	93.60
	16466	81.43	92.83	86.86
	16480	72.95	80.00	76.37
	16485	61.33	69.80	67.00
	17516	68.30	93.86	83.03
HBV-MN	17002	67.07	96.42	87.51
	17072	69.06	95.11	87.11
	17136	67.87	95.70	86.63
	17198	68.96	95.80	89.20
	17221	69.80	94.21	87.23
	17276	66.85	95.20	86.61
	17325	66.71	97.28	84.96
	17472	68.01	**98.66**	86.12
	17559	61.33	93.31	81.36
	18055	64.39	97.07	84.79

3. 与其他维度约减算法的性能比较分析

在本节中，将 SSDP 的性能与几种经典且常用的维度约减算法进行比较，包括局部 Fisher 判别分析（Local Fisher Discriminant Analysis，LFDA）[3]、增强型 Fisher 判别准则（Enhanced Fisher Discriminant Criterion，EFDC）[4]、基于块协同图的判别分析（Block version of a Collaborative Graph-based Discriminant Analysis，BCGDA）[5] 和协同判别流形嵌入（Cooperative Discriminant Manifold Embedding，CDME）[6]。分别采用 LFDA、EFDC、BCGDA 和 CDME 模型，在

相同的训练集和测试集上完成与 SSDP 相同的数据处理操作。所有维度约减算法的最优参数均通过五折交叉验证确定，并选择最优参数参与后续实验。

通过展示基于不同维度约减算法获得的子空间数据的分布特征来评估每种算法性能。以一组数据［一名 HBV-MN 患者（编号：17472）和一名 PMN 患者（编号：15684）作为训练数据］为例，使用可视化技术证明利用 SSDP 获取的子空间具有更好的可分性。图 2.9 显示了经不同维度约减算法处理前后测试样本的特征分布，结果证实了 SSDP 具有寻找高可分性最优子空间的潜力。此外，基于局部流形的维度约减算法（LFDA 和 EFDC）比基于重建的维度约减算法（BCGDA 和 CDME）获得了更好的分类性能。这表明 MN 免疫复合物的潜在局部分布特征对于区分不同疾病至关重要。

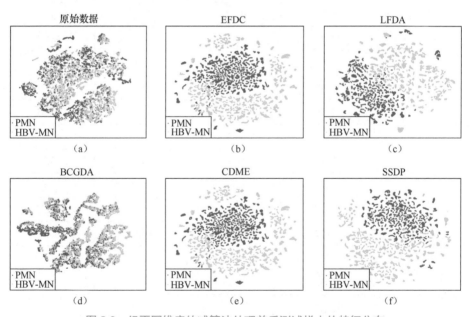

图 2.9　经不同维度约减算法处理前后测试样本的特征分布
（a）原始数据；（b）EFDC；（c）LFDA；（d）BCGDA；（e）CDME；（f）SSDP

结合 SVM 对基于不同维度约减算法获取的低维特征进行分类，使用客观评价指标（SE、SP、CA 和 AA）来评估分类性能。为了公正地评估不同维度约减算法的分类性能，使用五折交叉验证获取的 AA。表 2.6 列出了基于不同维度约减算法获取的 SE、SP、CA 和 AA，基于 SSDP 获得了最优参数。

表 2.6　基于不同维度约减算法获取的 SE、SP、CA 和 AA（单位：%）

算法	SE	SP	CA	AA
ORG	65.75	100	82.49	82.87
LFDA	88.96	100	94.35	94.48
EFDC	88.37	100	94.05	94.18
BCGDA	84.85	100	92.25	92.42
CDME	87.34	100	93.53	93.67
SSDP	**90.78**	100	**95.29**	**95.39**

注：ORG 代表原始空间特征。

为了进一步研究 SSDP 在极端情况下的性能，在完全独立的患者中进行 HBV-MN 和 PMN 的识别，构建 90 个验证数据组，每个数据组包括一名 HBV-MN 患者和一名 PMN 患者，同时对其余患者进行测试。图 2.10 给出了基于不同维度约减算法获得的每个数据组的 CA，可以看出 SSDP 在大多数情况下性能更好。此外，在第 64 个验证数据组 [一名 HBV-MN 患者（编号：17472）和一名 PMN 患者（编号：15684）作为训练集] 中，除 BCGDA 外的其他维度约减算法实现了最佳 CA。该结果表明，与传统检测方法不同，基于高光谱显微图像的智能诊断方法可以挖掘互补的诊断信息。通过计算 90 个数据组的平均 CA，SSDP 实现了 86.15% 的分类精度，LFDA 为 82.47%，EFDC 为 82.55%，BCGDA 为 73.65%，CDME 为 80.95%。为了进一步研究 SSDP 的 MN 识别准确率，使用一名 HBV-MN 患者（编号：17472）和一名 PMN 患者（编号：15684）作为训练集。前面的实验结果表明，当维度为 10 时，所有维度约减算法都取得了良好的分类性能。表 2.7 列出了利用不同维度约减算法获取 10 维特征时相应的 SE、SP、CA 和 AA 结果，结果表明 LFDA、EFDC、BCGDA、CDME 和 SSDP 在分类性能上存在明显差异。此外，表 2.8 列出了利用不同维度约减算法获取 1 维特征时相应的 SE、SP、CA 和 AA 结果。SSDP 在维度极其有限的情况下，与其他算法相比，分类效果最佳。

诊断 MN 的传统方法仍然是组织活检，病理学家在光学显微镜下使用染色切片的视觉检查和免疫荧光结合电子显微镜结果进行病理评估。但是，这些方法都是主观的，诊断的准确性取决于医生的临床经验。在该研究方法中，验证数据由专门研究 MN 的经验丰富的医生标记。假设有经验的专家的诊断准确率是 100%。基于 SSDP 获取的 CA 和 SE 分别高达 98.66% 和 99.36%，这意味着

SSDP 在维度约减过程中可以有效避免高光谱显微图像中诊断性信息的丢失。

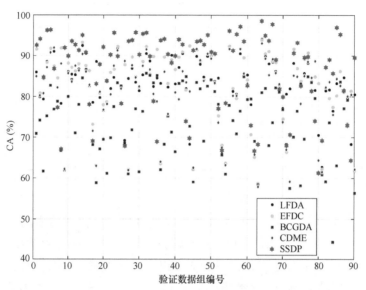

图 2.10　在 90 个数据组中不同维度约减算法的性能比较

表 2.7　利用不同维度约减算法获取 10 维特征时的分类性能比较（单位：%）

算法	SE	SP	CA	AA
ORG	74.13	85.80	80.43	79.97
LFDA	90.15	97.19	93.95	93.67
EFDC	92.20	95.58	94.02	93.89
BCGDA	71.40	89.95	81.41	80.68
CDME	92.55	95.47	94.13	94.01
SSDP	**99.36**	**97.85**	**98.66**	**98.61**

表 2.8　利用不同维度约减算法获取 1 维特征时的分类性能比较（单位：%）

算法	SE	SP	CA	AA
ORG	74.13	85.80	80.43	79.97
LFDA	49.31	44.72	46.83	47.01
EFDC	92.16	92.04	92.09	92.10
BCGDA	65.96	92.02	80.01	77.99
CDME	69.17	81.81	75.99	75.49
SSDP	**99.32**	**97.52**	**98.49**	**98.42**

2.3　基于张量表示的高光谱显微图像多特征提取

2.3.1　引言

在医学高光谱显微图像的特征提取过程中，增强特征判别能力和充分利用图像内在结构信息是两个关键问题。基于张量的多线性技术 [12-14] 是有效利用图像空谱特征信息的重要手段。然而，现有的基于张量的方法未能充分利用判别（类内和类间）信息和内在结构（全局结构、局部结构和几何结构）信息 [15-17]。针对上述问题，本节综合考虑张量分析、流形信息和判别信息，设计了一种新颖的相似性度量矩阵。基于相似性度量矩阵构建类内图和类间图，通过使用张量空间的图嵌入技术，开发了基于判别张量的流形嵌入（Discriminant Tensor-based Manifold Embedding，DTME）方法实现多特征的融合提取，并用于膜性肾病的判别分析。最后，使用膜性肾病 I 批次数据对 DTME 的有效性进行评估和验证。

本节根据膜性肾病数据的本质特征，建立了基于判别张量的多特征融合提取算法，包括基于判别张量的相似性度量矩阵的构建、基于相似性度量矩阵的判别图构建和基于判别张量的多特征提取算法，并探讨不同参数对模型的影响。随后基于个体样本划分对数据集进行实验验证，并对实验结果进行分析。

2.3.2　张量相关原理与知识

张量可用于定义多维度组 [12]。多维度组的维度指的是张量的阶数（也称为模）。

2.3.3　基于判别张量的多特征融合提取算法

稀疏表示和低秩表示已广泛应用于高光谱显微图像的特征提取。然而，现有的特征提取算法忽略了数据的局部和几何结构。此外，由于患者的个体差异，医学高光谱显微图像具有显著的类内差异和类间相似性。因此，有必要探索多特征融合提取算法以有效利用数据的局部结构信息、几何结构信息、全局结构信息和流形信息。通过综合考虑张量表示、稀疏表示、低秩表示、张量流形和样本标签蕴含的数据本征信息，构建了一个集成的多特征融合提取框架。

1. 基于判别张量的相似性度量矩阵的构建

将医学高光谱显微图像视为三阶张量 $\mathcal{T} \in \mathbb{R}^{I_1 \times I_2 \times I_3}$，其中 I_1 和 I_2 表示立方体的空间尺寸，$I_3 = d$ 表示光谱维度。将第 k 个张量块表示为 $\mathcal{X}_k \in \mathbb{R}^{i_1 \times i_2 \times d}$，它

由第 k 个像素及其空间域中的 $i_1 \times i_2$ 个近邻点构成。假设医学高光谱显微图像的感兴趣区域包含 M 个像素（$M \leqslant I_1 \times I_2$），则由 M 个带标签的张量块构建的训练集 $\{\mathcal{X}_k\}_{k=1}^{M}$ 可以表示为四阶张量 $\mathcal{X} \in \mathbb{R}^{i_1 \times i_2 \times d \times M}$。在接下来的实验中，假设像素位于窗口的中心，使用一个固定的空间窗口 $T \times T$ 来提取每个像素对应的张量样本。本研究中，窗口大小 $T \times T$ 对应张量块的空间大小，即 $i_1 = i_2 = T$。为获取包含多特征属性的相似性度量矩阵，设计如下优化问题：

$$\min_{W} \frac{1}{2}\|\mathcal{X} - \mathcal{X} \times_4 W\|_F^2 + \lambda \|W\|_* + \beta\|W\|_1 + \frac{\gamma}{2}\operatorname{tr}(W^{\mathrm{T}}ZW) \tag{2-20}$$
$$\text{s.t. } \operatorname{diag}(W) = 0$$

其中，λ、β 和 γ 是平衡相应惩罚的三个参数，$W \in \mathbb{R}^{M \times M}$ 为相似性度量矩阵，$*$ 表示低秩约束，Z 表示与亲和度矩阵 A 对应的拉普拉斯矩阵，$\mathcal{X} \times_4 W$ 代表 $\mathcal{X}$ 和 W 的 4 模积。A 的第 pq 个元素为：

$$A_{pq} = \exp(-\|\mathcal{X}_p - \mathcal{X}_q\|_F^2 / \eta_p \eta_q) \tag{2-21}$$

其中，$\eta_p = \|\mathcal{X}_p - \mathcal{X}_p^{(knn)}\|_F$，表示第 p 个样本 $\mathcal{X}_p$ 的近邻像素的尺度；$\mathcal{X}_p^{(knn)}$ 是 $\mathcal{X}_p$ 的第 k 个最近邻像素。

本书采用交替迭代算法（Alternating Direction Method of Multipliers，ADMM）求解式（2-20）。为了使目标函数具有可分性，引入两个辅助变量 Q 和 J，则式（2-20）可以转化为：

$$\min_{W} \frac{1}{2}\|\mathcal{X} - \mathcal{X} \times_4 W\|_F^2 + \lambda \|Q\|_* + \beta\|J\|_1 + \frac{\gamma}{2}\operatorname{tr}(W^{\mathrm{T}}ZW) \tag{2-22}$$
$$\text{s.t. } W = Q, \quad W = J - \operatorname{diag}(J)$$

$$
\begin{aligned}
&L(Q, J, D_1, D_2) \\
&= \frac{1}{2}\|\mathcal{X} - \mathcal{X} \times_4 W\|_F^2 + \lambda \|Q\|_* + \beta\|J\|_1 \\
&\quad + \frac{\gamma}{2}\operatorname{tr}(W^{\mathrm{T}}ZW) + \langle D_1, W - Q \rangle \\
&\quad + \langle D_2, W - J + \operatorname{diag}(W) \rangle \\
&\quad + \frac{\mu}{2}\left(\|W - Q\|_F^2 + \|W - J + \operatorname{diag}(J)\|_F^2\right)
\end{aligned}
\tag{2-23}
$$

其中，μ 是平衡参数，D_1 和 D_2 是拉格朗日乘子。为了最小化函数 $L(Q, J, D_1, D_2)$，可以通过固定部分变量来交替更新其余变量，从而得到相似性度量矩阵 $\boldsymbol{W}$。

2．基于相似性度量矩阵的判别图构建

医学高光谱数据具有明显的个体差异，可能导致"同物异谱"现象。因此，对于分类任务来说，增强同一类别样本的聚合性并扩大不同类别样本的差异性是必要的。为了实现这一目标，在计算得到相似性度量矩阵后，根据标签信息构建基于张量的类内图和类间图。由于范数约束，求解优化式（2-20）得到的相似性度量矩阵具有稀疏性。

第 i 个样本 $\boldsymbol{\mathcal{X}}_i$ 的标签表示为 $l(\boldsymbol{\mathcal{X}}_i)$，$i=1,\cdots,M$。分别定义类内和类间边权重矩阵：

$$W_{ij}^{\mathrm{intra}} = \begin{cases} W_{ij}, & l\left(\boldsymbol{\mathcal{X}}_i\right) = l\left(\boldsymbol{\mathcal{X}}_j\right) \\ 0, & \text{其他} \end{cases} \tag{2-24}$$

$$W_{ij}^{\mathrm{inter}} = \begin{cases} W_{ij}, & l\left(\boldsymbol{\mathcal{X}}_i\right) \neq l\left(\boldsymbol{\mathcal{X}}_j\right) \\ 0, & \text{其他} \end{cases} \tag{2-25}$$

类内图 $\boldsymbol{G}^{\mathrm{intra}} = \{\boldsymbol{\mathcal{X}}, \boldsymbol{W}^{\mathrm{intra}}\}$ 由顶点集 $\boldsymbol{\mathcal{X}}$ 和反映同一类别样本关系的亲和矩阵 $\boldsymbol{W}^{\mathrm{intra}}$ 构成。类间图 $\boldsymbol{G}^{\mathrm{inter}} = \{\boldsymbol{\mathcal{X}}, \boldsymbol{W}^{\mathrm{inter}}\}$ 由顶点集 $\boldsymbol{\mathcal{X}}$ 和反映不同类别样本关系的亲和矩阵 $\boldsymbol{W}^{\mathrm{inter}}$ 构成。图 2.11 展示了类内图和类间图构建过程。

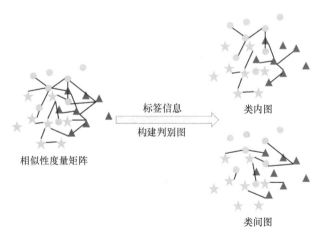

图 2.11　类内图和类间图构建过程示意图

3．基于判别张量的多特征提取算法

DTME 算法旨在找到变换矩阵 $\{\boldsymbol{U}_1, \boldsymbol{U}_2, \cdots, \boldsymbol{U}_N\}$（其中 N 为张量阶数），从高维

样本 $\mathcal{X}_i$ 中提取低维特征样本 $\widetilde{\mathcal{X}}_i$，$\widetilde{\mathcal{X}}_i = \mathcal{X}_i \times_1 U_1 \times_2 U_2 \times \cdots \times_N U_N$，$i = 1, \cdots, M$。如图 2.12 所示，DTME 基于图 $G^{\text{intra}} = \{\mathcal{X}, W^{\text{intra}}\}$ 和图 $G^{\text{inter}} = \{\mathcal{X}, W^{\text{inter}}\}$ 对数据特征进行提取，在获取的特征空间中增强同一类别样本的聚合性，并扩大不同类别样本的差异性。此外，DTME 还考虑了全局离散性以进一步增强数据可分性，即增强所有样本与中心样本 $\bar{\mathcal{X}} = \dfrac{1}{M} \sum\limits_{i=1}^{M} \mathcal{X}_i$ 的离散度。因此，DTME 的优化问题构造如下：

$$\min_{U_1, U_2, \cdots, U_N} \frac{\sum\limits_{i,j} \| \widetilde{\mathcal{X}}_i - \widetilde{\mathcal{X}}_j \|_{\text{F}}^2 W^{\text{intra}}}{\sum\limits_{i,j} \| \widetilde{\mathcal{X}}_i - \widetilde{\mathcal{X}}_j \|_{\text{F}}^2 W^{\text{inter}} + \sum\limits_{i} \| \widetilde{\mathcal{X}}_i - \overline{\mathcal{X}} \|_{\text{F}}^2} \tag{2-26}$$

可以通过采用交替迭代方案来解决上述优化问题，此处不展开。

对于临床膜性肾病的高光谱显微图像，同一类别样本可能具有不同的光谱特征。图 2.12 说明了这种现象，它展示了原始样本的二维可视化分布，每种颜色代表一个类别。某些类别的样本分布不集中甚至高度分散，这些样本混合在一起。与现有的基于张量的特征提取算法相比，DTME 在考虑数据流形结构的同时，充分利用了标签信息。与基于矢量的特征提取算法相比，DTME 通过使用张量块有效地利用了医学高光谱显微图像的空间信息。值得指出的是，DTME 具有更高的时间成本。

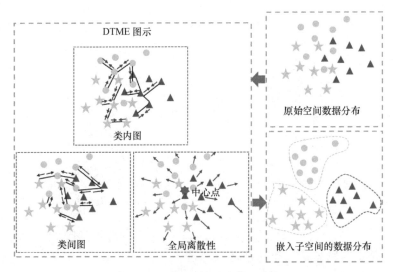

图 2.12　DTME 算法流程示意图

2.3.4　实验内容及结果分析

1. 实验数据

实验数据使用膜性肾病 I 批次数据，包括 10 位 HBV-MN 患者的 30 张 HBV-MN 图像和 9 位 PMN 患者的 24 张 PMN 图像。由于医疗数据存在显著的个体差异，目标 MN 数据集相对较小，因此采用五折交叉验证方法。HSI 数据集构成与 2.2.4 节相同。

为了进一步验证算法的泛化性能，在验证实验中采用了两个血细胞高光谱数据集。第一个数据集是白细胞高光谱数据集，采用国产声光可调谐滤光片高光谱显微图像成像系统，用于采集白细胞（White Blood Cell，WBC）数据[18]，包括 5 个不同的白细胞图像。成像系统覆盖光谱范围为 550 ～ 1000nm，包括 60 个波段。如图 2.13 所示，WBC 数据集包括嗜中性粒细胞、单核细胞、淋巴细胞、嗜酸性粒细胞和嗜碱性粒细胞这 5 种细胞数据，其光谱曲线如图 2.14 所示。第二个数据集是 Bloodcells1-3 高光谱数据集，获取数据的设备为由显微镜和硅电荷耦合器件组成的 VariSpec 液晶可调谐滤波器[19]。数据集包括红细胞、白细胞和背景数据。图 2.15（a）和图 2.15（b）分别为 Bloodcells1-3 高光谱数据集第 17 波段对应的灰度图和对应的真值图，其中红色、蓝色、绿色分别代表白细胞、红细胞和背景。

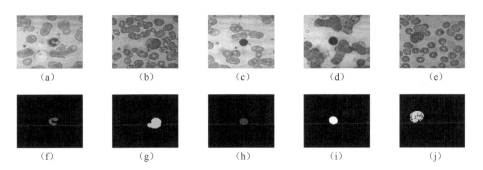

图 2.13　WBC 数据集包含的 5 种细胞数据及对应真值图

（a）嗜中性粒细胞；（b）单核细胞；（c）淋巴细胞；（d）嗜酸性粒细胞；（e）嗜碱性粒细胞；
（f）为（a）对应真值图；（g）为（b）对应真值图；（h）为（c）对应真值图；（i）为（d）对应真值图；
（j）为（e）对应真值图

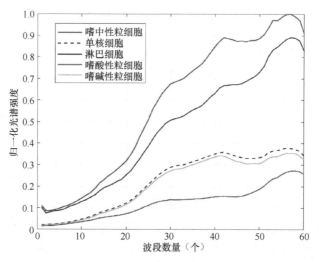

图 2.14　WBC 数据集中 5 种细胞的光谱曲线

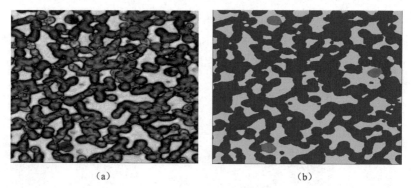

（a）　　　　　　　　　　　　　　　（b）

图 2.15　Bloodcells1-3 高光谱数据集第 17 波段对应的灰度图和对应的真值图

（a）灰度图；（b）真值图

2. 模型参数

本部分采用五折交叉验证进行参数优化。DTME 中包含 5 个需要设置的参数，即窗口大小 $T \times T$，权衡参数 λ、β 和 γ，以及特征维度。λ、β 和 γ 分别控制低秩项、稀疏项和流形正则项对模型的贡献度，参数范围为 $\{10^{-3}, 10^{-2}, 10^{-1}, 10^{0}, 10^{1}\}$。为了评估 DTME 在识别膜性肾病方面的有效性，引入了 SVM[9]，并且使用 OA 对识别效果进行评估。图 2.16 展示了用 DTME 算法获取的 OA。实验结果表明，将 λ、β 和 γ 分别设置为 10^{1}、10^{-3}、10^{-2} 时可获得最佳分类性能，其被选作后续实验中的权衡参数。同理，在后续实验中，选择 $\{10^{1}, 10^{-3}, 10^{-2}\}$

作为 WBC 数据集和 Bloodcells1-3 数据集的权衡参数。

　　对于每个像素，使用一个固定的窗口大小 $T×T$ 来提取以该像素为中心的张量样本。每个张量对应中心像素的标签作为该张量的标签。窗口大小非常重要。随着窗口增大，张量样本中包含的像素数量会增加，样本将提供更多的空间、光谱信息。然而，过大的窗口可能会导致张量样本包含冗余信息。实际上，目前窗口大小的选择并没有固定的规则。窗口大小通常是根据经验和实验确定的。因此，在 MN 数据集上，表 2.9 列出了各种窗口大小 ({3×3, 5×5, 7×7, 9×9, 11×11}) 下的实验结果。结合基于 SVM 获得的 CA、AA 和 Kappa 系数，分析窗口大小的影响。表 2.9 表明 CA、AA 和 Kappa 系数随窗口大小增加呈现先增大后减小的趋势，并在窗口大小为 9×9 时实现最佳分类性能。这意味着不合适的窗口大小无法合理描述免疫复合物的分布特征。因此，在后续 MN 数据集相关实验中，选择 9×9 作为窗口大小。同理，在接下来的实验中，WBC 数据集和 Bloodcells1-3 数据集的窗口大小均设置为 9×9。

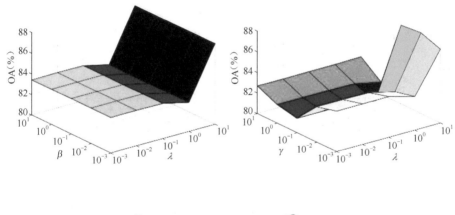

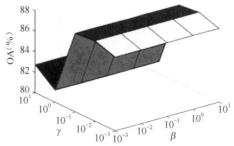

图 2.16　基于不同权衡参数获取的 OA

表 2.9　在不同窗口大小下，基于 DTME 实现的分类性能比较（单位：%）

$T\times T$	CA	AA	Kappa 系数
3×3	76.69±9.29	77.23±8.40	54.00±19.00
5×5	78.05±10.30	78.83±8.88	57.00±20.00
7×7	78.14±11.38	78.92±9.95	57.00±23.00
9×9	**87.81±6.88**	**87.99±6.30**	**76.00±13.00**
11×11	87.60±6.86	87.62±5.78	75.00±14.00

　　通过固定窗口大小、λ、β 和 γ 的值来调整特征维度。图 2.17 展示了基于不同算法获取的不同特征维度的 OA。随着维度增加，基于大多数算法获得的 OA 先上升，随后几乎不发生变化。此外，基于张量的特征提取算法，如张量稀疏和低秩图判别分析（Tensor Sparse and Low rank Graph based Discriminant Analysis，TSLGDA）[17]、DTME，可以利用更多的空间结构信息，从而可以提取到更多有用信息 [20]。DTME 在所有情况下都优于其他算法。根据实验结果，在后续实验中，在 MN 数据集上使用 {1, 1, 10} 作为特征维度。以相同的方式调节两个细胞数据集的特征维度。在后续实验中，分别为 WBC 数据集和 Bloodcells1-3 数据集选择了 {1, 1, 35} 和 {1, 1, 10} 作为特征维度。

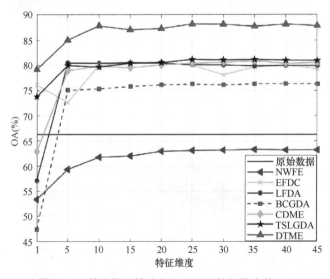

图 2.17　基于不同算法获取的不同特征维度的 OA

3．分类性能

本部分将 DTME 结合 SVM 所获得的分类性能与几种经典特征提取算法（NWFE、EFDC、LFDA、BCGDA、CDME、TSLGDA）结合 SVM 所获得的分类性能进行比较。

为了有效评估 DTME 在分类方面的性能，使用五折交叉验证方法。表 2.10 列出了基于不同算法获取的 OA、CA 和 AA 结果，结果表明 DTME 提取的特征在识别膜性肾病上实现了最佳分类效果。DTME 相比其他特征提取算法，OA、AA 和 Kappa 系数都有提升。此外，实验结果证实了，基于张量的特征提取算法优于基于矢量的特征提取算法。为了进一步评估 DTME 在每个类别中仅使用一名患者进行训练时的极端情况下的性能，在以下实验中选择患者 17472 和 15684 作为训练集。详细的 OA 结果列于表 2.11～表 2.13 中。表 2.11 列出了基于不同算法获得的每个患者所有高光谱显微图像中包含的所有像素的 OA。表 2.11 表明，对于大多数患者，基于 DTME 获得了比其他算法更大的 OA。值得一提的是，DTME 对所有患者的 OA 均达到 90% 以上。在临床诊断中，当像素级精度达到 85% 以上时，即可确定疾病类型。因此，对于 MN 数据集，DTME 可以充分识别 HBV-MN 和 PMN。此外，基于不同算法获得的 HBV-MN 患者的每张图像的 OA 列于表 2.12 中。表 2.13 列出了基于不同算法获得的 PMN 患者的每张图像的 OA。从表 2.12 和表 2.13 中不难看出，基于 DTME 获得了比其他算法更好的分类性能。在表 2.12 中，对于图像 17559-1 和 18055-1，基于 DTME 获取的 OA 虽小于 85%，但因临床诊断会综合患者 3 张图像的整体识别情况，因此这两个结果并不影响对两位患者的最终诊断准确度。综上，所有的实验结果都验证了 DTME 具有在膜性肾病精准诊断中进一步应用的不可忽视的潜力。

表 2.10　基于不同算法实现的分类性能（单位：%）

算法	CA（HBV-MN）	CA（PMN）	OA	AA	Kappa 系数
ORG	62.61 ± 19.39	69.71 ± 9.91	66.30 ± 7.61	66.16 ± 8.33	32.00 ± 16.00
NWFE	55.50 ± 16.45	63.50 ± 6.87	59.76 ± 6.79	59.50 ± 7.51	20.00 ± 12.00
EFDC	81.27 ± 18.15	79.31 ± 17.02	79.99 ± 9.88	80.29 ± 9.74	60.00 ± 20.00
LFDA	85.18 ± 14.20	76.85 ± 16.19	80.41 ± 8.71	81.02 ± 8.32	61.00 ± 17.00
BCGDA	80.38 ± 12.90	71.45 ± 13.90	75.31 ± 7.01	75.92 ± 6.77	51.00 ± 14.00
CDME	87.67 ± 9.76	73.61 ± 17.45	79.82 ± 9.54	80.64 ± 8.86	60.00 ± 18.00
TSLGDA	84.52 ± 16.44	76.20 ± 17.99	79.67 ± 9.50	80.32 ± 9.11	60.00 ± 19.00
DTME	$\mathbf{88.04\pm9.48}$	$\mathbf{87.93\pm13.65}$	$\mathbf{87.81\pm6.88}$	$\mathbf{87.99\pm6.30}$	$\mathbf{76.00\pm13.00}$

表 2.11　HBV-MN 和 PMN 患者的 OA（单位：%）

患者编号	ORG	NWFE	EFDC	LFDA	BCGDA	CDME	TSLGDA	DTME
17002	38.99	8.35	80.51	84.30	35.44	81.27	93.37	**94.14**
17072	65.28	44.70	**100.00**	**100.00**	63.83	**100.00**	99.79	**100.00**
17136	65.12	18.10	90.95	66.45	66.45	92.05	94.47	**98.45**
17198	86.16	50.32	99.36	99.14	82.58	99.36	**100.00**	**100.00**
17221	86.33	33.09	**100.00**	**100.00**	83.69	**100.00**	99.76	**100.00**
17276	85.80	27.02	**99.38**	99.25	85.31	97.88	98.76	96.26
17325	72.85	28.20	85.77	83.42	69.71	82.51	85.64	**90.21**
17559	46.98	20.13	81.88	76.68	47.15	78.02	92.79	**93.21**
18055	72.49	64.12	94.26	94.98	68.66	94.50	**98.57**	93.30
16295	80.43	80.91	86.87	88.66	83.41	85.56	82.22	**98.57**
16367	42.78	88.14	91.24	93.81	59.28	91.24	95.10	**100.00**
16389	71.26	93.94	90.21	93.30	75.52	93.69	**100.00**	92.40
16442	90.58	82.92	96.53	96.83	**98.64**	95.63	97.13	95.02
16466	90.58	80.92	**100.00**	**100.00**	90.68	**100.00**	**100.00**	97.05
16480	98.87	89.31	**100.00**	**100.00**	98.94	**100.00**	**100.00**	**100.00**
16485	99.54	**100.00**	**100.00**	**100.00**	**100.00**	**100.00**	**100.00**	**100.00**
17516	99.06	98.12	**100.00**	**100.00**	**100.00**	**100.00**	**100.00**	**100.00**

表 2.12　HBV-MN 患者的每张图像的 OA（单位：%）

编号	ORG	NWFE	EFDC	LFDA	BCGDA	CDME	TSLGDA	DTME
17002-1	30.09	13.43	97.22	98.15	27.32	97.22	**100.00**	**100.00**
17002-2	75.25	3.86	**100.00**	**100.00**	72.28	**100.00**	**100.00**	**100.00**
17002-3	16.67	0.00	8.97	25.64	10.26	12.82	67.95	**88.13**
17072-1	67.91	66.98	**100.00**	**100.00**	66.98	**100.00**	**100.00**	**100.00**
17072-2	54.24	22.88	**100.00**	**100.00**	55.93	**100.00**	**100.00**	**100.00**
17072-3	70.27	29.73	**100.00**	**100.00**	65.54	**100.00**	99.32	**100.00**
17136-1	49.61	6.98	96.90	97.67	52.71	97.67	**99.23**	97.67
17136-2	98.68	48.34	**100.00**	**100.00**	**100.00**	**100.00**	**100.00**	**100.00**
17136-3	47.40	0.00	78.61	73.41	47.40	80.93	85.55	**95.95**
17198-1	86.16	76.73	**100.00**	84.91	**100.00**	**100.00**	**100.00**	**100.00**

编号	ORG	NWFE	EFDC	LFDA	BCGDA	CDME	TSLGDA	DTME
17198-2	87.10	55.65	97.58	96.77	79.84	97.58	**100.00**	**100.00**
17198-3	82.97	23.63	**100.00**	**100.00**	82.42	**100.00**	**100.00**	**100.00**
17221-1	79.89	5.17	**100.00**	**100.00**	81.61	**100.00**	99.43	**100.00**
17221-2	97.58	62.42	**100.00**	**100.00**	90.30	**100.00**	**100.00**	**100.00**
17221-3	76.92	33.33	**100.00**	**100.00**	74.36	**100.00**	**100.00**	**100.00**
17276-1	90.03	47.04	**100.00**	**100.00**	90.65	**100.00**	**100.00**	**100.00**
17276-2	80.50	12.00	99.00	99.00	77.50	98.50	**99.50**	97.50
17276-3	84.75	14.89	**98.94**	98.58	84.75	95.03	97.52	91.13
17325-1	69.95	2.96	82.27	82.76	63.55	81.77	87.19	**87.68**
17325-2	86.21	56.90	85.86	84.14	80.67	81.03	89.31	**94.14**
17325-3	60.81	16.48	**88.28**	83.15	62.64	84.62	80.59	87.91
17559-1	54.27	26.22	67.68	56.71	57.32	59.76	**96.34**	83.78
17559-2	43.12	27.06	79.82	76.61	38.99	77.98	83.30	**91.28**
17559-3	45.33	8.41	94.86	92.06	47.66	92.06	**100.00**	**100.00**
18055-1	68.63	48.04	84.14	83.33	62.75	84.31	**94.12**	84.31
18055-2	78.79	73.49	93.94	96.97	80.30	94.70	**100.00**	95.45
18055-3	70.11	66.30	**100.00**	**100.00**	63.59	**100.00**	**100.00**	96.74

表 2.13　PMN 患者的每张图像的 OA（单位：%）

编号	ORG	NWFE	EFDC	LFDA	BCGDA	CDME	TSLGDA	DTME
16295-1	89.58	93.16	80.46	83.71	92.18	72.96	72.96	**99.17**
16295-2	83.74	77.86	93.77	94.81	88.24	95.50	96.89	**100.00**
16295-3	64.88	69.01	86.78	87.60	66.53	89.67	76.45	**100.00**
16367	42.78	88.14	91.37	93.81	59.28	91.24	95.88	**100.00**
16389-1	87.37	98.99	99.50	**100.00**	88.38	**100.00**	**100.00**	95.96
16389-2	60.31	**92.22**	72.76	79.77	65.76	81.71	86.77	85.99
16389-3	70.09	92.21	98.44	**100.00**	75.39	99.38	98.75	95.33
16442-1	99.80	78.71	**100.00**	**100.00**	100.00	**100.00**	**100.00**	**100.00**
16442-2	98.39	98.67	**100.00**	**100.00**	100.00	**100.00**	**100.00**	**100.00**
16442-3	94.53	79.10	92.61	93.25	**97.11**	90.68	88.10	89.39
16466-1	96.05	87.84	**100.00**	**100.00**	99.39	**100.00**	**100.00**	**100.00**
16466-2	78.74	93.97	**100.00**	**100.00**	75.58	**100.00**	**100.00**	**100.00**

续表

编号	ORG	NWFE	EFDC	LFDA	BCGDA	CDME	TSLGDA	DTME
16466-3	96.05	66.96	**100.00**	**100.00**	97.66	**100.00**	**100.00**	91.23
16480-1	78.74	**100.00**	**100.00**	**100.00**	**100.00**	**100.00**	**100.00**	**100.00**
16480-2	97.37	99.26	**100.00**	**100.00**	97.97	**100.00**	**100.00**	**100.00**
16480-3	**100.00**	70.32	**100.00**	**100.00**	99.75	**100.00**	**100.00**	**100.00**
16485-1	99.82	**100.00**	**100.00**	**100.00**	**100.00**	**100.00**	**100.00**	**100.00**
16485-2	97.01	**100.00**	**100.00**	**100.00**	**100.00**	**100.00**	**100.00**	**100.00**
16485-3	98.50	**100.00**	**100.00**	**100.00**	**100.00**	**100.00**	**100.00**	**100.00**
17516-1	99.21	98.43	**100.00**	**100.00**	**100.00**	**100.00**	**100.00**	**100.00**
17516-2	98.96	97.92	**100.00**	**100.00**	**100.00**	**100.00**	**100.00**	**100.00**

对于 WBC 数据集，每个类别随机抽取 50 个样本和 500 个样本，分别用于训练和测试。训练过程重复 10 次，取 10 次的平均值用来评估所有算法的分类性能。基于 DTME 获得的 OA 为 98.94%，NWFE 为 93.53%，EFDC 为 93.04%，LFDA 为 94.34%，BCGDA 为 94.56%，CDME 为 93.35%，TSLGDA 为 98.44%。表 2.14 提供了详细的分类精度，列出了基于不同算法获取的 5 类白细胞的 CA 和 OA。如图 2.14 所示，单核细胞和嗜碱性粒细胞的光谱曲线相似，因此很容易相互干扰，从而影响分类。多特征融合提取算法对嗜碱性粒细胞的分类优势尤其明显，这表明 DTME 能够保留数据的空间和几何信息。对于单核细胞分类，DTME 也达到了理想的分类效果。

表 2.14　基于不同算法获取的 5 类白细胞的 CA 和 OA（单位：%）

算法	CA（嗜中性粒细胞）	CA（单核细胞）	CA（淋巴细胞）	CA（嗜酸性粒细胞）	CA（嗜碱性粒细胞）	OA
ORG	95.44±2.01	89.84±6.16	92.52±1.64	99.56±0.62	86.24±2.99	92.72±1.08
NWFE	95.00±2.19	93.08±3.65	92.08±1.93	99.56±0.62	87.92±2.56	93.53±0.74
EFDC	87.68±1.48	94.72±2.20	88.64±2.54	99.96±0.08	94.20±1.87	93.04±0.49
LFDA	89.48±2.36	95.40±1.57	93.68±3.04	99.92±0.16	93.20±1.48	94.34±0.86
BCGDA	90.32±2.87	96.24±3.18	91.16±3.88	99.80±0.25	95.28±2.24	94.56±0.86
CDME	87.96±2.25	95.32±3.35	90.80±3.66	**99.96±0.08**	92.72±1.81	93.35±1.02
TSLGDA	**98.80±0.40**	**99.80±0.20**	97.30±0.10	99.70±0.30	96.60±3.40	98.44±1.07
DTME	98.20±0.80	99.50±0.30	**97.60±0.80**	99.90±0.10	**99.50±0.10**	**98.94±0.59**

对于 Bloodcells1-3 数据集，每个类别随机抽取 500 个样本和 5000 个样本分别用于训练和测试。训练过程重复 10 次，并使用 10 次的平均值来评估所有算法的分类性能。表 2.15 列出了详细的分类精度。DTME 实现了 96.89% 的分类精度（OA），NWFE 为 95.17%，EFDC 为 96.27%，LFDA 为 96.32%，BCGDA 为 95.97%，CDME 为 96.03%，TSLGDA 为 95.96%。这表明 DTME 实现了较可观的分类效果。

表 2.15　基于不同算法获取的 CA 和 OA（单位：%）

算法	CA（白细胞）	CA（红细胞）	CA（背景）	OA
ORG	87.64±0.88	91.14±1.41	93.88±0.71	90.89±0.55
NWFE	93.40±0.82	**96.33±0.97**	95.78±0.74	95.17±0.72
EFDC	96.70±0.44	95.94±0.39	96.18±0.36	96.27±0.18
LFDA	96.98±0.51	95.44±0.63	96.54±0.33	96.32±0.19
BCGDA	96.76±0.63	94.53±0.48	**96.62±0.46**	95.97±0.26
CDME	97.06±0.68	94.53±0.63	96.50±0.67	96.03±0.21
TSLGDA	97.27±0.28	95.00±0.18	95.62±0.74	95.96±0.25
DTME	**98.84±0.17**	95.95±0.58	95.86±0.51	**96.89±0.09**

此外，为了评估算法的运算效率，表 2.16 列出了基于不同数据集、不同算法的计算成本。对于 MN 数据集，每个类别选取 700 个样本用于训练。对于 WBC 和 Bloodcells1-3 数据集，每个类别分别选取 50 个样本和 500 个样本用于训练。显然，基于矢量的算法比基于张量的算法花费的时间更少。

表 2.16　基于不同数据集、不同算法的计算成本 t（单位：s）

算法	t(MN)	t(WBC)	t(Bloodcells1-3)
SVM	3.46	0.06	0.21
NWFE	191.01	0.36	112.95
EFDC	1.51	0.10	8.88
LFDA	0.15	0.09	9.67
BCGDA	19.22	0.12	7.45
CDME	35.31	0.31	45.56
TSLGDA	1066.55	8.95	104.00
DTME	143.52	11.16	220.99

2.4 基于张量回归分析的高光谱显微图像分类

2.4.1 引言

基于最小二乘回归（Least Square Regression，LSR）的分类器由于具有高效的数据分析能力和快速的求解方案而被广泛应用于模式识别领域[21]。虽然现有的基于 LSR 的分类器在模式识别上具有良好的性能，但因无法有效利用空间信息，现有的基于 LSR 的分类器在处理高光谱数据时无法获得令人满意的识别准确度。空间信息已被证明对提高高光谱显微图像分类准确度具有重要作用[22]。本节通过考虑高光谱显微图像的三维性质，设计了基于张量块的判别线性回归（Tensor patch-based Discriminative Linear Regression，TDLR）算法。与现有的基于 LSR 的方法不同，TDLR 通过引入基于区域协方差矩阵的描述符来构建基于张量块的类内图，充分利用了高光谱显微图像的空间、光谱信息。此外，在 TDLR 中利用类间稀疏约束来增强类可分性。TDLR 旨在扩大不同类别样本之间的距离，同时保留样本的局部空间、光谱结构，以提高高光谱显微图像分类性能。

2.4.2 最小二乘回归分析方法

由于统计理论的完备性和数据分析的有效性，LSR 已成为模式识别领域的常用工具。基于 LSR 的分类器已广泛应用于模式识别领域，并实现了令人满意的性能。本研究针对高光谱显微图像设计了 TDLR 分类器，它能够继承 LSR 的所有优点，并通过引入区域协方差描述符，充分利用病理图像的局部空间、光谱信息。

膜性肾病高光谱显微图像中感兴趣区域的光谱向量表示为 x，矩阵 $X=[x_1, x_2, \cdots, x_N]^T \in \mathbb{R}^{N \times D}$ 由 N 个训练样本构成，D 表示光谱维度。LSR 模型定义为：

$$\min_{Q} \|XQ - Y\|_F^2 + \lambda \|Q\|_F^2 \qquad (2\text{-}27)$$

其中，$Q \in \mathbb{R}^{D \times C}$ 是投影矩阵，λ 为正则项权衡参数，$Y=[y_1, y_2, \cdots, y_N]^T \in \mathbb{R}^{N \times C}$（$C \geqslant 2$，为总类别数）是对应矩阵 X 的二元标签矩阵。y 是基于 x 所属类别所定义的向量：如果 x_i 属于第 c 类，那么 y_i 的第 c 个元素为 1，其他元素为 0。

2.4.3 基于张量块的判别线性回归分析方法

对于膜性肾病高光谱显微图像分类任务，当将数据转换到标签空间时，我们期望不同类别样本之间的距离增大，同一类别样本潜在的空间和光谱信息被保留。通过保留正则化标签松弛线性回归（Regularized label relaxation Linear Regression，RLR）的优点，构建 TDLR 时引入类间稀疏约束项和基于张量的流形正则项来学习软回归目标矩阵。TDLR 的优化问题构建如下：

$$\min_{Q,M}\left\|XQ-(Y-A\odot M)\right\|_{\mathrm F}^2+\lambda_1\sum_{l=1}^{C}\left\|X_lQ\right\|_{2,1}+\lambda_2\mathcal{T} \qquad (2\text{-}28)$$
$$\text{s.t.}\quad M\geqslant 0$$

其中，$X_l=[x_1,x_2,\cdots,x_{n_l}]^{\mathrm T}\in\mathbb{R}^{n_l\times D}$ 是由属于第 l 类的 n_l 个像素组成的矩阵，$\odot$ 是 Hadamard 乘积算子，λ_1 和 λ_2 是权衡参数，$\mathcal{T}$ 是流形正则项。$A\in\mathbb{R}^{N\times C}$ 是对应 Y 的矩阵，定义如下：

$$A_{ij}=\begin{cases}+1,&Y_{ij}=1\\-1,&Y_{ij}=0\end{cases} \qquad (2\text{-}29)$$

$M\in\mathbb{R}^{N\times C}$ 是非负标签松弛矩阵，定义如下：

$$M=\begin{bmatrix}m_{11}&\cdots&m_{1C}\\\vdots&&\vdots\\m_{N1}&\cdots&m_{NC}\end{bmatrix} \qquad (2\text{-}30)$$

目标函数的第一项将严格的二元标签约束放松为软约束，这为拟合标签提供了更大的自由度。类间稀疏约束使得投影特征在每类样本中具有一致的行稀疏结构，因此投影特征具有自适应的可区分性。最重要的一项 $\mathcal{T}$ 是基于张量的流形正则项，它使投影特征持有关键信息，并有效避免过度拟合。$\mathcal{T}$ 是在基于张量的类内图 $G=\{X,W\}$ 基础上构建的。因此，基于张量的类内图的构建对于流形正则项的性能至关重要。具有顶点集 X 和邻接矩阵 W 的图 $G=\{X,W\}$ 能够表征数据的本征属性。为了同时利用数据的空间和光谱信息，引入区域协方差描述符来构建基于张量的类内图。区域协方差描述符是一种数据描述符，具有很强的数据表示能力[16]。张量形式的高光谱像素可以基于协方差特征来表征。将高光谱显微图像表示为 $\mathcal{X}\in\mathbb{R}^{W\times H\times D}$，以每个像素为中心的窗口大小为 $T\times T$ 的局部邻域可以视为空间光谱三阶张量 $\hat{\mathcal{X}}_i\in\mathbb{R}^{T\times T\times D}$。$\hat{\mathcal{X}}$ 按模 3 方向展开后，第 k 像素表示为 $\hat{x}_k\in\mathbb{R}^D$（$k=1,2,\cdots,J$；$J=T\times T$）。光谱区域协方差描述符构建如下：

$$C_i=\frac{1}{J-1}\sum_{k=1}^{J}(\hat{x}_k-\mu_i)(\hat{x}_k-\mu_i)^{\mathrm T} \qquad (2\text{-}31)$$

其中，$\boldsymbol{\mu}_i = (1/J)\sum_{k=1}^{J}\hat{\boldsymbol{x}}_k$ 是均值向量。选择对数欧几里得距离 D_{cov} 计算 $\boldsymbol{C}_i$ 和 $\boldsymbol{C}_j$ 之间的相似性[23]，定义如下：

$$D_{\text{cov}}(\boldsymbol{C}_i, \boldsymbol{C}_j) = \left\| \lg(\boldsymbol{C}_i) - \lg(\boldsymbol{C}_j) \right\|_{\text{F}} \tag{2-32}$$

因此，我们将基于张量的类内邻接矩阵 $\boldsymbol{W}$ 定义如下：

$$W_{ij} = \begin{cases} \exp\left[-\dfrac{D_{\text{cov}}(\boldsymbol{C}_i, \boldsymbol{C}_j)^2}{2t^2} \right], & \boldsymbol{x}_j \in \Omega_k(\boldsymbol{x}_i), \\ & l(\boldsymbol{x}_i) = l(\boldsymbol{x}_j) \\ 0, & \text{其他} \end{cases} \tag{2-33}$$

其中，$\Omega_k(\boldsymbol{x}_i)$ 是 $\boldsymbol{x}_i$ 的 k 最近邻集合，$l(\boldsymbol{x})$ 是 $\boldsymbol{x}$ 的标签，t 是核函数带宽参数。通过这种方式，基于张量的类内图 $\boldsymbol{G} = \{\boldsymbol{X}, \boldsymbol{W}\}$ 能够有效描述高光谱显微图像的空间和光谱信息。TDLR 问题定义如下：

$$\min_{\boldsymbol{Q}} \left\| \boldsymbol{x}_i^{\text{T}} \boldsymbol{Q} - \boldsymbol{x}_j^{\text{T}} \boldsymbol{Q} \right\|^2 W_{ij} \tag{2-34}$$

通过引入矩阵迹运算，可得 $\mathcal{T}$：

$$\min_{\boldsymbol{Q}} \left\| \boldsymbol{x}_i^{\text{T}} \boldsymbol{Q} - \boldsymbol{x}_j^{\text{T}} \boldsymbol{Q} \right\|^2 W_{ij} = \min_{\boldsymbol{Q}} \text{Tr}(\boldsymbol{Q}^{\text{T}} \boldsymbol{X}^{\text{T}} \boldsymbol{L} \boldsymbol{X} \boldsymbol{Q})$$
$$\Rightarrow \mathcal{T} = \text{Tr}(\boldsymbol{Q}^{\text{T}} \boldsymbol{X}^{\text{T}} \boldsymbol{L} \boldsymbol{X} \boldsymbol{Q}) \tag{2-35}$$

其中，$\boldsymbol{L} = \boldsymbol{D} - \boldsymbol{W}$ 是拉普拉斯矩阵，$\boldsymbol{D}$ 是对角矩阵，对角元素 $D_{ii} = \sum_{j=1}^{N} W_{ij}$。因此，TDLR 优化问题可以转换如下：

$$\min_{\boldsymbol{Q}, \boldsymbol{M}} \left\| \boldsymbol{X}\boldsymbol{Q} - (\boldsymbol{Y} - \boldsymbol{A} \odot \boldsymbol{M}) \right\|_{\text{F}}^2 + \lambda_1 \sum_{l=1}^{C} \left\| \boldsymbol{X}_l \boldsymbol{Q} \right\|_{2,1} + \lambda_2 \text{Tr}(\boldsymbol{Q}^{\text{T}} \boldsymbol{X}^{\text{T}} \boldsymbol{L} \boldsymbol{X} \boldsymbol{Q}) \tag{2-36}$$
$$\text{s.t.} \quad \boldsymbol{M} \geqslant \boldsymbol{0}$$

优化问题中的未知变量相互关联，这意味着 TDLR 问题没有解析解。利用交替方向方法[23]来解决上述优化问题。通过引入额外的变量 $\boldsymbol{E}$，优化问题可表述如下：

$$\min_{\boldsymbol{Q}, \boldsymbol{M}, \boldsymbol{E}} \frac{1}{2} \left\| \boldsymbol{X}\boldsymbol{Q} - (\boldsymbol{Y} - \boldsymbol{A} \odot \boldsymbol{M}) \right\|_{\text{F}}^2 + \lambda_1 \sum_{l=1}^{C} \left\| \boldsymbol{E}_l \right\|_{2,1}$$
$$+ \frac{\lambda_2}{2} \text{Tr}(\boldsymbol{Q}^{\text{T}} \boldsymbol{X}^{\text{T}} \boldsymbol{L} \boldsymbol{X} \boldsymbol{Q}) + \frac{\mu}{2} \left\| \boldsymbol{E} - \boldsymbol{Q} \boldsymbol{X} + \frac{\boldsymbol{C}}{\mu} \right\|_{\text{F}}^2 \tag{2-37}$$
$$\text{s.t.} \quad \boldsymbol{M} \geqslant \boldsymbol{0}$$

通过固定变量法交替求解 $\boldsymbol{Q}$、$\boldsymbol{M}$ 和 $\boldsymbol{E}$。

由于患者的个体差异，医学高光谱显微图像具有显著的类内差异和类间相似性。因此，有必要探索如何构建一个有效的分类器，既可以利用局部和全局判别结构，又可以保留局部空间、光谱信息。类间稀疏约束增强了同一类别样本的聚合性，并增大了不同类别样本间的差异性。基于张量的流形正则项是通过使用区域协方差描述符构建的，该描述符对于捕获高光谱显微图像的局部空间、光谱信息非常有效，并且能够自然地融合不同的特征，对区域缩放和旋转不敏感。TDLR 有效地整合和利用了上述优点，有助于提高分类性能。

2.4.4　实验内容及结果分析

本部分实验采用膜性肾病 II 批次数据，包含 33 名 PMN 患者和 35 名 HBV-MN 患者。实验数据分为两部分，即训练部分和测试部分。训练部分由 10 名 PMN 患者和 10 名 HBV-MN 患者组成。训练部分分为学习部分和验证部分（每部分都由 5 名 PMN 患者和 5 名 HBV-MN 患者组成）。每个实验结果都经过验证集的验证，以确保在最优参数下得到最终实验结果。测试部分的样本（由 24 名 PMN 患者和 25 名 HBV-MN 患者组成）是完全独立的，仅用于评估。5 个客观评价指标 SE、SP、OA、AA 和 Kappa 系数用于评估分类器对膜性肾病的识别性能。

1. 模型参数

TDLR 具有三个重要参数：窗口大小 $T{\times}T$、权衡参数 λ_1 和 λ_2。下面讨论不同参数对 TDLR 性能的影响以及如何选择最优参数。

在 MN 数据集上验证了各种窗口大小 ({5×5, 7×7, 9×9, 11×11, 13×13, 15×15}) 对应的性能，实验结果如表 2.17 所示。从表 2.17 可以看出，分类精度随着窗口大小的增加而增加。窗口大小为 9×9 时获得最佳分类性能，这意味着 9×9 或更大的窗口包含足够的空间信息来描述免疫复合物的空间特征。因此，考虑到计算成本，接下来的实验中选择 9×9 作为窗口大小。

表 2.17　不同窗口大小对 TDLR 性能影响的比较（单位：%）

$T{\times}T$	CA	AA	Kappa 系数
5×5	98.32±1.04	98.98±0.63	94.40±0.034
7×7	99.70±0.18	99.82±0.11	98.97±0.006
9×9	**100.00**	**100.00**	**100.00**
11×11	100.00	100.00	100.00
13×13	100.00	100.00	100.00
15×15	100.00	100.00	100.00

权衡参数 λ_1 和 λ_2 用于调整类间稀疏约束项和基于张量的流形正则项在 TDLR 中的比例。权衡参数选自 $\{10^{-6}, 10^{-5}, 10^{-4}, 10^{-3}, 10^{-2}, 10^{-1}\}$。图 2.18 展示了在 MN 数据集上基于不同权衡参数获得的 OA。结果表明，将 λ_1 和 λ_2 分别设置为 10^{-1} 和 10^{-3} 时可以获得最佳分类性能。因此，在接下来的实验中，10^{-1} 和 10^{-3} 被选为 MN 数据集的权衡参数。

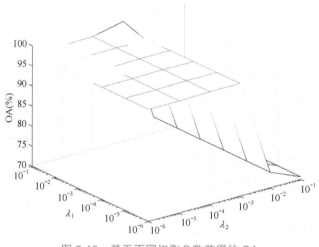

图 2.18　基于不同权衡参数获得的 OA

2. 分类性能分析

为了评估 TDLR 的有效性，我们将 TDLR 的分类性能与 SVM[9]、判别最小二乘回归（Discriminative Least Square Regression，DLSR）[24]、基于重定向的最小二乘回归（Retargeted Least Square Regression，ReLSR）[25]、基于类间稀疏的判别最小二乘回归（Inter-Class Sparsity Based Discriminative Least Square Regression，ICS-DLSR）[26]、边缘结构化表示学习（Marginally Structured Representation Learning，MSRL）[27]、RLR[28] 和判别边缘最小二乘回归（Discriminative Marginalized Least Square Regression，DMLSR）[29] 进行了比较。对于所有算法，在相同的训练集和测试集上采取与 TDLR 相同的操作。后续实验中所有结果均基于最优参数获得。在实际医学应用中，可用训练样本的数量通常是有限的，因此研究训练集的敏感性至关重要。我们用不同数量的训练样本（每类训练样本数量从 50 个到 300 个）研究 TDLR 的分类性能，随机选择训练样本 5 次。图 2.19 显示了使用不同数量的训练样本在不同算法下获得的 5 次测试结果的 OA。从结果来看，TDLR 始终优于其他算法，尤其是在训练样本数量非常少的情况下。

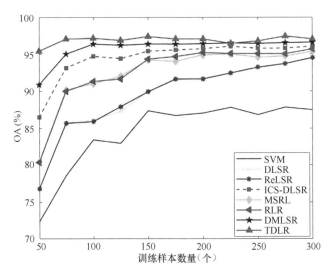

图 2.19　基于不同算法获得的 OA

　　表 2.18 列出了每类 300 个训练样本在不同算法下获得的 SE、SP、OA、AA 和 Kappa 系数的最优值，从表中可以看出，TDLR 提供了最好的 OA。对于 SP，虽然 TDLR 没有达到最优性能，但 TDLR 获得了与 DMSLR 相当的结果。结果证实，基于张量表示提供的空间信息有助于提高分类精度。为了进一步评估 TDLR 在极端情况下的分类性能，每类仅使用 50 个样本进行训练。表 2.19 列出了 SE、SP、OA、AA 和 Kappa 系数的最优值。从表 2.19 可以看出，TDLR 与其他算法相比具有更高的 SP 和 OA。

表 2.18　每类 300 个训练样本在不同算法下获得的分类精度（单位：%）

算法	SE	SP	OA	AA	Kappa 系数
SVM	79.94	89.22	87.89	84.58	58.30
DLSR	85.47	98.24	96.42	91.85	85.10
ReLSR	84.47	98.68	96.65	91.57	85.90
ICS-DLSR	82.61	99.43	97.03	91.02	87.10
MSRL	86.34	98.67	96.90	92.50	87.10
RLR	85.59	99.00	97.08	92.29	87.70
DMLSR	88.63	**99.59**	98.02	94.11	91.60
TDLR	**95.34**	99.34	**98.77**	**97.34**	**95.00**

57

表 2.19　每类 50 个训练样本下基于不同算法获得的分类精度（单位：%）

算法	SE	SP	OA	AA	Kappa 系数
SVM	66.12	84.68	81.90	75.40	41.70
DLSR	80.18	87.90	86.75	84.04	56.70
ReLSR	80.12	88.00	86.82	84.06	56.80
ICS-DLSR	80.47	92.49	90.69	86.48	66.60
MSRL	79.94	88.22	86.98	84.08	57.10
RLR	81.53	92.41	90.78	86.97	67.10
DMLSR	**96.94**	93.45	93.97	**95.20**	79.20
TDLR	87.76	**98.16**	**96.60**	92.96	**86.60**

　　每类选取 300 个样本做训练时，基于不同算法获得的 OA 如表 2.20 和表 2.21 所示。具体来说，对于易识别的 PMN 患者，TDLR 获得了相当高的 OA，而对于大多数不易区分的 PMN 患者，TDLR 获得了明显高于其他算法的 OA。在临床诊断中，当像素级精度达到 85% 以上时，即可确定疾病类型。因此，与其他算法相比，TDLR 可以有效区分 HBV-MN 和 PMN。表 2.21 列出的实验结果表明，所有算法都取得了较高的 OA。对于大多数患者，基于 TDLR 获得的结果优于其他算法。

　　传统的 MN 诊断方法具有主观性，诊断的准确性取决于医生的临床经验。在本研究中，实验数据由专门从事 MN 研究的专家标记。我们假设专家的诊断准确率为 100%。TDLR 的分类精度高达 98.77%，这意味着 TDLR 具有临床应用潜力和应用价值。

表 2.20　每类 300 个训练样本下不同 PMN 患者的 OA（单位：%）

PMN 患者编号	SVM	DLSR	ReLSR	ICS-DLSR	MSRL	RLR	DMLSR	TDLR
10127	**100.00**	**100.00**	**100.00**	**100.00**	**100.00**	**100.00**	**100.00**	**100.00**
10186	66.67	**100.00**	**100.00**	92.42	**100.00**	**100.00**	78.79	50.00
11492	39.39	51.52	45.45	45.45	54.55	48.48	15.15	**69.70**
12148	63.53	41.18	38.82	28.24	41.18	36.47	60.00	**96.47**
12152	21.92	0.00	0.00	2.74	4.11	0.00	36.99	**87.67**
12161	50.00	72.92	64.58	50.00	77.08	72.92	60.42	**87.50**
12255	28.85	28.85	25.00	19.23	28.85	28.85	50.00	**100.00**
12257	61.84	50.00	44.74	52.63	53.95	53.95	90.79	**100.00**
12289	90.80	94.25	93.10	80.46	**97.70**	**97.70**	89.66	93.10

续表

PMN 患者编号	SVM	DLSR	ReLSR	ICS-DLSR	MSRL	RLR	DMLSR	TDLR
13229	90.38	**100.00**	**100.00**	**100.00**	**100.00**	**100.00**	**100.00**	**100.00**
13230	98.53	**100.00**	**100.00**	**100.00**	**100.00**	**100.00**	**100.00**	**100.00**
13232	77.78	**100.00**	**100.00**	98.15	**100.00**	**100.00**	**100.00**	92.59
13233	**100.00**	**100.00**	**100.00**	**100.00**	**100.00**	**100.00**	**100.00**	**100.00**
13234	**100.00**	**100.00**	**100.00**	**100.00**	**100.00**	**100.00**	**100.00**	**100.00**
13235	**100.00**	**100.00**	**100.00**	**100.00**	**100.00**	**100.00**	**100.00**	**100.00**
13236	91.30	97.10	95.65	92.75	**100.00**	98.55	**100.00**	94.20
13237	**100.00**	**100.00**	**100.00**	**100.00**	**100.00**	**100.00**	**100.00**	**100.00**
13242	95.45	**100.00**	**100.00**	**100.00**	**100.00**	**100.00**	**100.00**	**100.00**
13250	71.25	**100.00**	**100.00**	**100.00**	**100.00**	**100.00**	**100.00**	**100.00**
13251	90.57	**100.00**	**100.00**	**100.00**	**100.00**	**100.00**	**100.00**	**100.00**
13256	95.31	**100.00**	**100.00**	**100.00**	**100.00**	**100.00**	**100.00**	**100.00**
13271	90.00	**100.00**	**100.00**	**100.00**	**100.00**	**100.00**	**100.00**	**100.00**
13273	72.00	**100.00**	**100.00**	**100.00**	**100.00**	**100.00**	**100.00**	**100.00**
13277	91.67	**100.00**	**100.00**	**100.00**	**100.00**	**100.00**	**100.00**	**100.00**

表 2.21　每类 300 个训练样本下不同 HBV-MN 患者的 OA（单位：%）

HBV-MN 患者编号	SVM	DLSR	ReLSR	ICS-DLSR	MSRL	RLR	DMLSR	TDLR
19063	70.15	99.58	**100.00**	**100.00**	**100.00**	**100.00**	99.58	**100.00**
19067	43.78	91.75	94.41	96.50	94.55	**96.64**	96.08	94.41
19071	80.41	97.49	99.54	99.77	99.54	99.54	99.77	**100.00**
19088	98.36	**100.00**	**100.00**	**100.00**	**100.00**	**100.00**	**100.00**	98.77
19092	94.36	**100.00**	**100.00**	**100.00**	**100.00**	**100.00**	**100.00**	97.86
19089	63.44	94.16	94.82	98.16	96.16	97.33	**100.00**	**100.00**
19099	97.56	**100.00**	**100.00**	**100.00**	99.71	**100.00**	**100.00**	99.28
19126	76.49	85.68	87.03	95.14	86.22	87.30	97.57	99.46
19138	97.25	98.28	99.31	**100.00**	97.25	98.63	**100.00**	**100.00**
19153	89.43	**100.00**	**100.00**	**100.00**	**100.00**	**100.00**	**100.00**	**100.00**
19156	**100.00**	**100.00**	**100.00**	**100.00**	**100.00**	**100.00**	**100.00**	**100.00**
19167	**100.00**	97.75	97.75	**100.00**	**100.00**	**100.00**	**100.00**	**100.00**
19168	98.30	**100.00**	**100.00**	**100.00**	**100.00**	**100.00**	**100.00**	**100.00**

HBV-MN 患者编号	SVM	DLSR	ReLSR	ICS-DLSR	MSRL	RLR	DMLSR	TDLR
19176	99.72	100.00	100.00	100.00	100.00	100.00	100.00	100.00
19184	100.00	100.00	100.00	100.00	100.00	100.00	100.00	100.00
19278	100.00	100.00	100.00	100.00	100.00	100.00	100.00	100.00
19279	100.00	100.00	100.00	100.00	100.00	100.00	100.00	100.00
19286	100.00	100.00	100.00	100.00	100.00	100.00	100.00	100.00
19292	100.00	100.00	100.00	100.00	100.00	100.00	100.00	100.00
19312	100.00	100.00	100.00	100.00	100.00	100.00	100.00	100.00
19318	100.00	100.00	100.00	100.00	100.00	100.00	100.00	100.00
19323	100.00	100.00	100.00	100.00	100.00	100.00	100.00	100.00
19335	100.00	100.00	100.00	100.00	100.00	100.00	100.00	100.00
19336	100.00	100.00	100.00	100.00	100.00	100.00	100.00	100.00
19349	100.00	100.00	100.00	100.00	100.00	100.00	100.00	100.00

参考文献

[1] SCHWEITZER A, HORN J, MIKOLAJCZYK R T, et al. Estimations of worldwide prevalence of chronic hepatitis B virus infection: a systematic review of data published between 1965 and 2013[J]. The Lancet, 2015, 386(10003): 1546-1555.

[2] YAN S, XU D, ZHANG B, et al. Graph embedding and extensions: a general framework for dimensionality reduction[J]. IEEE Transactions on Pattern Analysis and Machine Intelligence, 2007, 29(1): 40-51.

[3] LI W, PRASAD S, FOWLER J E. Locality-preserving dimensionality reduction and classification for hyperspectral image analysis[J]. IEEE Transactions on Geoscience and Remote Sensing, 2012, 50(4): 1185-1198.

[4] GAO Q, LIU J, ZHANG H. Enhanced fisher discriminant criterion for image recognition[J]. Pattern Recognition, 2012, 45(10): 3717-3724.

[5] LY N H, DU Q, FOWLER J E. Collaborative graph-based discriminant analysis for hyperspectral imagery[J]. IEEE Journal of Selected Topics in Applied Earth Observations and Remote Sensing, 2014, 7(6): 2688-2696.

[6] LV M, HOU Q, DENG N. Collaborative discriminative manifold embedding for hyperspectral

imagery[J]. IEEE Geoscience and Remote Sensing Letters, 2017, 14(4): 569-573.

[7]　TU B, ZHANG X, KANG X. Density peak-based noisy label detection for hyperspectral image classification[J]. IEEE Transactions on Geoscience and Remote Sensing, 2019, 57(3): 1573-1584.

[8]　RODRIGUEZ A, LAIO A. Clustering by fast search and find of density peaks[J]. Science, 2014, 344(6191): 1492-1496.

[9]　MOUGHAL T A. Hyperspectral image classification using support vector machine[J]. Journal of Physics Conference Series, 2013, 439: 012042.

[10]　HUANG G B, ZHU Q Y, SIEW C K. Extreme learning machine: theory and applications[J]. Neurocomputing, 2006, 70(3): 489-501.

[11]　HALICEK M, LU G, LITTLE J V. Deep convolutional neural networks for classifying head and neck cancer using hyperspectral imaging[J]. Journal of Biomedical Optics, 2017, 22(6): 60503.

[12]　ZHANG L, ZHANG L, TAO D. Tensor discriminative locality alignment for hyperspectral image spectral-spatial feature extraction[J]. IEEE Transactions on Geoscience and Remote Sensing, 2013, 51(1): 242-256.

[13]　BOURENNANE S, FOSSATI C, CAILLY A. Improvement of classification for hyperspectral images based on tensor modeling[J]. IEEE Geoscience and Remote Sensing Letters, 2010, 7(4): 801-805.

[14]　AN J, ZHANG X, JIAO L C. Dimensionality reduction based on group-based tensor model for hyperspectral image classification[J]. IEEE Geoscience and Remote Sensing Letters, 2016, 13(10): 1497-1501.

[15]　SUGIYAMA M. Dimensionality reduction of multimodal labeled data by local fisher discriminant analysis[J]. Journal of Machine Learning Research, 2007, 8(5): 1027-1061.

[16]　DENG Y J, LI H C, PAN L. Modified tensor locality preserving projection for dimensionality reduction of hyperspectral images[J]. IEEE Geoscience and Remote Sensing Letters, 2018, 15 (2): 277-281.

[17]　PAN L, LI H C, DENG Y J. Hyperspectral dimensionality reduction by tensor sparse and low-rank graph-based discriminant analysis[J]. Remote Sensing, 2017, 9(5): 452.

[18]　LI Q, XU D, HE X, et al. AOTF based molecular hyperspectral imaging system and its applications on nerve morphometry[J]. Applied Optics, 2013, 52(17): 3891-3901.

[19]　ERIVES H, TARGHETTA. Implementation of a 3-D hyperspectral instrument for skin imaging applications[J]. IEEE Transactions on Instrumentation and Measurement, 2009, 58(3): 631-638.

[20] KUO B C, LANDGREBE D A. Nonparametric weighted feature extraction for classification[J]. IEEE Transactions on Geoscience and Remote Sensing, 2004, 42(5): 1096-1105.

[21] XU Y, FANG X, ZHU Q. Modified minimum squared error algorithm for robust classification and face recognition experiments[J]. Neurocomputing, 2014, 135(5): 253-261.

[22] ZHANG L, ZHANG Q, DU B, et al. Simultaneous spectral-spatial feature selection and extraction for hyperspectral images[J]. IEEE Transactions on Cybernetics, 2016, 48(1): 16-28.

[23] YANG J F, YUAN X. Linearized augmented Lagrangian and alternating direction methods for nuclear norm minimization[J]. Mathematics of Computation, 2012, 82(281): 301-329.

[24] XIANG S, NIE F, MENG G. Discriminative least squares regression for multiclass classification and feature selection[J]. IEEE Transactions on Neural Networks and Learning Systems, 2012, 23(11): 1738-1754.

[25] ZHANG X, WANG L, XIANG S. Retargeted least squares regression algorithm[J]. IEEE Transactions on Neural Networks and Learning Systems, 2015, 26(9): 2206-2213.

[26] WEN J, XU Y, LI Z, et al. Inter-class sparsity based discriminative least square regression[J]. Neural Networks, 2018, 102: 36-47.

[27] ZHANG Z, SHAO L, XU Y. Marginal representation learning with graph structure self adaptation[J]. IEEE Transactions on Neural Networks and Learning Systems, 2018, 29(10): 4645-4659.

[28] FANG X, XU Y, LI X. Regularized label relaxation linear regression[J]. IEEE Transactions on Neural Networks and Learning Systems, 2018, 29(4): 1006-1018.

[29] ZHANG Y X, LI W, DU Q. Discriminative marginalized least-squares regression for hyperspectral image classification[J]. IEEE Transactions on Geoscience and Remote Sensing, 2020, 58(5): 3148-3161.

第 3 章　高光谱显微图像多尺度深度学习分类

针对膜性肾病，第 2 章探讨了基于传统降维方法的高光谱显微图像特征提取及分类技术。本章继续针对膜性肾病，从数据驱动角度研究高光谱显微图像多尺度深度学习分类方法。

3.1　基于深度学习的高光谱显微图像膜性肾病分类

临床上对于膜性肾病的诊断方法通常为处理分析肾活检样本，包括光镜检查（对组织的形态、病变的程度和范围等进行观察及描述）、免疫荧光或免疫组化（分别进行免疫球蛋白、补体、纤维蛋白、白蛋白等物质的免疫病理常规染色，以描述这些物质在组织里的分布和荧光强度）和电镜检查（从分子结构上识别无法明确诊断的约 20% 的肾活检样本）。国内对于 HBV-MN 的诊断标准主要是参考 1989 年在北京召开的乙型肝炎病毒相关性肾炎座谈会上拟定的标准，其中最重要的就是在肾脏组织切片的免疫复合物内找到 HBV 抗原，如果缺少该条件，临床上不能诊断为 HBV-MN。

针对传统膜性肾病诊断的一些缺点，如传统的光镜检查无法对免疫复合物进行分类；免疫荧光需要对多种物质进行免疫病理常规染色，且根据荧光强度判断易受主观影响；电镜检查成本高，普通医院没有这样的条件。我们与国内某医院肾内科合作，引入高光谱显微图像成像技术对肾活检样本进行成像处理，获取其中的肾小球高光谱显微图像，由专家对感兴趣的免疫复合物区域进行标注。然后，对采集的数据进行分析和预处理，并使用深度卷积神经网络对 HBV-MN 和 PMN 的两种免疫复合物进行分类，相关实验结果表明，应用高光谱显微图像成像技术和深度学习技术对 HBV-MN 和 PMN 的两种免疫复合物进行区分是可行的。该方法能有望成为辅助医生诊断 HBV-MN 和 PMN 的新方法。

3.1.1　图像数据预处理

在高光谱显微图像成像过程中，由于受切片制备质量以及成像设备的固有特征等因素的影响，所采集的图像往往伴随噪声，在图像的某些波段，噪声信息甚至覆盖了图像细节信息，这将严重影响图像的整体分类效果。此外，从第2章对于 HBV-MN 和 PMN 的分析可知，二者的免疫复合物成分具有很高的相似性，加大了区分 HBV-MN 和 PMN 的难度。综上，本节需寻找有效的去噪方法来抑制噪声的影响，并寻找能够增大 HBV-MN 和 PMN 的两种免疫复合物的数据差异性的技术，从而为膜性肾病的精准分类提供有效保障。

1．滤波去噪

受成像设备的影响，本节所采集的图像在低光谱波段和高光谱波段的噪声的能量相对较大，这是因为分光设备分配给各个光谱波段的光强分布不均匀，部分噪声能量较大的光谱波段中的细节信息几乎淹没，这也使得相关光谱波段的价值被掩盖，因此本节使用了三种典型的滤波算法以降低噪声的影响，即中值滤波、均值滤波和高斯滤波。

图 3.1 展示了原图像以及不同滤波算法的去噪效果（17221-2 图像的第 10 个波段），可以看出各个滤波算法都可以有效地抑制图像中的噪声，其中，均值滤波算法的去噪效果最好。

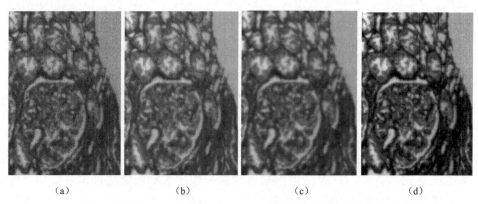

（a）   （b）   （c）   （d）

图 3.1　原图像以及不同滤波算法的去噪效果图
（a）原图像；（b）中值滤波去噪；（c）均值滤波去噪；（d）高斯滤波去噪

此外，本节设计了实验来定量分析不同滤波算法的性能，结果如表 3.1 所示。具体来说，首先将 HBV-MN 组中编号为 17002 以及 PMN 组中编号为 16466 的两位患者的全部数据选为训练样本，然后通过 ELM[1] 完成膜性肾病的分类任务，从实验结果可知滤波算法可明显改善分类效果，其中，均值滤波算法对膜性肾病分类任务的帮助最大，这是因为真值图中的免疫复合物是以线为基础被标记的，这可能会导致真值图中存在一些错误标记点，进而使得标记数据中产生奇异光谱，而均值滤波算法可对这些奇异像素点及光谱进行平滑操作，使奇异光谱值接近标记区域的平均光谱值，因此本节将均值滤波算法作为膜性肾病分类任务的图像数据预处理步骤之一。

表 3.1　基于不同滤波算法得到的分类精度对比（单位：%）

滤波算法	CA(HBV-MN)	CA(PMN)	OA	AA	Kappa 系数
无滤波	61.85	71.62	66.94	66.73	33.56
中值滤波	74.17	76.19	75.23	75.18	50.36
高斯滤波	68.47	75.04	71.89	71.76	43.59
均值滤波	76.35	75.83	76.08	76.09	52.12

2. 数据降维

HBV-MN 和 PMN 这两类膜性肾病的病理表现呈现高度相似性，表现为肾小球基底膜增厚且肾小球毛细血管祥上皮侧出现免疫复合物沉积，这也增大了准确区分 HBV-MN 和 PMN 的难度，这一点在临床诊断中有明显体现。综上，本节需寻找增大 HBV-MN 和 PMN 的两种免疫复合物的数据差异性的方法，实现以自动化方式准确区分两类膜性肾病的目的。

本节对采集的高光谱显微图像进行了仔细分析，并结合数据特性来研究增大数据差异性的方法。高光谱数据的相邻光谱波段间往往存在较高的相关性，这使得高光谱数据在具有丰富光谱信息的同时也存在较多冗余信息，而此类冗余信息不仅会降低运算效率，有时还会遮盖数据的本质特性，进而影响图像处理效果。对高光谱数据进行降维处理可减少数据中的冗余信息，而且投影变换降维算法具备去除数据相关性并获取对特征具有最优鉴别性的投影子空间的能力，因此，本节将投影变换降维算法作为增大数据差异性的技术手段。

PCA[1] 和 LDA[2] 是两种典型的基于投影变换的降维算法。PCA 算法是一种基于统计学的降维算法，其基本思想是获取原始数据集中数据点方差变化最大的方向，并沿此方向对高维数据进行投影变换降维处理，假设 $X = [x_1, x_2, \cdots, x_n] \in \mathbb{R}^{d \times n}$ 为高维数据样本，其中 n 为样本数目，d 为特征维度，PCA 算法的主要步骤如下。

（1）去中心化。

（2）计算样本的协方差矩阵：$C = \dfrac{1}{n} XX^{\mathrm{T}}$。

（3）通过特征值分解法求取协方差矩阵的特征值和特征向量。

（4）对特征值进行降序排列，并取前 d 个较大的特征值所对应的单位特征

向量 $U = [v_1, v_2, \cdots, v_d]$ 作为投影矩阵。

（5）根据投影矩阵将原始高维数据映射到低维特征空间：$Y = U^T X$。

PCA 算法计算简单，具有较广的使用范围，但此算法适合处理符合理想高斯分布的数据，对于具有复杂分布的数据的处理效果较差。此外，PCA 是一种无监督降维算法，无法充分利用数据信息。与 PCA 算法不同，LDA 算法是一种有监督降维算法，除了利用数据信息，还能够有效利用类别标签信息。此算法的基本思想为寻找一个最佳投影方向，并保证沿此方向投影后数据具有最大类间方差和最小类内方差，即保证数据在降维后具有最佳可分性。

LDA 算法的核心是通过构造类间散度矩阵和类内散度矩阵使得降维后的数据具有最佳可分性，类间散度矩阵 S_b 和类内散度矩阵 S_w 定义如下：

$$S_b = \sum_{q=1}^{c} n_q (m_q - m)(m_q - m)^T \tag{3-1}$$

$$S_w = \sum_{q=1}^{c} \sum_{k \in C_q} (x_k - m_q)(x_k - m_q)^T \tag{3-2}$$

其中，n_q 表示样本集中第 q 类样本的个数，m_q 和 m 分别为第 q 类样本的均值向量以及所有样本的整体均值向量，c 为样本集的总类别数，C_q 代表第 q 个样本类别的集合。令 S_t 为样本集的总体离散矩阵：

$$S_t = S_b + S_w = \sum_{i=1}^{n} (x_i - m)(x_i - m)^T \tag{3-3}$$

假设 $W = [w_1, w_2, \cdots, w_{c-1}]$ 为 LDA 算法的投影矩阵，那么此算法的目标函数可写作：

$$J(W) = \max_W \frac{\mathrm{tr}(W^T S_b W)}{\mathrm{tr}(W^T S_w W)} \tag{3-4}$$

式（3-4）为 Fisher 准则函数，可通过将其转化为广义特征值问题进行求解，进而实现降维目的。

LDA 算法可充分利用数据的类别标签信息，在高光谱数据的分类任务中有较好表现，不过利用此算法得到的低维数据的最高维数为 $c-1$，这对于类别数较少的数据非常不友好。考虑到本节的膜性肾病分类为二分类任务，若使用 LDA 算法进行降维，则降维后的数据的光谱维度只有 1，这会导致高光谱数据的大量信息无法得到有效利用。此外，PCA 和 LDA 算法适合处理符号理想高斯分布的数据，而现实采集的数据往往呈现较复杂的非高斯分布，本实验中的膜性肾病数据便是如此。基于上述讨论，本节认为基于 LDA 算法的 LFDA 算法 [3] 是个很好的选择，这是因为基于 LFDA 算法降维后得到的数据维度不再受 $c-1$ 的限制，而且此算法结合了 LDA 算法和局部保留投影（Locality-Preserving Projections，LPP）算法的优点，LPP 算法具备保持样本间的局部邻域结构的能力，因此 LFDA 算法可在降维过程中保证良好的类可分性的同时保持同一类别样本的局部邻域结构。

对于 LFDA 算法，类间散度矩阵 $\boldsymbol{S}_b$ 和类内散度矩阵 $\boldsymbol{S}_w$ 分别演变为局部类间散度矩阵 $\boldsymbol{S}_{lb}$ 和局部类内散度矩阵 $\boldsymbol{S}_{lw}$，定义如下：

$$\boldsymbol{S}_{lb} = \frac{1}{2}\sum_{i,j=1}^{n} W_{ij}^{lb}(\boldsymbol{x}_i - \boldsymbol{x}_j)(\boldsymbol{x}_i - \boldsymbol{x}_j)^{\mathrm{T}} \tag{3-5}$$

$$\boldsymbol{S}_{lw} = \frac{1}{2}\sum_{i,j=1}^{n} W_{ij}^{lw}(\boldsymbol{x}_i - \boldsymbol{x}_j)(\boldsymbol{x}_i - \boldsymbol{x}_j)^{\mathrm{T}} \tag{3-6}$$

其中，$\boldsymbol{W}^{lb}$ 和 $\boldsymbol{W}^{lw}$ 都为 $n \times n$ 的矩阵，定义如下：

$$W_{ij}^{lb} = \begin{cases} A_{ij}\left(\dfrac{1}{n} - \dfrac{1}{n_q}\right), & l(\boldsymbol{x}_i) = l(\boldsymbol{x}_j) = q \\ \dfrac{1}{n}, & \text{其他} \end{cases} \tag{3-7}$$

$$W_{ij}^{lw} = \begin{cases} A_{ij} / n_q, & l(\boldsymbol{x}_i) = l(\boldsymbol{x}_j) = q \\ 0, & \text{其他} \end{cases} \tag{3-8}$$

其中，$l(\boldsymbol{x}_i)$ 是 $\boldsymbol{x}_i$ 的标签，$\boldsymbol{A}$ 为一个用于表征样本 $\boldsymbol{x}_i$ 和 $\boldsymbol{x}_j$ 之间距离的 $n \times n$ 的近邻矩阵，且满足 $A_{ij} \in [0,1]$，近邻矩阵表示如下：

$$A_{ij} = \exp\left(-\frac{\|\boldsymbol{x}_i - \boldsymbol{x}_j\|^2}{\gamma_i \gamma_j}\right) \tag{3-9}$$

其中，$\gamma_i = \|\boldsymbol{x}_i - \boldsymbol{x}_i^k\|$，表示 $\boldsymbol{x}_i$ 的邻域内的局部尺度；$\boldsymbol{x}_i^k$ 代表 $\boldsymbol{x}_i$ 的第 k 个最近邻样本。LFDA 算法的目标函数可表示如下：

$$J(\boldsymbol{W}) = \max_{\boldsymbol{W}} \frac{\mathrm{tr}(\boldsymbol{W}^{\mathrm{T}} \boldsymbol{S}_{lb} \boldsymbol{W})}{\mathrm{tr}(\boldsymbol{W}^{\mathrm{T}} \boldsymbol{S}_{lw} \boldsymbol{W})} \tag{3-10}$$

为了定性评估 LFDA 算法对增大数据差异性的作用，此处使用 t 分布式随机邻域嵌入（t-distributed Stochastic Neighbor Embedding，t-SNE）[4] 算法对降维前后的数据特征分布进行可视化，效果如图 3.2 所示，可以看出 LFDA 降维算法可有效地降低两类膜性肾病数据的混叠程度，从而使得两类数据实现较好分离，为后续膜性肾病的精准分类提供有效支撑。

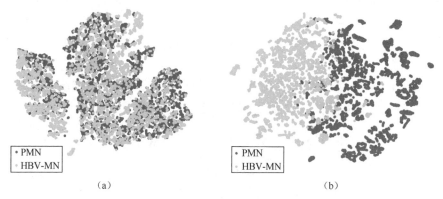

图 3.2　降维前后数据特征分布对比

（a）降维前数据特征分布；（b）降维后数据特征分布

3.1.2　膜性肾病分类模型

深度学习模型近年来在图像分类领域取得了较大成功，与传统算法相比，深度学习算法可通过数据特征映射实现对更抽象、更高级特征的提取，对特征进行更强有力的表征，从而实现较好的分类效果，因此本部分将深度学习模型作为图像数据预处理步骤之后的特征提取和分类手段。

1. 基于 CNN 的膜性肾病分类网络

在众多深度网络中，CNN 在图像分类任务中具有巨大的优势，且已经有很多成熟的 CNN 模型可供学习。为了验证 CNN 模型相对传统分类模型在膜性肾病分类任务中的优势，本节选用 VGG 和 ResNet 这两个经典且成熟的 CNN 模型对预处理之后的数据进行高阶特征提取，并完成分类任务。

VGG 模型证明了增加网络深度可影响网络的最终性能，并且 VGG 连续使用几个较小尺寸的卷积核来代替以前网络中所使用的大尺寸卷积核，这样做主要有两点好处，一是在保证感受野相同的情况下增加网络深度；二是减少网络的整体参数数量，且分类结果也证实了使用堆叠的小尺寸卷积核所实现的分类性能更优。然而，VGG 仍存在不足之处，即需要强大的计算能力以及充足的带标签数据来训练网络。当带标签数据较少时，模型则会产生过度拟合现象。本对比实验中所使用的是优化后的 VGG19 模型，网络结构图如图 3.3所示。

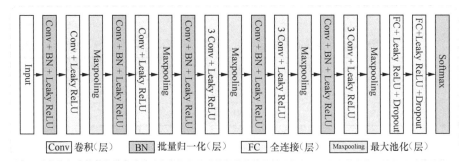

图 3.3　VGG19 网络结构

ResNet 模型可看成 VGG 模型的进阶版本，此模型由何恺明团队提出，并在 ImageNet 图像挑战赛上亮相，利用该模型实现的分类精度首次超过了人眼的识别精度。利用 ResNet 模型进一步研究增加网络深度对网络性能的影响，VGG 系列模型最深为 19 层，RseNet 模型首次尝试将模型层数突破 100。不过，随着网络深度加深，会产生梯度传播困难的问题（梯度消失或梯度爆炸）。为了解决此问题，残差映射的概念被提出，具体来说就是将靠前卷积层的输出与靠后卷积层的输出相加，图 3.4 展示了残差映射过程。

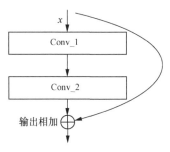

图 3.4　残差映射过程

表 3.2 列出了在经过均值滤波和投影变换降维预处理得到具有鉴别性的特征之后，传统分类模型 SVM、ELM 以及 CNN（VGG19 和 ResNet20）对于膜性肾病的分类结果，可以看出 CNN 模型具有更好的分类性能，且 ResNet20 的整体表现最佳，因此本部分将以 ResNet 中的残差映射思想为基础来设计深度特征提取模型，从而形成了将数据预处理以及深度特征提取结合来实现对膜性肾病精准分类的思路。VGG 和 ResNet 等深度网络通常需要大量带标签数据来保证性能，而在医学图像领域，获取带标签样本难度较大，因此本部分会着重研究在带标签样本较少的情况下仍可有良好表现的深度网络，而不是仅把深度网络

作为特征提取和分类的工具。

表 3.2　各模型在膜性肾病分类任务中的表现（单位：%）

模型	CA(HBV-MN)	CA(PMN)	OA	AA	Kappa 系数
SVM	97.22	90.26	93.59	93.74	87.20
ELM	99.51	86.81	92.92	93.19	85.90
VGG19	94.36	98.31	96.42	96.33	92.81
ResNet20	93.55	99.98	96.90	96.77	93.78

2. 基于 ResNet 的膜性肾病分类网络

图 3.5 所示为基于 ResNet 的膜性肾病分类网络，整个网络包含了 1 个输入卷积层、11 个残差映射模块、1 个均值池化（Averagepooling）层、1 个全连接层以及相应的 Softmax 分类概率输出层。模型的输入是以目标像素为中心、半径为 r 的邻域块，像素的邻域相关性通常较大，将像素邻域块作为输入还能获取目标像素的空间信息。

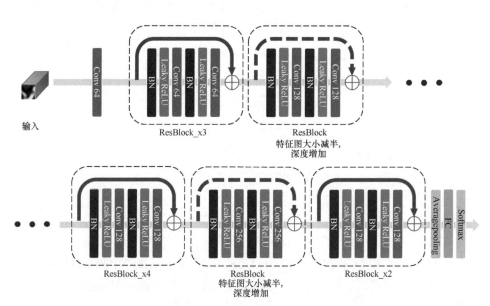

图 3.5　基于 ResNet 的膜性肾病分类网络

在模型当中，每个卷积层的卷积核大小均为 3×3。激活函数一律选用 Leaky ReLU。图 3.5 中的 ResBlock 表示的是残差映射模块，每个 ResBlock 都包含 2 个批量归一化（Batch Normalization，BN）层、2 个激活函数层以及 2

个卷积层。在用虚线桥接的 ResBlock 中，第一个卷积层的步长为 2，第二个卷积层的步长为 1，虚线表示用大小为 1×1 的卷积核对输入进行高维特征映射，步长为 2，该输入能和第二个卷积层输出的特征尺度匹配。此外，为了防止模型过度拟合，还在卷积层中的权重项中加入了惩罚系数为 0.0001 的 L2 正则项，同时还在最后的输出中加上了 Dropout 层（参数设置为 0.75）以丢掉分类贡献度较小的特征。经过 23 个卷积层的特征提取后，再经过 1 个全连接层与 Softmax 函数，得到输入属于 HBV-MN 和 PMN 的概率。

3．3DResGAN 膜性肾病分类网络

CNN 通常需要大量带标签的训练样本，以防止过度拟合现象的发生，而获取医学图像比获取自然场景的图像的难度要高，这使得医学图像领域经常面临样本缺乏的问题，因此探索具有较好的小样本鲁棒性的深度网络具有重要意义，本部分工作重点为设计具有较好的小样本鲁棒性和分类性能的深度网络。

GAN（Generative Adversarial Network，生成对抗网络）模型可以通过生成器和判别器的博弈生成真实感较高的图像。此模型最初的目的是实现高质量的图像合成，然而经过近几年的不断发展，GAN 在图像超分等领域也取得了不错的成绩。GAN 的一个变体 ACGAN（Auxiliary Classifier GAN，辅助分类器生成对抗网络）通过在判别器的最后一层增加一个映射，将 GAN 的应用拓展到了分类领域。GAN 模型的工作过程可总结如下：首先将随机噪声向量送入生成器并得到合成图像，随后合成图像和真实图像共同作为判别器的输入数据，判别器的任务是尽可能地辨别合成图像和真实图像，而生成器的目标则是尽可能地生成判别器无法辨认的高质量图像；生成器和判别器不断进行对抗训练，在这个过程中生成器和判别器的性能都得到了提升，当达到纳什平衡时，生成器合成图像的质量也得到了保证。对于分类任务，生成器和判别器的对抗训练可改善判别器的分类性能，除此之外，生成器的合成图像被视为有效数据和真实数据一起对判别器进行训练的结果，这在某种意义上相当于对原始训练数据进行了数据增强操作，因而在一定程度上增强了模型的小样本鲁棒性。

基于上述讨论，本部分以 ACGAN 为基础引入了一个适用于高光谱显微图像分类任务的深度网络 3DResGAN，以在提取高阶、抽象特征的同时增强小样本鲁棒性。

需要说明的是，3DResGAN 的输入为将原始数据预处理之后所提取到的特征，膜性肾病分类网络的整体结构如图 3.6 所示。

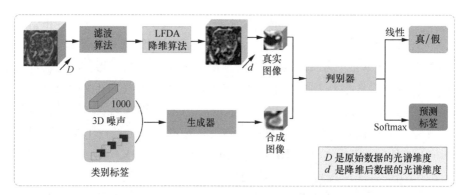

图 3.6　膜性肾病分类网络整体结构

通常情况下，GAN 将一维（ID）随机噪声向量作为生成器的输入，考虑所用高光谱显微图像为三维（3D）数据，为使网络更加契合数据本质特征并生成更真实的数据，本研究中将随机噪声向量设计为 3D 数据。前面论述了 ResNet 的优势，因此后面在设计生成器和判别器的网络结构时也使用了残差学习思想，避免由于网络深度增加而出现梯度消失或梯度爆炸问题。生成器网络和判别器网络的详细结构分别如图 3.7 和图 3.8 所示。

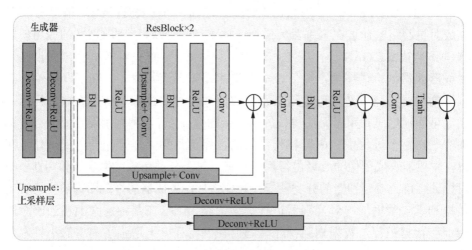

图 3.7　生成器网络结构示意图

生成器实际上是一个解码器结构，其作用是从随机噪声向量中恢复出与真实数据高度相似的图像。如图 3.7 所示，本部分所搭建的生成器网络包含 4 个反卷积（Deconv）层、2 个残差映射模块、2 个卷积层、1 个 BN 层、1 个 ReLU 激活函数层以及 1 个 Tanh 激活函数层；残差映射模块内部包含 1 个上采样层、2 个卷积层、2 个 BN 层以及 2 个 ReLU 激活函数层，需要说明的是，上采样层为自定义层，与传统的上采样方法通过插值运算实现空间尺寸扩展不同，自定义的上采样层是通过将深度尺寸变换为空间尺寸以实现上采样的目的。网络在残差映射模块外部也使用了 2 次残差学习思想，以保证网络具有良好的参数传递能力。

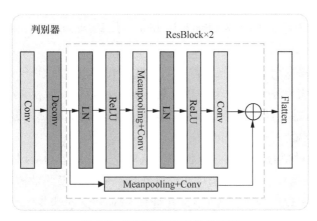

图 3.8　判别器网络结构示意图

　　网络在构建过程中几次使用 BN 层，这样做的原因如下：随着网络的加深或训练的进行，激活函数输入值的分布会逐渐发生偏移和变动，通常来说分布会逐渐向非线性函数取值区间的上下两个边界靠近，这将导致网络在进行反向传播时，浅层网络的梯度会消失，进而导致网络在训练时难以收敛，而 BN 层可将深度网络所有层的输入特征归一化到相同的分布，从而解决上述问题。BN 层是将特征强行归一化为均值为 0、方差为 1 的正态分布，这虽然可将趋近非线性饱和区的分布拉回线性分布，从而增强反向传播过程中信息的流动性，但是这也会使得网络的表达能力下降，因此 BN 层中加入了可通过训练进行学习的缩放参数 γ 和平移参数 β，以保证网络具有较好的表达能力。网络中的 BN 层与 ReLU 激活函数层共同保证了网络的收敛能力。

　　与生成器相对应，判别器是一个编码器结构，其作用是将生成数据和真实数据进行特征映射，最后将特征展平成一个一维向量并对其进行分类。如图 3.8 所示，搭建的判别器网络包含 1 个卷积层、1 个反卷积层、2 个残差映射模块以及 1 个展平（Flattern）层，其中残差映射模块包括 2 个层归一化（Layer Normalization，LN）层、1 个均值池化层、2 个卷积层以及 2 个 ReLU 激活函数层。由于本部分面向的是分类任务，因此判别器展平层所输出的一维特征会进行两种映射，一是通过 sigmoid 函数映射来判断判别器输入的真假，二是通过 softmax 函数映射为输入数据预测其所属类别。

GAN 模型虽然在很多领域都大放异彩，但其始终被训练不稳定这个问题所困扰，而训练不稳定会在很大程度上影响模型的性能，为了使得模型在训练过程中保持稳定性，3DResGAN 模型学习了 Wasserstein GAN（WGAN）的思想，WGAN 在原始 GAN 的基础上做了如下优化以解决训练不稳定问题。第一，使用 Wasserstein 距离来代替 Kullback-Leibler 散度或 Jensen-Shannon 散度，实现以更合理的方式反映真实分布和生成分布间的关系；第二，为了将 Wasserstein 距离真正应用到判别器的损失函数中，要使用 Lipschitz 连续条件，对于深度网络来说，就是将判别器的权重参数限制在 $[-c, c]$ 范围，c 为常数；第三，由于 WGAN 中判别器的目标是拟合 Wasserstein 距离，属于回归问题，因此要去除原 GAN 的判别器中的 sigmoid 层。

WGAN 通过拟合 Wasserstein 距离，从理论上解决了 GAN 模型训练不稳定问题，但是 WGAN 在真实实验中仍然存在训练困难以及收敛速度过慢的问题。导致这些问题出现的原因是 WGAN 在处理 Lipschitz 连续条件时是直接将判别器的权重参数限制在一个区间内，而在实际训练过程中，判别器的损失函数希望尽可能地拉大真假样本间的分数差，这就导致判别器的权重参数容易分布在限制边界 $-c$ 和 c 处；而且当权重限制边界取值过大或过小时，容易产生梯度消失或梯度爆炸的问题。为了解决这一问题，带有梯度惩罚项的 WGAN 被提出（即 WGAN-GP）。WGAN-GP 的基本思想是向判别器的损失函数中增加一个梯度惩罚项，不再使用原有的权重限制条件，从而真正地实现 Lipschitz 连续条件，并保证了 GAN 训练的稳定性。

在 3DResGAN 的实际训练过程中，为使判别器具有更好的分类性能，实验设定每训练 5 次判别器再训练 1 次生成器，训练中 batch size 的大小定为 64，且深度网络的输入图像块尺寸均为 14×14。

3.1.3　实验内容及结果分析

本工作以采集的膜性肾病数据集为基础展开，考虑到采集的数据为 BIL 格式，为方便后续使用，利用 ENVI 软件将数据转换为 TIFF 格式。所有实验均采用 Python 和 Matlab 两种语言进行编程，其中深度网络基于 PyTorch 框架搭建，PyTorch 是 Facebook 人工智能研究院推出的支持动态神经网络的深度学习框架。

1. 模型参数

首先讨论不同的参数对于模型性能的影响。网络的学习率是需要首先考虑的一个问题，本节比较了 {0.1, 0.01, 0.001, 0.0001}4 种不同的学习率对网络收敛的影响，学习策略采用的是 Adam 优化器。学习率为 0.0001 时网络表现最为出色；学习率为 0.1 和 0.01 时，网络很难收敛；学习率为 0.001 时，网络收敛快但是表现没有使用 0.0001 时好，这也可能是网络较深的缘故。

随后，本节讨论了使用 LFDA 对数据进行降维处理后，模型呈现的分类性能，表 3.3 为对应的结果。由表 3.3 可以看出，当数据降到 9 维时能实现最好的分类性能。此外，还讨论了不同的窗口大小对分类性能的影响，结果如表 3.4 所示，可以看出使用 15×15 的窗口作为输入时的分类效果最好。

表 3.3　使用 LFDA 对数据进行降维处理后，模型呈现的分类性能（单位：%）

维度	CA(HBV-MN)	CA(PMN)	OA	Kappa 系数
7	95.49	93.12	94.26	88.51
9	95.24	95.46	**95.35**	**90.69**
11	95.98	93.08	94.47	88.94
13	91.32	95.44	93.47	86.89

表 3.4　窗口大小对分类性能的影响（单位：%）

$T×T$	CA(HBV-MN)	CA(PMN)	OA	Kappa 系数
11×11	94.11	94.56	94.54	89.06
13×13	94.32	95.07	94.74	89.39
15×15	95.24	95.46	**95.35**	**90.69**
17×17	95.98	92.98	94.42	88.83

为了说明深度学习方法的有效性，这里选取了传统的分类器 SVM、ELM 进行比较，在所有算法中用于训练和测试的样本是一样的，结果如表 3.5 所示，其中，"LFDA-"表示对数据进行了 LFDA 降维处理。从表 3.5 中的结果可以看出，LFDA 算法对分类效果的提升作用还是很明显的，这也说明了对高光谱数据进行降维预处理的必要性，同时可以看到基于深度学习的方法较传统方法要好。

表 3.5　基于不同算法的分类性能比较（单位：%）

算法	CA(HBV-MN)	CA(PMN)	OA	Kappa 系数
SVM	78.50	65.64	71.80	43.86
ELM	70.63	81.06	76.06	51.86

续表

算法	CA(HBV-MN)	CA(PMN)	OA	Kappa 系数
VGG	88.73	68.59	78.24	56.80
ResNet	79.50	81.31	80.44	60.81
LFDA-SVM	94.47	88.02	91.11	82.25
LFDA-ELM	95.12	84.53	89.60	79.27
LFDA-VGG	93.47	95.32	94.44	88.84
LFDA-ResNet	95.24	95.46	**95.35**	**90.69**

为了避免实验结论的片面性，选取 LFDA-SVM、LFDA-VGG 以及 LFDA-ResNet 的肾小球个体分类结果进行对比，分类结果如表 3.6 至表 3.8 所示。从表中可以看出，不管是基于传统分类器的方法还是基于深度学习的方法，分类效果都明显改进。

从整体上看，基于深度学习的方法比基于传统分类器的方法得到的分类精度更高。并且，基于 ResNet 的算法要比基于 VGG 的算法所实现的分类性能更好。VGG 对于 17559-1 和 18055-1 这两个难分的样本的分类精度明显降低，而基于 ResNet 的算法的分类精度明显提升，这也是为什么说 ResNet 解决了 VGG 的网络性能退化的问题。虽然有个别样本的分类精度较低，但是可以看到，分类精度较低的样本不属于同一个病人的肾小球，同一个病人样本下其他的肾小球分类精度很高，因此在实际应用中诊断一个病人时，可以通过综合一个病人的肾活检切片中几个肾小球的高光谱显微图像分类结果来诊断。

表 3.6　使用 LFDA-SVM 对每个肾小球样本进行分类得到的 OA（单位：%）

HBV-MN			
编号	OA	编号	OA
17002-1	100.00	17276-1	100.00
17002-2	100.00	17276-2	100.00
17002-3	100.00	17276-3	98.23
17072-1	100.00	17325-1	92.61
17072-2	100.00	17325-2	98.28
17072-3	100.00	17325-3	84.25
17136-1	100.00	17472-1	98.65
17136-2	100.00	17472-2	93.25
17136-3	100.00	17472-3	99.34

续表

HBV-MN			
编号	OA	编号	OA
17198-1	100.00	17559-1	**50.00**
17198-2	100.00	17559-2	94.50
17198-3	100.00	17559-3	95.79
17221-1	100.00	18055-1	**54.90**
17221-2	100.00	18055-2	81.82
17221-3	100.00	18055-3	89.13
PMN			
编号	OA	编号	OA
15684-1	94.00	16442-3	83.28
15684-2	72.02	16466-1	100.00
15684-3	**59.31**	16466-2	100.00
16295-1	**52.12**	16466-3	100.00
16295-2	99.65	16480-1	100.00
16295-3	100.00	16480-2	100.00
16367-1	69.59	16480-3	100.00
16389-1	100.00	16485-1	100.00
16389-2	**53.31**	16485-2	100.00
16389-3	81.93	16485-3	100.00
16442-1	100.00	17516-1	100.00
16442-2	100.00	17516-2	100.00

表 3.7 使用 LFDA-VGG 对每个肾小球样本进行分类得到的 OA（单位：%）

HBV-MN			
编号	OA	编号	OA
17002-1	100.00	17276-1	100.00
17002-2	100.00	17276-2	100.00
17002-3	100.00	17276-3	100.00
17072-1	100.00	17325-1	99.01
17072-2	100.00	17325-2	96.55
17072-3	100.00	17325-3	94.87

续表

HBV-MN			
编号	OA	编号	OA
17136-1	100.00	17472-1	100.00
17136-2	100.00	17472-2	84.92
17136-3	100.00	17472-3	100.00
17198-1	100.00	17559-1	**30.49**
17198-2	100.00	17559-2	100.00
17198-3	100.00	17559-3	74.30
17221-1	100.00	18055-1	**46.08**
17221-2	100.00	18055-2	70.45
17221-3	100.00	18055-3	96.74
PMN			
编号	OA	编号	OA
15684-1	99.05	16442-3	99.04
15684-2	98.78	16466-1	100.00
15684-3	72.29	16466-2	100.00
16295-1	77.52	16466-3	100.00
16295-2	100.00	16480-1	100.00
16295-3	100.00	16480-2	100.00
16367-1	97.42	16480-3	100.00
16389-1	100.00	16485-1	100.00
16389-2	56.81	16485-2	100.00
16389-3	100.00	16485-3	100.00
16442-1	100.00	17516-1	100.00
16442-2	100.00	17516-2	100.00

表 3.8　使用 LFDA-ResNet 对每个肾小球样本进行分类得到的 OA（单位：%）

HBV-MN			
编号	OA	编号	OA
17002-1	100.00	17276-1	100.00
17002-2	100.00	17276-2	100.00
17002-3	100.00	17276-3	100.00

续表

HBV-MN			
编号	OA	编号	OA
17072-1	100.00	17325-1	98.03
17072-2	100.00	17325-2	100.00
17072-3	100.00	17325-3	100.00
17136-1	100.00	17472-1	91.89
17136-2	100.00	17472-2	84.92
17136-3	100.00	17472-3	100.00
17198-1	100.00	17559-1	**51.22**
17198-2	100.00	17559-2	100.00
17198-3	100.00	17559-3	95.33
17221-1	100.00	18055-1	**56.86**
17221-2	100.00	18055-2	91.67
17221-3	100.00	18055-3	76.09
PMN			
编号	OA	编号	OA
15684-1	100.00	16442-3	98.07
15684-2	95.38	16466-1	100.00
15684-3	89.61	16466-2	100.00
16295-1	67.43	16466-3	100.00
16295-2	100.00	16480-1	100.00
16295-3	100.00	16480-2	100.00
16367-1	100.00	16480-3	100.00
16389-1	100.00	16485-1	100.00
16389-2	73.93	16485-2	100.00
16389-3	88.79	16485-3	100.00
16442-1	100.00	17516-1	100.00
16442-2	100.00	17516-2	100.00

2．实验结果分析

为使 3DResGAN 模型实现更好的分类效果，这里对膜性肾病分类模型中所涉及的重要参数进行讨论，首先考虑的是输入生成器中的随机噪声向量的尺寸，通过对比基于较小尺寸（100，100 为随机噪声向量的通道数）以及适中尺寸（1000）得到的实验结果，发现当尺寸为 1000 时分类效果更好，这说明生成器很难从较小尺寸的随机噪声向量中学习到高质量的图像，同时考虑到随机噪声向量的尺寸过大时会增大计算负担，因此为了平衡分类效果以及计算效率，选取 1000 作为随机噪声向量的尺寸。

随后，考虑了滤波算法、滤波窗口大小对分类效果的影响，这里对比了不使用滤波算法以及将均值滤波算法的窗口大小设置为 11×11、13×13 和 15×15 时的分类效果，对比结果如表 3.9 所示，可以看出当滤波窗口大小为 13×13 时，可有效改善分类效果且分类性能最好，因此本部分将 13×13 选为滤波窗口尺寸。

表 3.9　基于不同大小的滤波窗口的分类效果（单位：%）

$T{\times}T$	CA(HBV-MN)	CA(PMN)	OA	Kappa 系数
无滤波	92.53	91.62	92.06	84.09
11×11	91.53	92.05	91.80	83.58
13×13	93.06	98.21	95.75	91.46
15×15	94.81	94.25	94.52	89.03

此外，还讨论了通过 LFDA 算法将高光谱数据降到不同维度时所呈现的分类效果，结果如表 3.10 所示，表中结果进一步验证了对原始高光谱数据进行降维处理的必要性。

表 3.10　将原始数据降到不同维度时呈现的分类效果（单位：%）

维度	CA(HBV-MN)	CA(PMN)	OA	Kappa 系数
无降维	52.04	68.42	60.58	20.58
3	92.43	96.91	94.77	89.50
5	93.06	98.21	95.75	91.46
7	93.32	96.80	95.13	90.24

为了验证 3DResGAN 模型的合理性，对比了将随机噪声向量设计为 1D 结构和 3D 结构的效果，同时还对比了网络在不学习 WGAN 思想、学习 WGAN 思想以及学习 WGAN-GP 思想下的分类结果。实验结果如表 3.11 所示，依据实验结果可知将随机噪声向量设计为 3D 结构以及学习 WGAN-GP 思想均有助

于提升网络的分类性能。

表 3.11　网络结构优化结果

1D 随机噪声向量	3D 随机噪声向量	学习 WGAN	学习 WGAN-GP	OA（%）	Kappa 系数
√				92.43	0.8485
	√			92.84	0.8564
	√	√		93.35	0.8668
	√		√	97.76	0.9551

本节将基于不同算法验证 3DResGAN 模型的合理性及有效性，由于前面实验结果已说明对数据进行预处理的必要性，因此后续所有实验均针对已进行预处理的数据。具体来说，主要对比了 SVM、ELM、Alexnet、VGG19、ResNet20、ACGAN 以及 3DResGAN 的分类表现，相关结果如表 3.12 所示，为保证对比实验的公正性，已将实验参数调到最优，并且基于 3D 随机噪声向量以及残差映射模块构建 ACGAN。

表 3.12　膜性肾病数据集上基于不同算法的分类表现（单位：%）

算法	CA(HBV-MN)	CA(PMN)	OA	AA	Kappa 系数
SVM	97.22	90.26	93.59	93.74	87.20
ELM	99.51	86.81	92.92	93.19	85.90
Alexnet	93.77	98.34	96.15	96.06	92.28
VGG19	94.36	98.31	96.42	96.33	92.81
ResNet20	93.55	99.98	96.90	96.77	93.78
ACGAN	91.20	94.35	92.84	92.77	85.64
3DResGAN	96.58	98.84	97.76	97.71	95.51

从实验结果可知，结合数据预处理步骤及膜性肾病分类模型可实现对 HBV-MN 和 PMN 两种膜性肾病的精准、自动识别。从实验结果来看，虽然 ACGAN 受训练不稳定因素的影响表现不佳，但是深度网络的整体表现优于传统方法，且在所有深度网络中 3DResGAN 的分类效果最好。以 OA 为评价指标，3DResGAN 的 OA 最大，充分体现了 3DResGAN 的优势。

值得一提的是，本实验仅选取来自 I 批次两个病人的 1414 个数据样本作为训练样本，并将来自其他 17 个病人的 10 656 个数据样本作为测试样本，

3DResGAN 可在训练样本较少的情况下更精准地完成膜性肾病分类任务，这表明 3DResGAN 具备较好的小样本鲁棒性。这是因为生成器网络的输出被视为有效数据，其和真实数据一起对判别器网络进行训练。这相当于一种数据增强策略，可实现医学图像的样本扩充，并提升判别器网络的分类表现，从而在一定程度上解决了医学图像领域存在的数据缺乏问题。同时，训练样本和测试样本取自不同病人的做法保证了训练样本和测试样本在空间上完全分离，这样做非常考验分类模型的泛化能力且具有更强的现实应用意义。

为了进一步分析实验结果，本节基于 3DResGAN 算法，以肾小球为单位测试了每个肾小球样本的 OA，并将数据预处理结合 SVM 的分类结果列在表 3.13 和表 3.14 中，在对实验结果进行分析时，一个现象引起了我们的注意，即某些肾小球样本的 OA 相对较低，如 15684-2 和 16295-1，而出自同一个病人的另外两个肾小球样本的 OA 则较高，因此，日后若通过本工作中的方法进行膜性肾病辅助诊断时，综合患者的肾活检切片中的几个肾小球的高光谱图像分类结果进行分析诊断更合理。

表 3.13　HBV-MN 组中单个肾小球样本的 OA（单位：%）

编号	OA	编号	OA
17002-1	100.00	17276-1	100.00
17002-2	100.00	17276-2	100.00
17002-3	100.00	17276-3	100.00
17072-1	100.00	17325-1	100.00
17072-2	100.00	17325-2	100.00
17072-3	100.00	17325-3	100.00
17136-1	100.00	17472-1	100.00
17136-2	100.00	17472-2	100.00
17136-3	100.00	17472-3	96.71
17198-1	100.00	17559-1	65.24
17198-2	100.00	17559-2	100.00
17198-3	100.00	17559-3	100.00
17221-1	100.00	18055-1	78.43
17221-2	100.00	18055-2	95.45
17221-3	100.00	18055-3	100.00

表 3.14　PMN 组中单个肾小球样本的 OA（单位：%）

编号	OA	编号	OA
15684-1	99.37	16442-3	92.93
15684-2	54.74	16466-1	100.00
15684-3	82.25	16466-2	100.00
16295-1	55.05	16466-3	100.00
16295-2	100.00	16480-1	100.00
16295-3	100.00	16480-2	100.00
16367-1	100.00	16480-3	100.00
16389-1	100.00	16485-1	100.00
16389-2	63.81	16485-2	100.00
16389-3	69.78	16485-3	100.00
16442-1	100.00	17516-1	77.95
16442-2	100.00	17516-2	98.44

3.2　基于深度特征融合网络的高光谱显微图像分类

传统的 CNN 模型将数据作为驱动力，通常需要大量的带标签样本来训练网络，当带标签样本较少时，网络表现较差。在医学图像领域，带标签样本往往需要具有丰富经验的医生花费大量时间来获取，时间和人力成本较高。数据增强策略本质上是对少量数据进行扩充，以满足深度 CNN 模型对于样本数量的需求，但通过数据增强得到的样本有时存在同质化程度高和样本多样性差的问题，从而制约了分类性能的提升，探索可在带标签样本较少的情况下仍具有良好表现的模型具有更强的现实应用意义。

此外，CNN 模型通常将局部图像块作为网络输入，这使得模型侧重局部特征提取而忽略了全局特征。针对上述两个问题，本节引入了深度特征融合网络。此网络包含无监督全局特征提取网络、局部特征提取网络以及多隐层特征融合网络三部分，其中，无监督全局特征提取网络用于降低网络对带标签样本的需求；局部特征提取网络负责局部细节信息的提取；多隐层特征融合网络负责实现全局和局部信息的平衡，进而实现良好的分类性能。实验结果表明，深度特征融合网络可在带标签样本较少时实现精准分类，且深度特征融合网络性能优于单独的全局特征提取网络和局部特征提取网络，这也验证了全局和局部特征的结合对于医学图像分类任务的重要性。

3.2.1　深度特征融合网络

深度特征融合网络的整体结构如图 3.9 所示，包含无监督全局特征提取网络、局部特征提取网络以及多隐层特征融合网络几个子模块。其中无监督全局特征提取网络以自编码器（Auto Encoder，AE）为基础构建，网络通过 AE 的编码 - 解码结构将高光谱数据映射到高光谱数据的单个波段，从而实现此部分网络的无监督性能，此处的单个波段是通过降维算法从高光谱数据中获取的，局部特征提取网络为层数较浅的 CNN，当双通道特征提取器完成特征提取过程后，多隐层特征融合网络将全局和局部特征进行融合，最后将融合后的特征送入 Softmax 分类器，完成最后的分类任务。

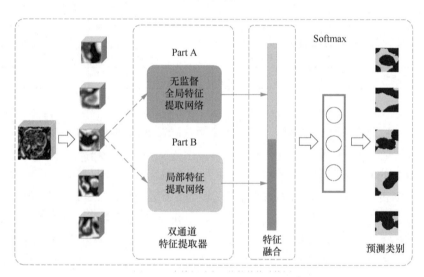

图 3.9　深度特征融合网络的整体结构

1. 自编码器的基本原理

AE 为经典的深度网络之一，此网络通过设定网络的输出端数据等于网络的输入端数据并结合反向传播实现无监督性能。AE 通常包含两个部分，一是以编码函数为基础的编码器结构，二是以重构函数为基础的解码器结构。AE 在学习输入端数据到输出端数据的映射时，网络的隐含层 h 会产生一些有用的属性，若想令 h 学习到表达能力强的特征，最有效的方式是使输出端数据的维度小于输入端数据的维度，此时的 AE 被称为不完整 AE，令网络学习一个不完整的表达就迫使网络学习最有用的特征，不完整 AE 的结构如图 3.10 所示，其中隐含层单元学习到的为非线性特征。

2．无监督全局特征提取网络

针对医学图像领域带标签样本较难获取的问题，本节从数据增强策略之外的另一角度来寻求解决方法，具体来说，无监督全局特征提取网络在充分提取数据特征的同时降低对带标签样本的需求，缓解医学图像领域带标签样本少的难题。此网络以 AE 为基础，将输入端数据和输出端数据视为不同的主体，即将高光谱数据作为网络的输入端数据，将高光谱数据的单个波段作为网络的输出端数据。

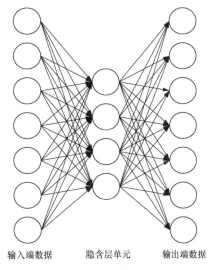

输入端数据　　隐含层单元　　输出端数据

图 3.10　不完整 AE 结构

网络结构如图 3.11 所示，网络可看成两个不同数据源间的映射，其中 X_{domainA} 代表原始高光谱数据（网络的输入数据源），X_{domainB} 代表高光谱数据的单个波段（网络的输出数据源），且 X_{domainB} 通过网络的反向传播参与特征提取过程。假设 x_{domainA} 和 x_{domainB} 是分别来自 X_{domainA} 和 X_{domainB} 的图像块，网络在两个数据源之间的映射过程可表示为：

$$h_{w,b}(x_{\text{domainA}}) \approx x_{\text{domainB}} \tag{3-11}$$

其中，x_{domainA} 和 x_{domainB} 分别为经典 AE 模型的输入端数据和输出端数据。由于网络具备强大的在不同数据源间进行信息映射的能力，因此可认为当网络在训练充足后，网络隐含层所输出的特征同时包含 X_{domainA} 和 X_{domainB} 的特征。网络在训练过程中通过最小化 X_{domainA} 和 X_{domainB} 之间的重建误差，使网络具备良好性能。

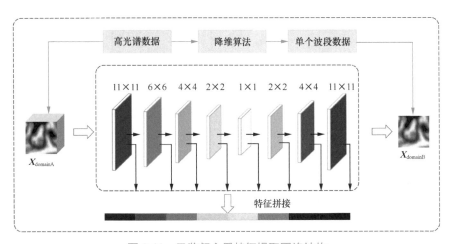

图 3.11　无监督全局特征提取网络结构

无监督全局特征提取网络将高光谱数据的单个波段作为网络的输出端数据具备如下优势。首先，单个波段数据充当了深度网络的真值图，从而实现了此部分网络的无监督性能；然后，与原始高光谱数据相比，降维得到的单个波段数据的噪声少，且以 AE 为基础的网络结构具备同时学习输入端数据和输出端数据特征的能力，这使得网络学习到的隐含层特征具备较强的噪声鲁棒性；最后，单个波段数据的数据量比原始高光谱数据小很多，因此将单个波段数据作为网络的输出端数据可提升网络的运行效率。

无监督全局特征提取网络的细节信息如图 3.12 所示，第一行为不同网络层输出特征的尺寸。众所周知，随着网络不断加深，梯度消失或梯度爆炸问题出现的概率也会逐渐增大，因此在网络结构中加入了跨层连接设计以避免上述问题。同时，深层网络由于参数众多，通常会面临过度拟合问题，此部分网络得益于其无监督特性，训练样本的数量取决于从整个医学图像中获取的图像块数量而不是带标签样本的数量，因此避免了过度拟合现象的发生。

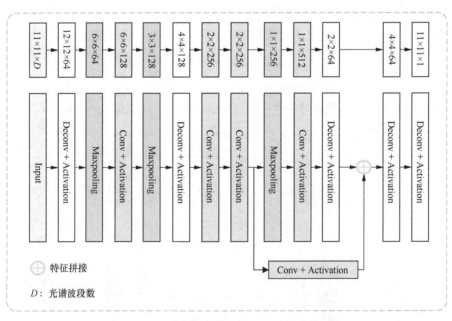

图 3.12　无监督全局特征提取网络的细节信息

此部分网络的输入端数据和输出端数据均是以滑动窗方式在整个医学图像场景中获取，这既保证了有充足的训练样本来拟合网络，又不消耗标注成本。此外，数据来自整个医学图像场景以及网络有较多下采样层这两个特性使得此部分网络更侧重于提取形状等全局特征，此部分网络的优势为可以以无监督方式提取医学图像中具有较大尺度的全局信息。

3．局部特征提取网络

无监督全局特征提取网络侧重提取图像的全局特征。在医学图像领域，局部特征也有举足轻重的作用，比如对于血细胞的分类，不同种类的血细胞形状可能很相似，需结合能表征形状信息的全局特征以及表征细节纹理信息的局部特征才能实现良好的图像分类效果。结合医学图像的全局和局部特征的必要性在相关文献 [5] 中也有论证。因此本部分引入了一个浅层 CNN 来提供局部细节信息，和无监督全局特征提取网络一起，实现全局和局部特征的平衡，共同助力高光谱显微图像的精准分类。

局部特征提取网络的细节信息如图 3.13 所示，图中的第一行为不同网络层输出特征的尺寸。此网络通过以下两点实现局部特征提取：第一，此部分网络的输入源自在整张医学图像中随机选取的有限个图像块；第二，输入此网络的特征尺寸保持不变，因此不会损失细节纹理信息。综上，无监督全局特征提取网络侧重于提取形状、细胞分布等信息，揭示不同类别样本间的信息交互情况；浅层 CNN 侧重于提取细节纹理信息，并解决全局特征中"同物异谱"以及"同谱异物"所带来的光谱不确定性问题。因此，将两部分网络的特征进行融合以保障提取特征的全面性，为最终进行精准分类提供坚实保障。

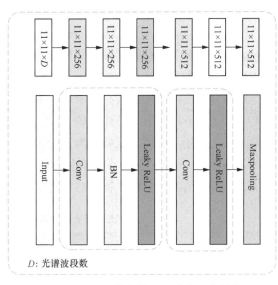

图 3.13　局部特征提取网络的细节信息

4．多隐层特征融合网络

在完成上述特征提取过程后，本节还设计了一个多隐层特征融合网络来对全局和局部特征进行融合，并实现从特征提取过程到分类过程的迁移。一般来说，CNN 是将最后一层的输出作为最终特征并用于分类等任务，然而网络的每一层所输出的特征都是有意义的，比如较浅网络层提取的是细胞边缘等低阶特征，较深网络层提取的是高阶且更抽象的特征。特别地，对于无监督全局特征提取网络，较浅网络层更侧重于提取局部特征而较深网络层侧重于提取全局特征，即不同的网络层包含不同比例的局部和全局特征。为实现不同级别特征的充分利用，本节将无监督全局特征提取网络中的部分层（图 3.12 中的第 2、6、8、9、11、12、13 和 14 层）取出作为多隐层特征融合网络的一部分，并提供全局特征。此外，将浅层 CNN 的最后一层取出并添加到多隐层特征融合网络中，此时全局和局部特征的融合任务完成。为进一步提升网络的分类性能，本节将用于训练局部特征提取网络的图像块再次输入多隐层特征融合网络中，实现对整体网络进行微调。

最后将融合后的特征送入 Softmax 分类器中，完成高光谱显微图像分类任务。至此，深度特征融合网络形成，称之为 EtoE-Fusion 网络，将无监督全局特征提取网络和局部特征提取网络分别称为 EtoE 网络和 Typical CNN。

3.2.2　实验内容及结果分析

本节将通过两个实验数据集来评估 EtoE-Fusion 网络的分类性能，并通过实验证明此网络对缓解医学图像领域带标签样本数量少这一难题的有效性。

1．实验数据

本部分通过两个实验数据集来验证 EtoE-Fusion 网络的分类性能。第一个数据集即第 2 章中所介绍的膜性肾病（MN）数据集，由于前文已对此数据集进行详细介绍，此处不赘述。此外，为进一步验证 EtoE-Fusion 网络的泛化性能，还使用了 WBC 数据集，第 2 章已介绍，采集图像的系统为高光谱显微图像成像系统[6]。成像系统的参数如表 3.15 所示。

表 3.15　高光谱显微图像成像系统参数

参数	标准
光谱范围	550 ～ 1000nm
光谱分辨率	2 ～ 6nm
波段数量	60 个
扫描方式	框幅式
数字分辨率	12bit
像素	1024 像素 ×1024 像素
数据格式	BSQ

5 类白细胞的带标签样本数量如表 3.16 所示。

表 3.16　5 类白细胞的带标签样本数量

类别	数量（个）
嗜碱性粒细胞	30 479
嗜酸性粒细胞	16 432
淋巴细胞	13 965
单核细胞	30 528
嗜中性粒细胞	12 774

2．模型参数

本部分将对 EtoE-Fusion 网络中的关键参数进行讨论研究，以实现更优的分类效果。如 3.2.1 节所述，EtoE 网络的输出端数据为高光谱数据的单个波段，考虑到不同数量的波段可能对网络结构的性能以及运行效率产生影响，本部分首先对比了将不同数量的波段作为 EtoE 网络的输出端数据的分类效果。具体来说，选用处于 1 ～ 5 这一范围内任意数量的波段，其在 MN 数据集以及 WBC 数据集上的实验结果分别如表 3.17 和表 3.18 所示。对于这两个数据集，网络的分类效果并未随着波段数量增加而明显提升，但是波段数量增加可能会降低网络的运行效率，因此综合考虑网络的分类性能及运行效率，将高光谱数据的 1 个波段作为 EtoE 网络的输出端数据。需要说明的是，由于预处理模块对于膜性肾病的分类效果具有非常关键的作用，因此对于 MN 数据集，本部分将预处理后的数据作为整个网络的输入端数据，其中 EtoE 网络的输入端数据为经过均值滤波处理且维度为 9 的数据，网络的输出端数据则为经过均值滤波处理且维度为 1 的数据。对于 WBC 数据集，EtoE 网络的输入端数据为原始高光谱显微图像，输出端数据的维度为 1。表 3.18 是从每类白细胞中选出 50 个样本作为训练集所得到的实验结果。

表 3.17　在 MN 数据集上使用不同数量的波段作为 EtoE 网络的
输出端数据的分类效果（单位：%）

波段数量（个）	OA	Kappa 系数
1	92.21	84.35
2	90.98	81.95
3	91.54	83.06
4	92.49	84.87
5	91.22	82.26

表 3.18　在 WBC 数据集上将不同数量的波段作为 EtoE 网络的
输出端数据的分类效果（单位：%）

波段数量（个）	OA	Kappa 系数
1	92.52	90.65
2	92.56	90.70
3	92.12	90.15
4	91.84	89.80
5	92.64	89.80

　　所有深度学习实验中的图像块大小均为 11×11，EtoE 网络的学习策略为随机梯度下降法（Stochastic Gradient Descent，SGD），学习率为 0.001，动量因子为 0.0001，损失函数为均方误差（Mean Square Error，MSE）函数，迭代次数为 500。Typical CNN 的学习策略为 Adam，学习率为 0.0001，损失函数为交叉熵损失（Cross Entropy Loss，CEL）函数，迭代次数为 500。EtoE-Fusion 网络的设计在两个数据集上存在些许不同：对于 MN 数据集，网络的学习策略为 Adam，学习率为 0.0001，迭代次数为 1000；对于 WBC 数据集，网络的学习策略为 SGD，动量因子为 0.000 001，学习率为 0.0001，迭代次数为 500，此外该数据集的波段数为 60，这使得多隐层特征融合模块中融合得到的特征的维度较高，且存在一定冗余信息。针对 WBC 数据集，使用 CNN 内置的全连接层将融合后的特征进行了降维处理（降到 128 维），在改善分类性能的同时提升运行效率，并将降维后的特征送入 Softmax 分类器中，从而完成高光谱显微图像的最终分类任务。

3．实验结果分析

　　本部分将 SVM、ELM、1DCNN、Alexnet、VGG19、Typical CNN 以及 EtoE 网络作为对比算法，以验证 EtoE-Fusion 网络的有效性，其中 1DCNN 表示只提取高光谱数据的光谱维特征的 CNN。

　　表 3.19 列出了 EtoE-Fusion 网络在 MN 数据集上的实验结果，为验证 EtoE-Fusion 网络对于缓解医学图像领域带标签样本数量少这一难题的有效性，本部分仅从 HBV-MN 和 PMN 两组图像中各选出一个肾小球图像，将一个图像中的 545 个样本作为训练集，并将其余的 11 525 个样本作为测试集，以观察网络在带标签训练样本极少的情况下的分类性能。由表 3.19 可知，EtoE 网络和 EtoE-Fusion 网络相较其他算法具有更优的分类性能，以 OA 为评价指标，EtoE-Fusion 网络的 OA 最大，这表明 EtoE-Fusion 网络具备良好的分类性能，

也说明了融合全局和局部特征对于医学图像分类任务的重要性。

表 3.19　不同算法在 MN 数据集上的分类表现（单位：%）

算法	CA(HBV-MN)	CA(PMN)	OA	AA	Kappa 系数
SVM	94.76	85.06	89.50	89.91	79.06
ELM	95.19	84.40	89.34	89.79	78.76
1DCNN	92.01	76.42	83.57	84.22	67.40
Alexnet	93.26	89.11	91.01	91.18	81.98
VGG19	97.37	83.82	90.03	90.60	80.17
Typical CNN	97.44	82.78	89.50	90.11	79.14
EtoE	92.62	90.69	91.57	91.66	83.08
EtoE-Fusion	93.35	**91.24**	**92.21**	**92.30**	**84.35**

表 3.20 列出了 EtoE-Fusion 网络在 WBC 数据集上的实验结果。为验证 EtoE-Fusion 网络的有效性，本部分测试了在不同数量的样本中各算法的分类表现，即从每类白细胞数据中分别选取 50、100、150、200、500 和 800 个样本作为带标签训练样本，相应的测试样本数量为训练样本数量的 10 倍。这样做的原因是在 5 类白细胞数据集中采用了逐像素标记法，因而带标签样本数量较多，若将所有带标签样本均作为测试样本，则需较长测试时间。为保证运行效率，本部分选择 10 倍于训练样本数量的测试样本来评估网络的性能。此处将 OA 作为评价指标，由表 3.20 可知，EtoE 网络和 EtoE-Fusion 网络具备更优的分类性能，以每类 50 个训练样本为例，EtoE-Fusion 网络的 OA 最大（92.52%），上述结果表明 EtoE-Fusion 网络具备更优的分类性能。同样，Typical CNN、EtoE 网络和 EtoE-Fusion 网络三者的对比结果也证实了在医学图像分类任务中融合全局和局部特征的重要性。

表 3.20　不同算法在 WBC 数据集上的分类表现（单位：%）

训练样本数量（个）	测试样本数量（个）	OA (SVM)	OA (ELM)	OA (1DCNN)	OA (Alexnet)	OA (VGG19)	OA(Typical CNN)	OA (EtoE)	OA(EtoE-Fusion)
50	500	85.48	86.00	80.68	89.24	90.40	80.16	87.40	92.52
100	1000	88.34	80.06	81.32	91.92	95.60	86.26	93.08	96.76
150	1500	88.69	87.92	91.91	95.59	96.85	89.28	94.97	97.33
200	2000	88.85	88.64	83.24	97.10	97.46	89.37	95.42	98.45
500	5000	90.13	90.15	85.51	99.03	99.23	95.80	98.22	99.67

训练样本数量（个）	测试样本数量（个）	OA(SVM)	OA(ELM)	OA(1DCNN)	OA(Alexnet)	OA(VGG19)	OA(Typical CNN)	OA(EtoE)	OA(EtoE-Fusion)
800	8000	90.71	90.92	85.73	99.27	99.30	97.63	98.81	99.74

由第 2 章可知，嗜碱性粒细胞和单核细胞两类白细胞的光谱曲线相似性较高，这将导致二者很难区分。图 3.14 的第一、二、三行分别展示了 Typical CNN、EtoE 网络和 EtoE-Fusion 网络在 5 类白细胞数据集上的分类结果图，第 4 行为真值图，可以看出 Typical CNN 和 EtoE 网络对嗜碱性粒细胞和单核细胞这两类白细胞的分类精度不高，而 EtoE-Fusion 网络可明显改善分类效果。这表明 EtoE-Fusion 网络在区分相似性较高的目标方面存在优势，进一步验证了融合全局和局部特征的必要性。

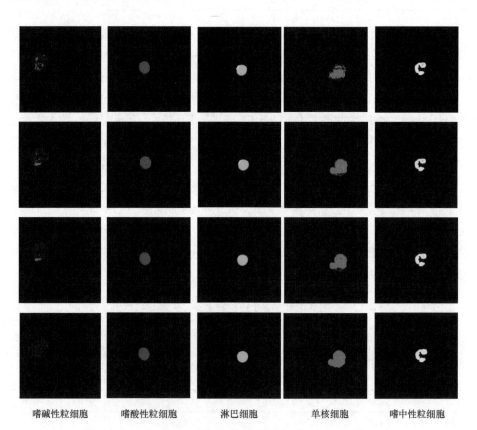

嗜碱性粒细胞　　嗜酸性粒细胞　　淋巴细胞　　单核细胞　　嗜中性粒细胞

图 3.14　Typical CNN、EtoE 网络和 EtoE-Fusion 网络在 5 类
白细胞数据集上的分类结果图

此外，如图 3.15 所示，在 WBC 数据集中，当带标签训练样本较少（每类训练样本数量仅有 50、100、150 和 200 个）时，EtoE-Fusion 网络的优势更明显，这表明 EtoE-Fusion 网络在带标签样本有限的情况下仍具有良好的分类表现。综上，EtoE-Fusion 网络在两个数据集上的实验结果均表明网络可在带标签样本数量不足时仍表现良好，这也证实了 EtoE-Fusion 网络具有缓解医学图像领域带标签样本数量少这一难题的能力。

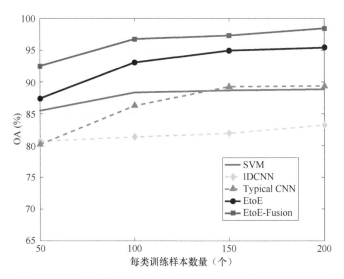

图 3.15　小样本情况下各算法在 WBC 数据集上的分类表现

在两个数据集上的实验结果均表明 EtoE-Fusion 网络相比其他算法具备更好的分类性能，且 EtoE-Fusion 网络在小样本情况下具有更明显的优势。综上可知，EtoE-Fusion 网络在联合利用空间和光谱信息的基础上，可在带标签样本较少的情况下实现精准分类。

3.3　基于 Gabor 引导 CNN 的高光谱显微图像分类

传统的 CNN 有一定的缺陷，因为每一层 CNN 都采用了固定尺度的卷积核结构，导致其缺乏对事物多尺度的特征表达。此外，CNN 还缺乏对事物方向的描述，虽然能通过最大池化这样的方法提供一定的平移不变性，但是在缺乏足够多训练样本的情况下，很难对几何变换下的目标进行精准识别。对于医学图像而言，由于个体差异，不可能每个细胞或者每片组织都长得一样并且还不会有任何几何上的变化。针对这些问题，本节将传统的 Gabor 滤波器引入 CNN

当中，解决 CNN 缺乏多尺度特征提取及方向描述的问题，随后在 5 类白细胞数据集上进行了实验验证。实验结果证明，基于 Gabor 引导 CNN 的分类方法相比传统方法和其他基于深度学习的方法，能实现更优的分类性能，尤其是在小样本的情况下。

3.3.1　基于 CNN 和 Gabor 滤波器的分类算法

基于 CNN 和 Gabor 滤波器的分类算法框架如图 3.16 所示。针对本节所使用的 5 类白细胞数据集，首先完成对数据的降维处理，以减少不必要的冗余信息和计算消耗。5 类白细胞数据集在光谱上的差异较为明显，着重从保留数据最大信息量的角度出发考虑降维方法，使用了 PCA 方法对数据进行降维处理。针对 CNN 提取的特征单一且缺乏方向描述的缺点，本工作将 Gabor 滤波器引入 CNN 当中，通过将 Gabor 滤波器和 CNN 结合，提升 CNN 的分类性能，最后利用一个全连接层加 Softmax 函数实现分类。

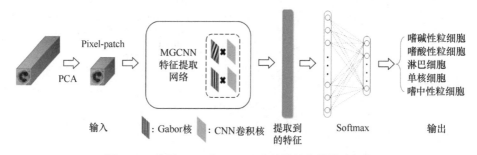

图 3.16　基于 CNN 和 Gabor 滤波器的分类算法框架

PCA 的计算过程在 3.1 节已有介绍，此处不赘述。针对高光谱显微图像分类，一般会选择包含总的信息量大于 95% 的前 d' 个主成分。用这前 d' 个主成分信息代替原始的高光谱显微图像，能够显著减少计算量，同时还能有效避免"Hughes"现象。PCA 在高光谱显微图像处理领域可以说是一个非常常见的降维算法[7]，后续实验部分会具体讨论 PCA 的应用。

1．Gabor 调制的 CNN 卷积核

Gabor 滤波器是特征滤波器的一种，在高光谱显微图像的处理中也常通过滤波不同方向和尺度的 Gabor 核来分析空间结构。近些年发现，将 Gabor 与 CNN 结合使用能够有效提升 CNN 的分类性能，多数情况下是将 Gabor 核置于 CNN 的前面以提取一个初始特征，相当于将原始图像转到一个多尺度下的初始特征空间中，供 CNN 进一步提取有用的特征。另外，还可以将 Gabor 小波用于初始化 CNN 的第一层，让 CNN 通过训练的方式自动寻找一个比较好的初始特征空间 [8]。这些工作都着重于给 CNN 提供一个更好的初始特征空间，这难免会损失原始数据的一些重要信息，因为 Gabor 核也是有参数的，要搜索最优的 Gabor 参数也很费时。Gabor 核特征提取的方式实质上和 CNN 的卷积核是一样的，可将 Gabor 滤波器用于初始化 CNN 的卷积核，将二者结合，对输入图像进行特征提取。

二维 Gabor 滤波器的定义如下：

$$g_{f,\theta}(x,y) = \frac{f^2}{\pi\gamma\eta}\exp[-(\alpha^2 x'^2 + \beta^2 y'^2)]\exp(j2\pi fx') \tag{3-12}$$

其中，

$$x' = \left(x - \frac{m+1}{2}\right)\cos\theta + \left(y - \frac{n+1}{2}\right)\sin\theta \tag{3-13}$$

$$y' = -\left(x - \frac{m+1}{2}\right)\cos\theta + \left(y - \frac{n+1}{2}\right)\sin\theta \tag{3-14}$$

f 为 Gabor 在频率域中的分布系数，m 和 n 代表 Gabor 核的大小，θ 表示正弦平面波的旋转角度，α 表示高斯函数在平行于平面波的长轴上的锐度，β 表示高斯函数在垂直于平面波的短轴上的锐度，$\gamma = f / \alpha$，$\eta = f / \beta$。假设 α 和 β 相等且约定 $\gamma = \eta = \sqrt{2}$，该假设在之前的研究中使用较为广泛，是一个经验策略 [9]。

图 3.17 为 Gabor 小波调制 CNN 卷积核的示意图，其中的乘号表示点乘，即在两个核之间进行元素相乘，通过将不同尺度和方向的 Gabor 核点乘 CNN 卷积核，可以在每个卷积层生成具有不同尺度和方向的初始调制核。经过训练，最终得到的调制核与 Gabor 核相似，但并不是严格的 Gabor 核。可以将 CNN 卷积核看作是控制 Gabor 核的权重，在训练过程中可以根据数据的特征逐渐调整 CNN 卷积核，使其有选择性地向 Gabor 核靠近。与原始的 CNN 卷积核和 Gabor 核相比，调制核能在不同的频率和方向上提取更有代表性的特征。

2．MGCNN

图 3.18 所示为 MGCNN 网络模型细节示意图。在每个卷积层当中，卷积核的大小统一为 3×3，每个卷积层中有 4 个分支，每个分支中都有调制核，调制核定义为：

$$\boldsymbol{m}_{i,j}^{l,k} = \boldsymbol{c}_{i,j}^l \cdot \boldsymbol{g}_{f_k,\theta_j} \tag{3-15}$$

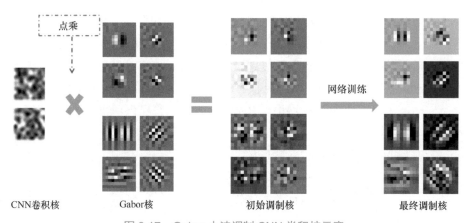

图 3.17　Gabor 小波调制 CNN 卷积核示意

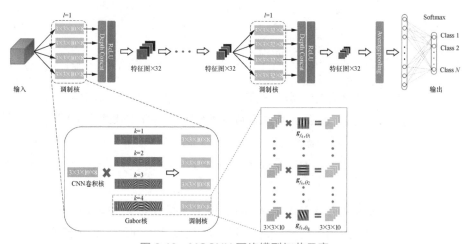

图 3.18　MGCNN 网络模型细节示意

　　其中，$m_{i,j}^{l,k}$ 表示在 l 层中第 k 个分支里连接着第 i 个输入和第 j 个输出的调制核，$c_{i,j}^{l}$ 表示在 l 层中连接着第 i 个输入和第 j 个输出的卷积核。注意，在每个卷积层中只生成一组卷积核，随后由不同的 Gabor 核来调制得到不同的调制核，这样可以只训练较少的参数，又能用较多的参数来对数据进行拟合，一定程度上缓解了网络过度拟合现象，提高网络的泛化性能。g_{f_k,θ_j} 表示频率为 f_k 且方向为 θ_j 的 Gabor 核，本节设计的网络模型中用到了 4 个不同频率 $\{1, 1/2, 1/3, 1/4\}$ 和 8 个不同方向 $\{0, \pi/8, 2\pi/8, 3\pi/8, 4\pi/8, 5\pi/8, 6\pi/8, 7\pi/8\}$ 的参数来生成 Gabor 核，每个分支里有 8 个不同方向但频率相同的 Gabor 核用于调制卷积核。在本节中，MGCNN 的卷积层内的运算表示为：

$$x_j^{l,k} = \sum_{i=1}^{l} X_i^{l-1} m_{i,j}^{l,k}$$　　　　　　（3-16）

其中，$x_j^{l,k}$ 表示 l 层中第 k 个分支的第 j 个输出特征图，X_i^{l-1} 是 $l-1$ 层输出的第 i 个特征图，它是由 $l-1$ 层中的 4 个分支特征图进行深度拼接后经 ReLU 函数激活得到的，该激活函数形式为 $f(x) = \max(0, x)$。当前一层的 4 个分支特征图计算完成后，再进行深度拼接和激活函数激活，最后得到 $l+1$ 层的输入。

设计的模型中包括了 4 个卷积层、1 个平均池化层以及 1 个全连接层，每个卷积层设定输出 32 张特征图，最后的平均池化层将特征图转化为一维特征向量，由全连接层进行稠密计算，并通过一个 Softmax 激活函数给出每一类别的预测概率。在网络进行反向传播的时候，卷积层的梯度只用于更新其中的卷积核，在前向计算的时候，卷积核要先经过不同 Gabor 核的调制。

3.3.2　实验内容及结果分析

在本节，将通过实验对 MGCNN 的性能进行评估，同时引入了其他几种算法作为对比。

1．模型参数

本节将对 MGCNN 所涉及的一些关键参数进行讨论。如前所述，在 MGCNN 分类框架中，首先会对 WBC 数据集进行 PCA 预处理，需要考虑降维降到多少个主成分（Principle Component，PC）比较合适。本节从带标签样本中选取了 300 个作为训练样本（后续实验无特殊说明使用同样数量的训练样本），基于 SVM 做了不同数量主成分下的分类效果对比实验，结果如表 3.21 所示。可以看出，使用 10 个主成分时的分类效果最好，而且测试时间相比使用原始光谱来说减少不少，因此，本节实验中的主成分确定为 10 个。

表 3.21　不同数量主成分下的 OA 对比

主成分数量（个）	OA（%）	测试时间（s）
原始	88.20	5.1
5	89.10	1.4
10	89.77	1.6
15	89.27	2.1
20	88.74	2.3
25	88.56	2.7
30	87.98	3.1

此外，为进一步验证使用 PCA 的优势，本节在数据中加入了十分细微的噪声。图 3.19 和图 3.20 分别为加入噪声前后的单个波段图像和加入具有不同方差大小的噪声后的光谱曲线，v 表示白噪声方差，加入的噪声十分细微，从原图和光谱曲线上看几乎没有什么差别。但是由表 3.22 可知，经过 PCA 预处理后的分类效果几乎不受影响，而没有经过 PCA 预处理的分类效果却变差，随着加入噪声的强度变大，未经 PCA 预处理的分类效果越来越差。此外，结合表 3.22 和表 3.23，使用 PCA 的情况下 MGCNN 有更好的分类表现，而且训练、测试用时也更短。通过这些实验，说明选择 PCA 作为预处理方法是合理的。

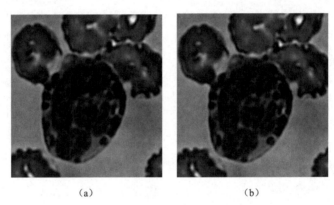

(a)   (b)

图 3.19   加入噪声前后的单个波段图像

(a) 原始图像；(b) $v = 0.3$

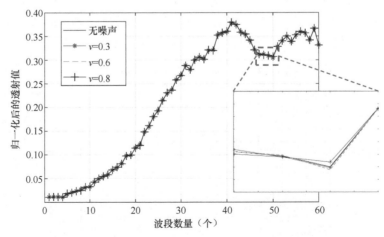

图 3.20   加入具有不同方差大小的噪声后的光谱曲线

表 3.22　有噪声和无噪声下使用 PCA 和使用全波段得到的 OA 对比（单位：%）

算法	OA（无噪声）	OA（ν=0.3）	OA（ν=0.6）	OA（ν=0.8）
全波段 -SVM	88.20	85.44	83.52	80.91
PCA-SVM	89.77	89.76	89.78	89.75
全波段 -MGCNN	97.49	92.77	89.28	88.90
PCA-MGCNN	98.79	98.79	98.80	98.80

表 3.23　使用 PCA 和使用全波段的用时对比（单位：s）

算法	训练时间	测试时间
全波段	987.3	10.6
PCA	401.3	8.6

紧接着，讨论不同大小的邻域（图像）块和学习率对网络模型性能的影响。选择 9×9、11×11、13×13、15×15 以及 17×17 几种不同大小的图像块作为输入，结果如表 3.24 所示，可以看出输入为 15×15 时的分类效果最好。

表 3.24　使用不同大小的图像块作为输入时的分类性能比较（单位：%）

$T×T$	OA	Kappa 系数
9×9	96.35	95.27
11×11	97.73	97.06
13×13	98.34	97.85
15×15	98.79	98.43
17×17	98.77	98.40

网络的学习率是影响网络收敛的重要因素，同时也会影响网络最后的泛化性能，本节采用 Adam 学习策略。学习率不宜过大，过大的学习率可能导致网络模型的训练损失停留在一个比较高的数值，从而降低分类精度，甚至造成网络发散；过小的学习率则需要消耗大量的时间让网络收敛，而且也会有网络困在某个局部最优的风险。本节首先从样本集中、训练集外对每一类白细胞选取了 3000 个样本作为验证集，然后对比了 4 个学习率（0.05、0.01、0.005 以及 0.001）下网络收敛的情况，图 3.21 所示为训练损失和验证精度的变化曲线。从图中可知，学习率为 0.05 时训练损失曲线收敛得最快，这里没有显示学习率为 0.1 时的曲线，因为其分类精度没有得到进一步提升，而且偶尔还发生网络发散的情况，因此本节决定选择 0.05 作为网络的学习率。

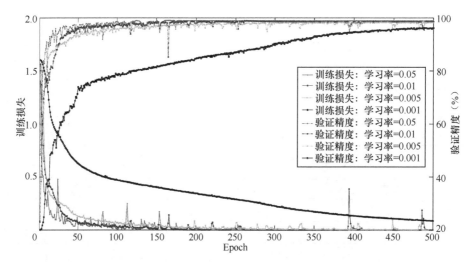

图 3.21 不同学习率下 MGCNN 的收敛曲线

最后，本节对 Gabor 调制的卷积层层数对分类效果的影响做一个讨论，分别就调制 1 层、2 层、3 层和 4 层做讨论，没有调制的卷积层将全部使用纯卷积核，同时保持每一层输出的特征数目不变，结果如表 3.25 所示。从表 3.25 中可以看出，调制 4 层时的分类效果是最好的，但是调制 2 层和 3 层时的 OA 也不低，与调制 4 层的结果非常的接近，只调制 1 层的时候的 OA 有了明显下降。从时间消耗上来讲，调制层数越多，时间的消耗也就越大，这里优先考虑分类性能。这也为后面设计网络模型提供了参考，从时间消耗和分类性能上来讲，调制 2 ～ 3 层可能是比较好的选择。

表 3.25 不同调制层数的分类精度和用时对比

层数	OA（%）	Kappa 系数	训练时间（s）	测试时间（s）
1	98.20	0.9767	262.7	6.8
2	98.70	0.9831	299.3	6.9
3	98.73	0.9835	343.2	7.2
4	98.79	0.9843	401.3	8.6

2. 实验结果分析

本节通过对比不同的分类方法来证明 MGCNN 的优势。用于对比的传统方法有 SVM、SVM（PCA）、SVM-CK 以及 SVM（Gabor），其中 SVM（PCA）表示用主成分作为特征输入，SVM（Gabor）表示用主成分和 Gabor 特征作为特征输入，SVM-CK 则是利用混合核的 SVM 进行形态学特征和光谱特征的联合分类。用于对比的基于 CNN 的方法有 CNN、GCNN[10] 以及 Inception[11]，CNN 和 GCNN 均是采用图像块作为输入的 CNN 模型，GCNN 采用 Gabor 特征作为输入。Inception 是基于 GoogleNet 进行改进的用于高光谱显微图像分类的模型，它使用不同大小的卷积核进行多尺度特征提取，Inception 本身是 GoogleNet 中组件的名称，这里用 Inception 代称。

表 3.26 显示的是不同算法在 5 类白细胞数据集上的分类性能对比，为了使对比结果更有说服力，不仅对比了 OA，还对比了 CA、AA、Kappa 系数以及 F1 Score，数值越高，表示分类效果越好。通过表 3.26 可知，基于 CNN 的方法优于基于 SVM 的传统方法。从细节上来讲，提取多尺度特征更有利于分类。从 MGCNN 的分类效果来看，对于用其他算法难以区分的嗜碱性粒细胞、单核细胞以及淋巴细胞，MGCNN 在区分这三类时有至少 97.97% 的分类精度，对比其他的整体指标也可以看出，MGCNN 要大大优于其他算法。

表 3.26 不同算法在 5 类白细胞数据集上的分类效果

算法	CA（嗜碱性粒细胞）	CA（嗜酸性粒细胞）	CA（淋巴细胞）	CA（单核细胞）	CA（中性粒细胞）	OA（%）	AA（%）	Kappa 系数	F1 Score
SVM	87.05	98.61	85.99	86.00	85.25	88.20	88.58	0.8465	0.8871
SVM（PCA）	81.86	98.98	92.55	89.89	93.63	89.77	91.38	0.8670	0.9152
SVM-CK	92.88	98.69	92.78	91.23	90.80	93.04	93.27	0.9095	0.9341
SVM（Gabor）	89.27	98.73	96.19	92.33	97.57	93.59	94.82	0.9167	0.9483
CNN	95.48	99.99	98.86	95.16	99.70	97.06	97.84	0.9618	0.9761
Inception	94.63	99.89	99.20	97.28	99.63	97.45	98.13	0.9669	0.9813
GCNN	96.38	99.96	99.82	96.07	99.25	97.66	98.30	0.9696	0.9822
MGCNN	97.97	99.97	99.85	98.05	99.93	**98.79**	**99.15**	**0.9843**	**0.9911**

此外，本节还比较了这些算法在不同数量训练样本下的分类性能，结果如表 3.27 所示。由表可知，随着训练样本数量的减少，基于 CNN 的传统方法的 OA 下降较快，而基于能够提取多尺度特征的 Inception 和 GCNN 得到的 OA 则下降较慢。此外，由于 GCNN 相比 Inception 还提取了不同方向上的特征，整体上 GCNN 的分类性能较 Inception 而言更好一些。这也表明了 MGCNN 将 Gabor 核与 CNN 卷积核进行融合的优势，MGCNN 在训练样本数量只有 100 和 50 个的时候较 GCNN 分别有 3.28% 和 6.21% 的提升。可以说，MGCNN 提取到的特征更具有代表性和可分性，在带标签样本稀少的医学领域更具有普适性。

表 3.27　不同数量训练样本下 OA 的对比（单位：%）

训练样本数量（个）	SVM	SVM（PCA）	SVM-CK	SVM（Gabor）	CNN	Inception	GCNN	MGCNN
50	78.20	82.58	78.82	81.96	83.80	85.86	85.98	**92.19**
100	82.32	85.78	85.50	86.14	89.36	90.25	91.98	**95.26**
150	84.86	87.69	85.79	89.15	91.11	92.75	94.38	**96.58**
200	85.57	88.78	89.32	90.19	93.78	96.13	95.93	**97.24**
250	87.91	89.07	91.39	92.40	96.45	96.71	96.77	**98.11**
300	88.20	89.77	93.04	93.59	97.06	97.45	97.66	**98.79**

表 3.28 显示了基于 CNN 的方法的训练和测试时间。将 Gabor 滤波器加入 CNN 模型当中后的计算时间相比加入之前的更长，由于 MGCNN 在每次进行前向传播计算时都要先进行调制操作，其计算消耗比 GCNN 还要大。Inception 的计算消耗较大是因为它相比 CNN 和 GCNN 使用了更多的卷积核。虽然 MGCNN 在测试阶段的计算消耗要比 CNN 大，但可以通过用空间去换时间的策略解决这一问题，具体来说就是当模型训练完之后，将调制核也一并保存下来，在下次进行测试运算时便可以去掉 Gabor 调制这一步，这样得到的计算消耗应该与 CNN 一样。

表 3.28　训练时间和测试时间对比（单位：s）

算法	训练时间	测试时间
CNN	234.7	6.9
Inception	547.1	9.0
GCNN	343.2	7.0
MGCNN	401.3	8.6

参考文献

[1] LI W, CHEN C, SU H, et al. Local binary patterns and extreme learning machine for hyperspectral imagery classification[J]. IEEE Transactions on Geoence and Remote Sensing, 2015, 53(7): 3681-3693.

[2] IZENMAN A J. Linear discriminant analysis[M]. New York: Springer, 2013.

[3] SUGIYAMA M. Dimensionality reduction of multimodal labeled data by local fisher discriminant analysis[J]. Journal of Machine Learning Research, 2007, 8(5): 1027-1061.

[4]　MAATEN L, HINTON G. Visualizing data using t-SNE[J]. Journal of Machine Learning Research, 2008, 9(11): 2579-2605.

[5]　WANG L, LI B, TIAN L. Multimodal medical volumetric data fusion using 3-D discrete shearlet transform and global-to-local rule[J]. IEEE Transactions on Biomedical Engineering, 2013, 61(1): 197-206.

[6]　LI Q, XU D, HE X, et al. AOTF based molecular hyperspectral imaging system and its applications on nerve morphometry[J]. Applied Optics, 2013, 52(17): 3891-3901.

[7]　LI W, CHEN C, SU H, et al. Local binary patterns and extreme learning machine for hyperspectral imagery classification[J]. IEEE Transactions on Geoscience and Remote Sensing, 2015, 53(7): 3681-3693.

[8]　KANG X, LI C, LI S, et al. Classification of hyperspectral images by Gabor filtering based deep network[J]. IEEE Journal of Selected Topics in Applied Earth Observations and Remote Sensing, 2017, 11(4): 1166-1178.

[9]　LIU C, WECHSLER H. Gabor feature based classification using the enhanced fisher linear discriminant model for face recognition[J]. IEEE Transactions on Image Processing, 2002, 11(4): 467-476.

[10]　CHEN Y, ZHU L, GHAMISI P, et al. Hyperspectral images classification with Gabor filtering and convolutional neural network[J]. IEEE Geoscience and Remote Sensing Letters, 2017, 14(12): 2355-2359.

[11]　LEE H, KWON H. Going deeper with contextual CNN for hyperspectral image classification[J]. IEEE Transactions on Image Processing, 2017, 26(10): 4843-4855.

第 4 章　高光谱图像结构感知学习模型及分类

前两章聚焦高光谱显微图像领域，分别基于传统降维方法和深度学习方法研究了高光谱图像的特征提取及分类技术。本章和第 5 章将从高光谱图像另一个应用领域即遥感对地观测，探讨高光谱图像分类技术。针对地物分类，本章从传统角度研究高光谱遥感地物特征提取和分类技术。本章算法均借助Matlab 实现。

4.1　基于结构感知协同表示的高光谱图像分类

4.1.1　引言

高光谱数据因具有精细的光谱响应，在物质属性鉴别方面有明显的优势，较高的光谱分辨率使其多被应用于物质精细分类。早期提出的许多传统机器学习分类模型在高光谱图像分类任务中也得到应用，它们从不同的角度发挥高光谱数据的优势，并不断提升分类性能。近年来，越来越多的基于表示的分类模型开始兴起。稀疏表示分类模型假设在具有过完备字典的条件下，数据可以由字典中少数元素表示，在理想的情况下，大多数表示系数的值为 0；另外，低秩表示分类模型假设原始数据是主要特征和噪声的加和，并对表示系数进行秩正则项的约束，相比稀疏表示，其提供了更加灵活、更加宽泛的全局约束。然而，由于光谱不确定性，高光谱图像分类任务中仍存在错分误分情形。图 4.1 展示了密西西比数据集中存在的类内差异现象，红绿方框所圈出的为同类地物，光谱曲线有很大差异。

上述现象在样本实际分布中反映为类内差异性和类间相似性，目前基于表示的分类模型虽然有深厚的理论支撑，但未充分考虑到高光谱数据这一实际问题，导致模型的判别力较弱。另外，有监督算法并没有考虑将训练样本的类别标签信息合并到学习系数的分类框架中，以上问题限制了此类方法在精细分类任务中性能的提升。针对以上问题，本节引入一种基于结构感知的 Tikhonov 正则化协同表示（Structure-aware Collaborative Representation with Tikhonov regularization，SaCRT）的高光谱图像分类模型。该方法在考虑了训练样本

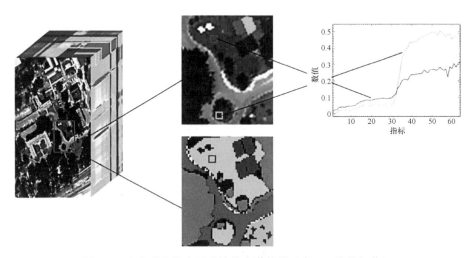

图 4.1　高光谱图像中同类地物光谱差异（密西西比数据集）

的类别标签信息和测试样本光谱特征的基础上进行表示系数的学习。具体来说，在基于 Tikhonov 正则化的协同表示（Collaborative Representation with Tikhonov regularization，CRT）基本框架中分别考虑了一个边缘约束和一个类间稀疏约束，以学习具有较小类内边界和较大类间边界的可区分样本。区别于传统的稀疏表示分类器（Sparse Representation Classifier，SRC）和协同表示分类器（Collaborative Representation Classifier，CRC），SaCRT 中引入了带有类别标签信息的边缘回归矩阵，将原始样本映射到类别可分度更高的特征空间，以增强模型识别能力，它显式地利用训练样本的类别标签信息来增强类内相似性和类间差异性。此外，由于依靠单一标签矩阵学习到的投影样本无法保持原始样本的固有结构，引入类间稀疏约束不仅能够在每个类别中构建一致的行稀疏结构，而且能够使学习到的投影样本具有更强的可分性。与传统的 CRT和其他一些基于表示的分类模型相比，利用该模型获得了更具判别力的表示系数。

4.1.2　SaCRT 模型

1．模型原理

SaCRT 模型的主要目的是学习比原始数据空间更易区分的结构，从而增强样本的可分性，获得更好的性能。图 4.2 为 SaCRT 的流程图，包括类别标签边缘回归和逐像素协同表示，基于带标签样本对投影后的样本进行表示系数的学习，并根据投影后空间中的重构误差确定测试样本的类别标签。

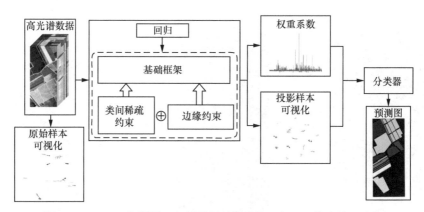

图 4.2　SaCRT 流程图，包括类别标签边缘回归和逐像素协同表示

传统的 CRT 分类模型直接在原始数据空间中学习协同表示系数 $\boldsymbol{\alpha}$，没有考虑高光谱数据的内在结构。SaCRT 中则嵌入带有标签信息的二值标签矩阵 $\boldsymbol{A}$，将训练样本 $\boldsymbol{X}$ 和测试样本 $\boldsymbol{y}$ 映射到严格的二值空间，并通过投影矩阵 $\boldsymbol{Q}$ 实现了在具有类内紧凑性和类间分离性的子空间中学习表示系数，目标函数可以表示为：

$$\min_{\boldsymbol{Q},\boldsymbol{\alpha}} \left\| \boldsymbol{Q}\boldsymbol{y} - \boldsymbol{Q}\boldsymbol{X}\boldsymbol{\alpha} \right\|_2^2 + \left\| \boldsymbol{A} - \boldsymbol{Q}\boldsymbol{X} \right\|_F^2 + \lambda_1 \left\| \boldsymbol{\Gamma}_y\boldsymbol{\alpha} \right\|_2^2 + \lambda_2 \left\| \boldsymbol{Q} \right\|_F^2 \tag{4-1}$$

其中，λ_1 和 λ_2 是正则参数，$\boldsymbol{\Gamma}_y \in \mathbb{R}^{n \times n}$ 是对应所有类别和测试样本 $\boldsymbol{y}$ 的吉洪诺夫矩阵（n 是样本数量），该矩阵定义如下：

$$\boldsymbol{\Gamma}_y = \begin{bmatrix} \left\| \boldsymbol{Q}\boldsymbol{y} - \boldsymbol{Q}\boldsymbol{x}_1 \right\|_2 & \cdots & 0 \\ \vdots & & \vdots \\ 0 & \cdots & \left\| \boldsymbol{Q}\boldsymbol{y} - \boldsymbol{Q}\boldsymbol{x}_n \right\|_2 \end{bmatrix} \tag{4-2}$$

在变换空间中，投影样本 $\boldsymbol{Q}\boldsymbol{X}$ 的每个类别之间的距离大于原始的训练样本。然而，二值标签矩阵具有严格离散的性质，不适用于投影学习和分类任务。因此直接从数据中学习回归样本，不使用零一标签矩阵。由于边缘约束密切反映了每个样本的类可分性，强制执行此约束使得学习到的投影样本的可分性更强。在添加边缘约束后，目标函数变为：

$$\min_{\boldsymbol{Q},\boldsymbol{R},\boldsymbol{\alpha}} \left\| \boldsymbol{Q}\boldsymbol{y} - \boldsymbol{Q}\boldsymbol{X}\boldsymbol{\alpha} \right\|_2^2 + \left\| \boldsymbol{R} - \boldsymbol{Q}\boldsymbol{X} \right\|_F^2 + \lambda_1 \left\| \boldsymbol{\Gamma}_y\boldsymbol{\alpha} \right\|_2^2 + \lambda_2 \left\| \boldsymbol{Q} \right\|_F^2$$
$$\text{s.t.} \quad r_{il_i} - \max_{j \neq l_i} r_{ij} \geqslant C \tag{4-3}$$

其中，$\boldsymbol{R} = \left[\boldsymbol{R}_1, \boldsymbol{R}_2, \cdots, \boldsymbol{R}_n \right] \in \mathbb{R}^{c \times n}$ 是学习回归目标，具有连续值和类别标签信息，c 是类别数量，C 是常量。边缘约束中的 l_i 表示第 i 个样本 $\boldsymbol{x}_i$ 的正类索引，当样本 $\boldsymbol{x}_i$ 属于第 k 类（即 $l_i = k$），学习到的边缘回归目标向量 $\boldsymbol{R}_i$ 的第 k 个元素（即

r_{ik}）应该大于该向量内其余元素。通过实验验证了该模型中的高光谱数据正类和负类之间最佳的边缘值（即对应于第 i 个样本 $\boldsymbol{x}_i$ 属于的正类和其不属于的其他负类之间的距离）为 0.1，即 $C = 0.1$。在边缘约束的条件下，为了学习不同类别间的投影，可以用固定值最大化边缘距离，因此，通过引入学习回归目标，增强了回归的灵活性和投影样本的类可分性。

此外，尽管式（4-3）的模型增强了类可分性，并学习了识别力较强的表示系数，但由于忽略了样本之间的关系，它无法在投影子空间中保留样本的基础结构。然而，类间稀疏约束能够使投影样本 $\boldsymbol{QX}$ 的每个类别具有行稀疏结构。假设 $\boldsymbol{F} = \boldsymbol{QX}$，$(\boldsymbol{F}_l)_{j,:}$ 是 $\boldsymbol{F}_l$ 的第 j 行，对 $\boldsymbol{QX}$ 施加 $\ell_{2,1}$ 正则化：

$$\sum_{l=1}^{c}\left\|\boldsymbol{QX}_l\right\|_{2,1} \stackrel{\boldsymbol{F}=\boldsymbol{QX}}{\Rightarrow} \sum_{l=1}^{c}\left\|\boldsymbol{F}_l\right\|_{2,1} = \sum_{l=1}^{c}\left\|\boldsymbol{H}_l\right\|_1 \tag{4-4}$$

因此，最小化 $\left\|\boldsymbol{QX}_l\right\|_{2,1}$ 等价于最小化 $\left\|\boldsymbol{H}_l\right\|_1$（$\boldsymbol{H}_l = [(\boldsymbol{F}_l)_{1,:},(\boldsymbol{F}_l)_{2,:},\cdots,(\boldsymbol{F}_l)_{c,:}]^{\mathrm{T}}$），由于 ℓ_1 范数具有稀疏选择属性，最小化 $\left\|\boldsymbol{H}_l\right\|_1$ 会导致 $\boldsymbol{H}_l$ 的一些元素为零，也就是说，$\boldsymbol{F}_l$ 对应的行被强制为零。图 4.3 展示了利用该约束构造行稀疏结构的过程，左侧每一列表示每个类别对应的训练样本，右侧则是经过类间稀疏约束后，获得的每个类别投影后的训练样本。

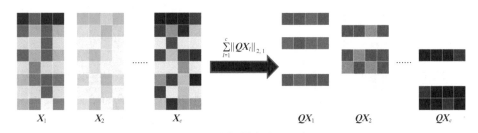

图 4.3　类间稀疏约束示意

受此启发，将类间稀疏正则项引入式（4-3），类间行稀疏结构保留了同一类别样本之间的关系。另外，$\ell_{2,1}$ 范数的组稀疏性质可用于减少 $\boldsymbol{QX}$ 的类内冗余，并增强类可分性，以学习到更有识别力的表示系数。因此，模型的目标函数重写为：

$$\min_{\boldsymbol{Q,R,\alpha}}\left\|\boldsymbol{Qy}-\boldsymbol{QX\alpha}\right\|_2^2 + \left\|\boldsymbol{R}-\boldsymbol{QX}\right\|_\mathrm{F}^2 + \lambda_1\left\|\boldsymbol{\Gamma}_y\boldsymbol{\alpha}\right\|_2^2 + \lambda_2\left\|\boldsymbol{Q}\right\|_\mathrm{F}^2 + \lambda_3\sum_{l=1}^{c}\left\|\boldsymbol{QX}_l\right\|_{2,1}$$
$$\text{s.t.}\quad r_{il_i} - \max_{j\neq l_i} r_{ij} \geqslant C \tag{4-5}$$

其中，λ_3 是正则参数。在迭代优化式（4-5）中的变量并计算协同表示系数 $\boldsymbol{\alpha}$ 之后，各个类别的重构误差中的最小误差对应的标签为测试样本 $\boldsymbol{y}$ 的类别标签：

$$\text{class}(\boldsymbol{y}) = \arg\min_{l=1,\cdots,c}(r_l) \qquad (4\text{-}6)$$

其中，$r_l(\boldsymbol{y}) = \|\boldsymbol{y} - \boldsymbol{X}_l\boldsymbol{\alpha}_l\|_2$ 是第 l 类的重构误差，$\boldsymbol{\alpha}_l \in \mathbb{R}^{n_l \times 1}$ 是对应第 l 类的表示系数，n_l 为第 l 类的样本数量。$\boldsymbol{y}$ 的类别为最小重构误差对应的类别。

2. 模型求解

式（4-5）不能直接优化，因为变量 $\boldsymbol{Q}$、$\boldsymbol{R}$、$\boldsymbol{\alpha}$ 相互依赖。因此，采用 ADMM 迭代优化策略。引入变量 $\boldsymbol{F}$ 使得更方便优化各个变量：

$$\min_{\boldsymbol{Q},\boldsymbol{R},\boldsymbol{F},\boldsymbol{\alpha}} \|\boldsymbol{Q}\boldsymbol{y} - \boldsymbol{Q}\boldsymbol{X}\boldsymbol{\alpha}\|_2^2 + \|\boldsymbol{R} - \boldsymbol{Q}\boldsymbol{X}\|_F^2 + \lambda_1\|\boldsymbol{\Gamma}_y\boldsymbol{\alpha}\|_2^2 + \lambda_2\|\boldsymbol{Q}\|_F^2 + \lambda_3\sum_{l=1}^{c}\|\boldsymbol{F}_l\|_{2,1}$$
$$\text{s.t.} \quad r_{il_i} - \max_{j \neq l_i} r_{ij} \geqslant C, \boldsymbol{F} = \boldsymbol{Q}\boldsymbol{X} \qquad (4\text{-}7)$$

可以通过增广拉格朗日乘子公式求解式（4-7）：

$$\min_{\boldsymbol{Q},\boldsymbol{R},\boldsymbol{F},\boldsymbol{\alpha}} \|\boldsymbol{Q}\boldsymbol{y} - \boldsymbol{Q}\boldsymbol{X}\boldsymbol{\alpha}\|_2^2 + \|\boldsymbol{R} - \boldsymbol{Q}\boldsymbol{X}\|_F^2 + \lambda_1\|\boldsymbol{\Gamma}_y\boldsymbol{\alpha}\|_2^2 + \lambda_2\|\boldsymbol{Q}\|_F^2$$
$$+ \lambda_3\sum_{l=1}^{c}\|\boldsymbol{F}_l\|_{2,1} + \frac{\mu}{2}\left\|\boldsymbol{F} - \boldsymbol{Q}\boldsymbol{X} + \frac{\gamma}{\mu}\right\|_F^2 \qquad (4\text{-}8)$$
$$\text{s.t.} \quad r_{il_i} - \max_{j \neq l_i} r_{ij} \geqslant C$$

其中，γ 和 μ 分别是拉格朗日乘子和惩罚参数。具体优化步骤可参考相关书籍[1]，此处不展开。

3. 算法对比

近年来，许多学者对稀疏表示分类模型进行了一些扩展，提出了许多适用于高光谱图像分类的模型，如组稀疏表示分类器（Group Sparse Representation Classifier，GSRC）[2]、稀疏组稀疏表示分类器（Sparse Group Sparse Representation Classifier，SGSRC）[2]、联合稀疏表示分类器（Joint Sparse Representation Classifier，JSRC）[3-4] 等。一般的约束回归模型为：

$$\min_{\boldsymbol{\alpha}} \|\boldsymbol{y} - \boldsymbol{X}\boldsymbol{\alpha}\|_2^2 + \lambda g(\boldsymbol{\alpha}) \qquad (4\text{-}9)$$

其中，$g(\boldsymbol{\alpha})$ 是 $\boldsymbol{\alpha}$ 正则项。许多基于上述回归模型的高光谱图像分类模型都考虑了类间稀疏性。其中，GSRC 将来自同一类别的样本定义为一个组，并限制回归中类别的数量，以实现表示系数的组稀疏性。GSRC 模型定义如下：

$$g(\boldsymbol{\alpha}) = \sum_{l=1}^{c}\|\boldsymbol{\alpha}_l\|_2 \qquad (4\text{-}10)$$

组系数 $\boldsymbol{\alpha}_l$（类内）的解由 ℓ_2 范数约束类内表示获得。在 GSRC 模型中，每个组中的系数都不是稀疏的，组中的所有元素都可以参与样本表示。如果类内结构复杂，则必须在每个组中施加强制稀疏性。SGSRC 作为 GSRC 的扩展，考虑了样本内表示系数对分类性能的影响。SGSRC 结合样本稀疏性和组稀疏性，在 GSRC 的基础上对每个组实施稀疏约束，公式如下：

$$g(\boldsymbol{\alpha}) = (1 - \beta)\|\boldsymbol{\alpha}\|_1 + \beta \sum_{l=1}^{c}\|\boldsymbol{\alpha}_l\|_2 \tag{4-11}$$

其中，β 为平衡参数。SaCRT 与 GSRC、SGSRC 及其扩展方法相比，虽然都考虑了类间稀疏性，但所考虑的约束对象和约束效果是不同的。GSRC 和 SGSRC 引入了 $\ell_{2,1}$ 范数，组间（类间）和样本间（类内）的表示系数的稀疏性使其对原始数据结构具有更好的自适应性和更好的表示。$\ell_{2,1}$ 范数作用于每个类别的投影样本 $\boldsymbol{QX}$，使得每个类别在投影之后保持行稀疏结构，以提高同一类别样本分布的紧凑性。

另外，SaCRT 在训练过程中只使用了光谱特征以学习行稀疏结构，并未使用空间信息。联合稀疏是一种结构化稀疏，要求测试样本和邻域窗口内像素的表示系数都具有行稀疏结构，所有像素都是字典中一些常见的原子的不同线性组合，因此只有少数表示系数非零。基于联合稀疏提出了 JSRC，该算法通过获取上下文信息和空间位置，展现了良好的分类性能。

4.1.3 实验内容及结果分析

1. 实验数据

为评估 SaCRT 的有效性，通过三个实际的高光谱数据集进行验证。

Indian Pines 数据集是使用机载可见光 / 红外成像光谱仪（Airborne Visible/Infrared Imaging Spectrometer，AVIRIS）传感器获得的。图像包含农作物和天然植被，图像大小为 145 像素 ×145 像素，光谱的波长范围为 400 ～ 2500nm，包含 220 个光谱波段，空间分辨率为 20m。实验中在去除水波带后共使用了 202 个波段。在原始标签真值中有 16 种不同的土地覆盖类别，代表不同类别地物。在接下来的实验中，我们使用了其中的 8 个类别，即玉米 - 无耕地、玉米 - 少量耕地、大豆 - 无耕地、大豆 - 少量耕地、大豆 - 收割耕地、草地 - 牧场、干草 - 落叶和木材。该数据集被分为 1496 个训练样本和 7102 个测试样本。各类别的训练样本和测试样本数量在表 4.1 中给出。此外，图 4.4（a）是用原始图像数据合成的伪彩色图，图 4.4（b）是地面真值图，不同的地物使用不同颜色标记。

表 4.1　Indian Pines 数据集的训练样本和测试样本数量（单位：个）

类别序号	类别名称	训练样本数量	测试样本数量
1	玉米 - 无耕地	187	1247
2	玉米 - 少量耕地	187	647
3	大豆 - 无耕地	187	310
4	大豆 - 少量耕地	187	302
5	大豆 - 收割耕地	187	781
6	草地 - 牧场	187	2281
7	干草 - 落叶	187	427
8	木材	187	1107
总计		1496	7102

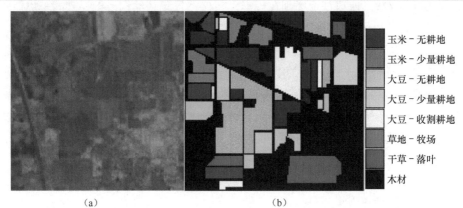

（a）　　　　　　　　　　　　　（b）

图 4.4　Indian Pines 高光谱图像

（a）伪彩色图；（b）地面真值图

　　Salinas 数据集也是由 AVIRIS 传感器收集，总共 224 个波段，覆盖了加利福尼亚州 Salinas 山谷地区。图像包含裸露的土壤、蔬菜和葡萄园，图像大小为 512 像素 ×217 像素，空间分辨率为 3.7m。该数据集包含 16 个类别，训练样本和测试样本的数量见表 4.2。图 4.5 显示了 Salinas 数据集的伪彩色图和地面真值图。

表 4.2　Salinas 数据集的训练样本和测试样本数量（单位：个）

类别序号	类别名称	训练样本数量	测试样本数量
1	花椰菜 - 绿地 - 野草 -1	100	1909
2	花椰菜 - 绿地 - 野草 -2	186	3540
3	休耕地	99	1877

续表

类别序号	类别名称	训练样本数量	测试样本数量
4	休耕地 - 荒地 - 耕地	70	1324
5	休耕地 - 平地	134	2544
6	茬地	198	3761
7	芹菜	179	3400
8	葡萄园 - 未培地	564	10 707
9	土壤 - 葡萄园 - 开发地	310	5893
10	谷地 - 衰败地 - 绿地 - 野草	164	3114
11	生菜 - 莴苣 -4 周	53	1015
12	生菜 - 莴苣 -5 周	96	1831
13	生菜 - 莴苣 -6 周	46	870
14	生菜 - 莴苣 -7 周	54	1016
15	葡萄园 - 未培地	363	6905
16	葡萄园 - 垂直栅架	90	1717
	总计	2706	51 423

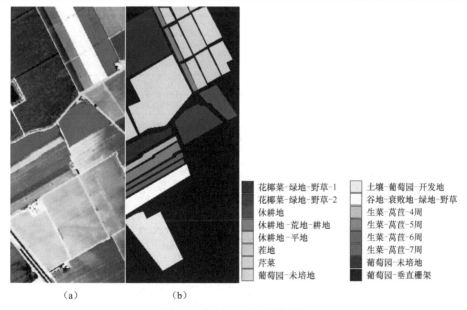

（a）　　　　　　　（b）

图 4.5　Salinas 高光谱图像

（a）伪彩色图；（b）地面真值图

Houston 数据集由高光谱和激光雷达图像组成，来自 2013 IEEE 地球科学和遥感学会的竞赛数据。该图像中的场景位于休斯敦大学校园及其周边地区，于 2012 年由机载传感器获取。该数据集有 144 个光谱波段，光谱波长范围为

380 ～ 1050μm，图像大小为 1905 像素 ×349 像素，空间分辨率为 2.5m，地面真值包含 15 个类别，训练样本和测试样本的数量在表 4.3 中列出。Houston 数据集的伪彩色图和地面真值图如图 4.6 所示。

表 4.3　Houston 数据集的训练样本和测试样本数量（单位：个）

类别序号	类别名称	训练样本数量	测试样本数量
1	健康草地	198	1053
2	受压草地	190	1064
3	人工合成草地	192	505
4	树木	188	1056
5	土壤	186	1056
6	水体	182	143
7	住宅区	196	1072
8	商业区	191	1053
9	道路	193	1059
10	高速公路	191	1036
11	铁路	181	1054
12	停车场 1	192	1041
13	停车场 2	184	285
14	网球场	181	247
15	跑道	187	473
总计		2832	12 197

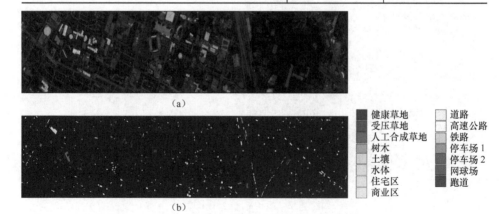

图 4.6　Houston 高光谱图像

（a）伪彩色图；（b）地面真值图

2. 参数优化

在 SaCRT 算法中需要调整 λ_1、λ_2、λ_3 三个正则参数。在实验中，从 {10^{-5}，

10^{-4}, 10^{-3}, 10^{-2}, 10^{-1}, 1, 5, 10} 中进行参数选值。图 4.7 显示了将三个参数进行各种组合后得到的 OA。从图 4.7 可以明显看出，在固定 λ_1 和 λ_2 的情况下，参数 λ_3 的取值对模型的 OA 影响较小，可忽略不计，即 SaCRT 对参数 λ_3 不敏感。此外，参数对 OA 的影响随数据集改变发生变化。例如，Indian Pines 数据集中的红点的分布较广，即 OA 普遍高于 0.8，这表明 Indian Pines 数据集与其他数据集相比对参数不敏感。三个参数的最优取值取决于最大 OA 值。因此，Indian Pines 数据集 λ_1、λ_2、λ_3 的最优取值分别为 5、10^{-3} 和 10^{-3}，Salinas 数据集为 5、10^{-4} 和 10^{-3}，Houston 数据集为 10、10^{-4} 和 10^{-3}。

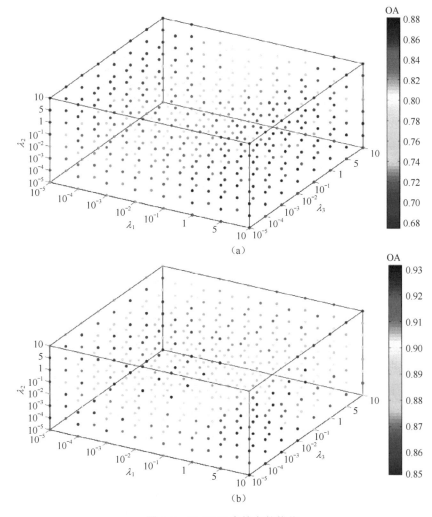

图 4.7　SaCRT 中的参数优化

（a）Indian Pines 数据集；（b）Salinas 数据集；（c）Houston 数据集

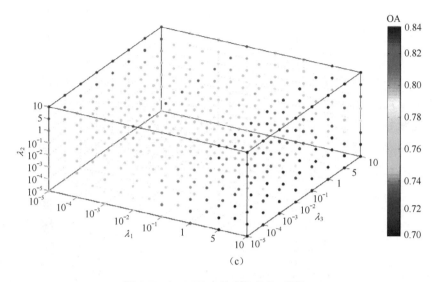

图 4.7　SaCRT 中的参数优化（续）

（a）Indian Pines 数据集；（b）Salinas 数据集；（c）Houston 数据集

3．SaCRT 算法效果分析

在实际的高光谱数据中，不同类别的样本呈现不同的光谱特征，也有一些样本可能呈现相似的光谱特征，这使得分类任务更具有挑战性。图 4.8（a）说明了这种现象，它是从 Salinas 数据集中获得的原始样本的二维可视化，每种颜色代表一个类别。其中一些类别的质心之间的距离非常短，并且某些样本的分布非常紧凑，例如蓝色矩形框中的类别 1 和类别 2，红色矩形框中的类别 7 和类别 16。较短的类间距离表示两个或多个类别的样本之间具有高度相似性，即类间相似性，而同一类别样本的松散分布会导致类内差异性。图 4.8（b）展示了使用投影矩阵 Q 后的样本分布。显然，同一类别样本具有更好的紧凑性，并且类间距离会增大，这意味着类可分性有所增强。

为了量化类的可分性，使用了 Kullback-Leibler（KL）散度[5]。较大的 KL 值意味着更大的类可分性。实验中，分别计算出原始数据空间中的 X 和投影后的特征空间中的 QX 对应类别的 KL 值。以 Salinas 数据集为例，表 4.4 列出了 Salinas 数据集投影后的特征空间与原始数据空间的类间 KL 散度比，所有值均大于 1，这表明投影后的特征空间的可分性比原始数据空间增强很多。

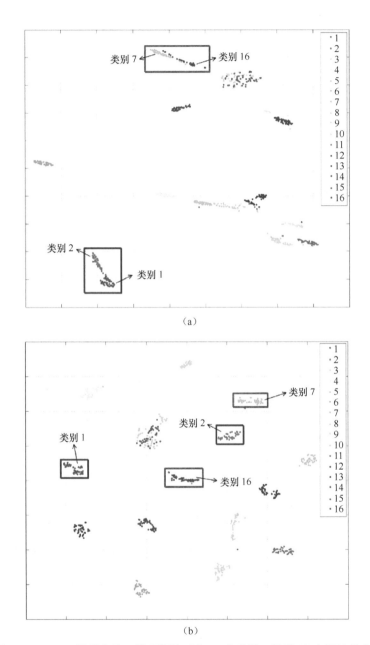

（a）

（b）

图 4.8　Salinas 数据集的二维可视化（共 16 个类别，每类 40 个训练样本）

（a）原始样本 X 的二维可视化；（b）投影样本 QX 的二维可视化

表 4.4　Salinas 数据集投影后的特征空间与原始数据空间的类间 KL 散度比

类别	1	2	3	4	5	6	7	8	9	10	11	12	13	14	15	16
1	—	5.69	3.02	2.02	2.01	2.08	3.78	3.77	2.06	2.77	2.00	2.00	2.61	2.46	2.67	2.27
2	—	—	3.12	2.93	2.29	2.60	2.60	2.70	2.24	2.72	2.33	2.01	2.32	2.18	2.62	2.84
3	—	—	—	3.63	2.18	2.29	2.17	2.07	2.19	2.02	2.79	2.01	2.18	2.79	2.28	2.43
4	—	—	—	—	2.19	2.01	2.18	2.00	2.76	2.17	3.66	2.25	2.15	2.00	2.46	3.03
5	—	—	—	—	—	2.09	2.16	2.00	2.58	2.31	2.71	2.07	2.10	2.02	2.30	2.88
6	—	—	—	—	—	—	2.04	2.32	2.00	2.15	2.17	2.13	2.17	2.01	2.47	2.63
7	—	—	—	—	—	—	—	2.79	214	2.74	2.90	2.01	2.80	2.06	2.23	3.48
8	—	—	—	—	—	—	—	—	2.12	2.43	2.08	2.40	2.79	2.24	1.03	2.01
9	—	—	—	—	—	—	—	—	—	2.65	2.19	2.43	2.11	2.50	2.11	2.02
10	—	—	—	—	—	—	—	—	—	—	2.17	2.05	2.05	2.00	2.08	2.76
11	—	—	—	—	—	—	—	—	—	—	—	2.09	2.13	2.49	2.00	2.00
12	—	—	—	—	—	—	—	—	—	—	—	—	2.17	2.11	2.03	2.66
13	—	—	—	—	—	—	—	—	—	—	—	—	—	2.04	2.54	2.70
14	—	—	—	—	—	—	—	—	—	—	—	—	—	—	2.17	2.94
15	—	—	—	—	—	—	—	—	—	—	—	—	—	—	—	2.13
16	—	—	—	—	—	—	—	—	—	—	—	—	—	—	—	—

　　表示系数学习的质量直接影响基于表示的分类模型的性能。基于 SaCRT 和 CRT 所获得的表示系数如图 4.9 所示，展示了基于 SaCRT 如何提高最终的分类性能。在图 4.9 中，从 Houston 数据集的第 11 类中随机选择一个测试样本，每个类别的训练样本数量为 40 个，图 4.9（a）和图 4.9（b）所示为表示系数，分别基于 CRT 和 SaCRT 获得，图 4.9（c）是 CRT 和 SaCRT 的残差曲线。图 4.9（a）中的表示系数在第 6 类到第 13 类中具有较高的权重，且在这些类别中呈现更均匀和相似的分布，红色虚线框代表第 11 类的表示系数，部分趋于零。表示系数的理想分布应该是其在对应类别的区域内具有较高的权重，而在其余类别中的权重应该较小，甚至为零。相反，在图 4.9（b）中，第 11 类的表示系数具有最高的权重，且该类别中的大多数训练样本的表示系数对测试样本分类有不同程度的影响。从图 4.9（c）中 CRT 的残差曲线可以清楚地看到第 7 类到第 13 类样本的残差值非常接近，并且测试样本被误分为重构残差最小的第 7 类，图 4.9（c）中 SaCRT 的重构残差中第 11 类的最小，且测试样本被正确分类，这表明 SaCRT 所学习到的表示系数相较 CRT 有更好的识别能力。

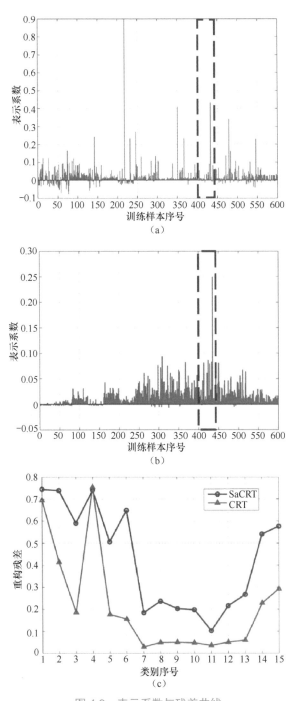

图 4.9　表示系数与残差曲线

（a）CRT 的表示系数；（b）SaCRT 的表示系数；（c）残差曲线

4．SaCRT 分类效果评估

在对比实验中选取一些经典和最新的分类模型作为比较对象，包括 K 最近邻（K-Nearest Neighbor，KNN）、SVM、ELM、SRC、SGSRC、CRC、CRT、类相关（class-dependent）的稀疏表示分类器（cdSRC）[6] 和 ICS-DLSR。关于参数设定，对于 KNN 分类器，参数 k 设置为 3。SRC 中三个实验数据集的参数 λ 设置为 10^{-3}。对于 SGSRC，使用 spams 工具箱求解，并获得最优参数。在 CRC 中，对于 Indian Pines 数据集和 Houston 数据集，最优参数 λ 为 10^{-2}，对于 Salinas 数据集，最优参数 λ 为 10^{-1}。在 CRT 中 [7]，Indian Pines 数据集和 Houston 数据集的最优参数 λ 为 1，Salinas 数据集的最优参数 λ 为 5。对于 ICS-DLSR，根据优化策略 [8] 获得最优参数。为避免偏差，我们重复 10 次实验并得出平均分类精度。

表 4.5 至表 4.7 列出基于不同算法得到的分类精度（CA 和 OA），三个数据集中每个类别的训练样本数量与表 4.1 至表 4.3 一致。从表 4.5 至表 4.7 可看出，SaCRT 的分类性能优于其他算法，并且 OA 更高。SaCRT 在三个数据集上的表现均好于传统的 CRT，尤其是在 Houston 数据集中，CA 值普遍有所提高。此外，图 4.10 至图 4.12 展示了通过各算法获得的可视化分类图，可以看出 SaCRT 在某些分类图的区域的噪声较小，预测结果也更准确。

表 4.5　基于不同算法得到的 Indian Pines 数据集的分类精度（单位：%）

算法	CA-1	CA-2	CA-3	CA-4	CA-5	CA-6	CA-7	CA-8	OA	Kappa 系数
KNN	64.80	74.19	95.81	100.00	78.36	59.49	79.16	98.28	74.37	69.24
SVM	82.28	89.34	97.42	100.00	86.94	75.49	94.38	99.19	86.03	83.12
ELM	84.04	88.56	97.74	100.00	88.60	76.94	92.74	98.64	86.75	83.98
SRC	80.43	75.43	97.42	100.00	68.12	72.82	87.82	99.73	81.20	77.20
SGSRC	83.56	87.17	93.55	98.01	89.20	73.30	82.90	98.55	84.55	81.45
CRC	79.63	81.45	95.81	100.00	74.65	73.48	92.04	99.28	82.65	78.95
CRT	80.51	84.70	96.45	100.00	81.82	81.15	92.97	98.92	86.38	83.44
ICS-DLSR	82.44	84.23	97.74	100.00	82.84	71.64	91.57	99.28	83.77	80.40
cdSRC	85.16	87.94	97.74	100.00	91.42	77.51	95.32	99.37	87.65	85.06
SaCRT	85.49	90.57	97.42	100.00	85.53	79.92	94.85	99.28	88.02	85.43

注：CA-1 代表类别 1 的 CA。

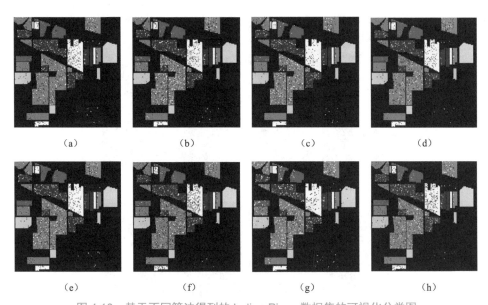

図 4.10　基于不同算法得到的 Indian Pines 数据集的可视化分类图

（a）SVM（87.21%，87.21% 代表 OA，余同）；（b）SRC（81.20%）；（c）SGSRC（84.55%）；（d）CRC（82.65%）；
（e）CRT（86.38%）；（f）ICS-DLSR（83.77%）；（g）cdSRC（87.65%）；（h）SaCRT（88.02%）

表 4.6　基于不同算法得到的 Salinas 数据集的分类精度（单位：%）

算法	CA-1	CA-2	CA-3	CA-4	CA-5	CA-6	CA-7	CA-8	CA-9	CA-10	CA-11	CA-12	CA-13	CA-14	CA-15	CA-16	OA	Kappa系数
KNN	98.01	98.39	98.61	98.94	95.01	99.23	99.68	76.09	98.69	91.75	97.44	99.45	97.47	94.39	63.04	97.85	88.53	87.23
SVM	97.85	98.93	98.03	98.64	98.78	99.18	99.88	86.38	99.78	93.87	94.19	100.00	97.36	92.32	69.76	98.60	91.96	91.04
ELM	98.27	98.90	99.09	99.02	98.74	99.36	99.59	82.13	99.69	92.29	95.37	99.84	97.70	91.34	72.14	95.81	91.25	90.26
SRC	99.90	99.83	93.71	99.17	97.13	99.81	99.65	93.02	99.93	88.76	96.06	85.75	99.43	91.73	15.52	99.01	85.28	83.47
SGSRC	98.16	98.31	98.84	99.00	96.42	99.37	99.72	78.04	98.84	92.13	97.00	99.53	97.60	94.67	65.63	97.51	89.40	88.20
CRC	95.08	98.93	92.22	98.34	97.56	99.15	99.71	96.07	98.74	86.26	86.90	98.31	97.13	94.98	37.58	95.46	88.42	87.00
CRT	98.74	99.07	99.52	99.02	98.23	99.39	99.85	94.52	99.95	93.80	92.22	99.95	97.82	95.57	53.43	97.90	91.58	90.58
ICS-DLSR	99.53	99.44	99.41	98.72	97.96	99.73	99.94	81.16	99.81	93.51	95.76	100.00	99.20	94.98	68.79	99.36	91.02	90.00
cdSRC	99.58	99.72	99.79	99.40	98.94	99.79	99.74	86.78	99.85	94.19	93.99	100.00	98.16	94.49	73.02	98.84	92.81	92.00
SaCRT	99.53	99.52	99.52	98.72	99.69	99.71	99.94	97.38	99.83	94.25	96.35	99.95	99.66	97.15	57.90	99.13	93.13	92.31

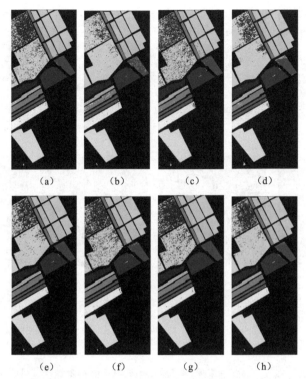

图 4.11　基于不同算法得到的 Salinas 数据集的可视化分类图

（a）SVM（91.96%）；（b）SRC（85.28%）；（c）SGSRC（89.40%）；（d）CRC（88.42%）；（e）CRT（91.58%）；
（f）ICS-DLSR（91.02%）；（g）cdSRC（92.81%）；（h）SaCRT（93.13%）

表 4.7　基于不同算法得到的 Houston 数据集的分类精度（单位：%）

算法	CA-1	CA-2	CA-3	CA-4	CA-5	CA-6	CA-7	CA-8	CA-9	CA-10	CA-11	CA-12	CA-13	CA-14	CA-15	OA	Kappa系数
KNN	82.72	82.80	99.80	93.47	98.11	99.30	72.39	41.03	64.49	47.88	70.21	57.16	64.56	98.38	97.25	74.03	71.96
SVM	81.86	82.61	99.80	92.05	98.39	94.41	76.87	43.02	79.01	58.01	81.59	72.91	71.23	99.60	97.67	79.00	77.41
ELM	82.91	83.93	99.80	92.14	98.20	95.10	88.81	47.29	79.89	52.99	77.13	81.17	70.18	98.79	98.31	80.58	78.98
SRC	80.72	81.30	99.60	87.59	91.95	93.71	81.53	68.09	69.88	52.22	54.84	84.05	67.72	99.60	96.41	77.63	75.81
SGSRC	85.77	85.89	98.85	97.51	99.60	98.46	77.44	51.77	75.32	55.42	80.08	73.64	65.88	100.00	100.00	80.86	79.38
CRC	80.53	83.55	99.01	96.88	81.82	86.01	56.53	69.42	42.59	31.37	26.94	37.66	89.12	98.38	94.29	65.42	62.76
CRT	82.34	84.02	99.80	94.98	96.40	95.10	87.03	51.57	81.96	60.14	65.28	73.49	73.33	99.19	97.46	80.00	78.35
ICS-DLSR	81.20	81.30	100.00	97.25	98.96	99.30	77.24	69.14	71.01	70.66	65.28	65.61	72.28	99.60	98.73	80.09	78.39
cdSRC	82.05	82.71	100.00	91.10	99.34	99.30	86.85	52.42	78.85	52.41	81.31	78.19	72.28	99.19	98.10	80.75	79.10
SaCRT	83.00	82.80	100.00	97.82	98.58	99.30	87.59	62.39	82.91	54.54	78.37	88.95	80.70	99.60	98.31	83.69	82.31

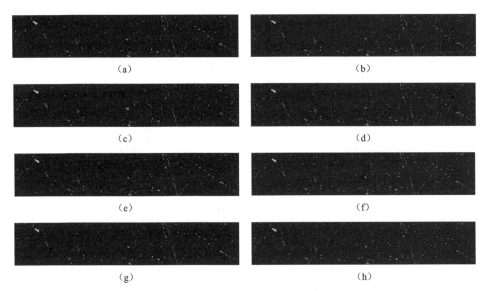

（a） （b）

（c） （d）

（e） （f）

（g） （h）

图 4.12 基于不同算法得到的 Houston 数据集的可视化分类图

（a）SVM（80.99%）；（b）SRC（77.63%）；（c）SGSRC（80.86%）；（d）CRC（65.42%）；（e）CRT（80.00%）；
（f）ICS-DLSR（80.09%）；（g）cdSRC（80.75%）；（h）SaCRT（83.69%）

图 4.13 给出了 OA 与训练样本数量的关系曲线。训练样本数量以每类别 20 个为间隔，从 40 个到 180 个。该实验是要研究分类器对训练样本数量的敏感度，有时太少的样本可能会导致过度拟合现象。显然，当训练样本数量较大时，SaCRT 的分类性能会有所提高，并且始终优于其他分类器。

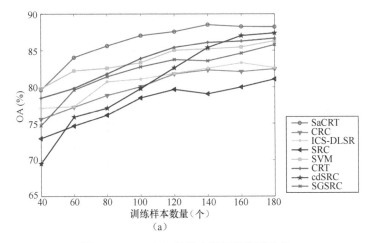

（a）

图 4.13 OA 与训练样本数量的关系曲线

（a）Indian Pines 数据集；（b）Salinas 数据集；（c）Houston 数据集

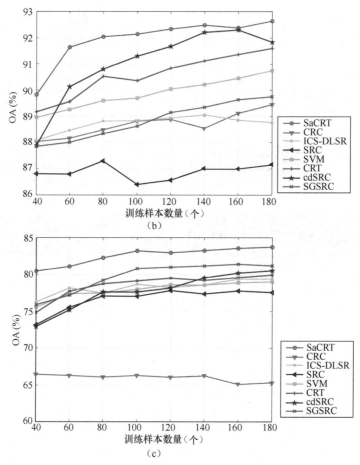

图 4.13　OA 与训练样本数量的关系曲线（续）

（a）Indian Pines 数据集；（b）Salinas 数据集；（c）Houston 数据集

最后，针对每个分类器的计算复杂度进行了分析。表 4.8 列出了不同算法在 Indian Pines 数据集中的计算复杂度。考虑 SaCRT 中有用于学习投影样本的迭代优化步骤，其计算成本比 CRT 高 2 倍左右，但比 SRC、SGSRC 和 cdSRC 这些基于稀疏表示的分类模型小很多。SaCRT 与 CRT 相比，具有较高的计算复杂度和出色的分类性能。

表 4.8　针对 Indian Pines 数据集的执行时间（单位：s）

算法	时间
SVM	23
ICS-DLSR	36

续表

算法	时间
CRT	190
CRC	329
SRC	1539
cdSRC	2742
SGSRC	4365
SaCRT	565

4.2　基于 DMLSR 的高光谱图像分类

4.2.1　引言

基于最小二乘回归（LSR）的分类模型是一种广泛应用于计算机视觉和模式识别的技术，在数学上易处理且计算效率高。在该类模型中，样本的类别标签是一个绝对核心点，它们利用含有类别标签的矩阵作为模型的回归目标，学习能够将样本投影至低维类别子空间的投影矩阵。基于 LSR 开展的研究主要从两点出发做出改进，即设计或学习更适合于回归、分类的回归目标和保持低维空间中原始样本间的关系或结构。虽然针对以上两点提出了许多改进方法，但过度拟合类别标签的问题仍然存在。例如，在同一类别样本的分布较为分散时，基于 LSR 的分类器会过度拟合一些偏离正常样本的像素点；但通过学习类内分布更加紧凑的样本及近似最优的分类边界，就可以避免过度拟合问题。

此外，当基于 LSR 的分类模型用于高光谱图像分类任务中时，由于其投影样本所在的低维类别子空间维度远低于高光谱数据原始的光谱维度，因此存在原始数据主能量在有限维度的空间中难以保持的问题。这会导致原始数据中主要判别信息的丢失，从而限制了基于 LSR 的分类模型在高光谱图像分类中实现更加精准的分类解译。针对上述局限性，考虑将流形学习和数据重构能力结合以学习鲁棒子空间，避免过度拟合的有效方法之一就是保证投影后同一类别样本之间的紧凑性。因此基于 ReLSR 引入了一种有效的基于类别标签的像素级高光谱图像分类方法——DMLSR。基于类内图的流形正则项作为结构感知学习的一种方式被引入，以保持甚至增强投影后同一类别样本间的紧凑性，避免过度拟合问题。此外，基于数据重构保持判别信息的思想，在回归过程中引入了数据重构约束，在不断投影与重构的优化中能够保留主要判别信息的子空间。DMLSR 分类模型不同于传统的 ReLSR，它将类内图引入 ReLSR 中，以捕获同一类别样本的潜在几何关系，并指导投影矩阵学习；并施加数据重构约束，以保留投影样本的主要特征。与其他基于 LSR 和基于表示的分类模型相比，DMLSR 获得了鲁棒子空间和更易区分的样本。

4.2.2　DMLSR 模型

1．模型原理

DMLSR 流程图如图 4.14 所示，在数据重构和类内图的约束下拟合训练样本，以学习鲁棒子空间和更易区分的投影样本，并使用最近邻分类器进行测试样本的预测。DMLSR 继承了 ReLSR 中回归目标的学习策略，即通过施加边缘约束直接从数据中学习回归目标。由于边缘约束迫使正类和负类之间保持一定距离，该约束的实现使得学习的投影样本具有更大的类间边界，并增强了回归模型的灵活性。但是，实际的高光谱数据中存在同物异谱，即类内差异的现象，ReLSR 可能会过度拟合偏离正常样本的一些样本。DMLSR 采用可以保留原始样本类内关系的类内图来解决该问题，并减小投影空间中异常样本与正常样本之间的类内距离，从而进一步增强学习到的投影样本的可分性。目标函数如下：

$$\min_{\boldsymbol{Q},\boldsymbol{R}} \left\| \boldsymbol{R} - \boldsymbol{X}^{\mathrm{T}} \boldsymbol{Q} \right\|_{\mathrm{F}}^{2} + \lambda_1 \left\| \boldsymbol{Q} \right\|_{\mathrm{F}}^{2} + \lambda_2 \mathcal{T}$$
$$\text{s.t.} \ \ r_{il_i} - \max_{j \neq l_i} r_{ij} \geq C \tag{4-12}$$

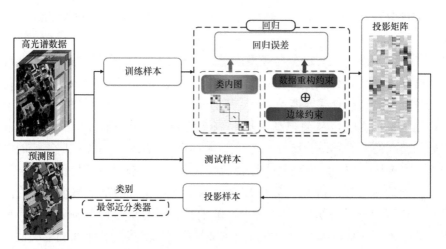

图 4.14　DMLSR 流程图

其中，$\boldsymbol{R} = [\boldsymbol{R}_1, \boldsymbol{R}_2, \cdots, \boldsymbol{R}_n] \in \mathbb{R}^{c \times n}$ 是具有连续值和类别标签信息的学习回归目标；C 是常量，最佳设置为 0.1；λ_1 和 λ_2 为正则参数。$\mathcal{T}$ 是类内图 $\boldsymbol{W}$ 对应的流形正则项，类内图 $\boldsymbol{W}$ 的边缘权重 W_{ij} 是根据高斯函数得出的，当 $\boldsymbol{x}_i$ 和 $\boldsymbol{x}_j$ 属于同一类别，$W_{ij} = \exp[-(\|\boldsymbol{x}_i - \boldsymbol{x}_j\|_2^2 / t_i t_j)]$，反之 W_{ij} 则为 0。其中，$t_i = \|\boldsymbol{x}_i - \boldsymbol{x}_i^{(k_{nn})}\|$，表示 $\boldsymbol{x}_i$ 邻域内的局部尺度，并反映了中心像素和相邻像素之间的相似性。当局部相似性较高时，像素间差异值越小，中心像素 $\boldsymbol{x}_i$ 的权重越大。另外，$\boldsymbol{x}_i^{(k_{nn})}$ 是 $\boldsymbol{x}_i$ 最近邻的 k_{nn} 个样本，通过实验验证，在所有实验中，$k_{nn} = 4$ 为最佳取值。式（4-12）中其余变量的定义与 4.1.2 节相同。流形学习准则定义如下：

$$\min_{\boldsymbol{Q}} \sum_{i \neq j} \|\boldsymbol{Q}^{\mathrm{T}} \boldsymbol{x}_i - \boldsymbol{Q}^{\mathrm{T}} \boldsymbol{x}_j\|^2 W_{ij} \tag{4-13}$$

对属于同一类别且高度相似的样本 $\boldsymbol{x}_i$ 和 $\boldsymbol{x}_j$，相应的边缘权重 W_{ij} 也很大，通过解式（4-13），获得投影样本 $\boldsymbol{Q}^{\mathrm{T}} \boldsymbol{x}_i$ 和 $\boldsymbol{Q}^{\mathrm{T}} \boldsymbol{x}_j$。通过将式（4-13）转换为迹的形式，获得流形正则项 $\mathcal{T}$：

$$\min_{\boldsymbol{Q}} \sum_{i \neq j} \|\boldsymbol{Q}^{\mathrm{T}} \boldsymbol{x}_i - \boldsymbol{Q}^{\mathrm{T}} \boldsymbol{x}_j\|^2 W_{ij} = \min_{\boldsymbol{Q}} \mathrm{Tr}(\boldsymbol{Q}^{\mathrm{T}} \boldsymbol{X} \boldsymbol{L} \boldsymbol{X}^{\mathrm{T}} \boldsymbol{Q})$$
$$\Rightarrow \mathcal{T} = \mathrm{Tr}(\boldsymbol{Q}^{\mathrm{T}} \boldsymbol{X} \boldsymbol{L} \boldsymbol{X}^{\mathrm{T}} \boldsymbol{Q}) \tag{4-14}$$

其中，$\boldsymbol{L}$ 为拉普拉斯矩阵，$\boldsymbol{L} = \boldsymbol{D} - \boldsymbol{W}$，$\boldsymbol{D}$ 为对角矩阵，其对角线元素定义为 $D_{ii} = \sum_j W_{ij}$。换句话说，流形正则项 $\mathrm{Tr}(\boldsymbol{Q}^{\mathrm{T}} \boldsymbol{X} \boldsymbol{L} \boldsymbol{X}^{\mathrm{T}} \boldsymbol{Q})$ 通过微调投影矩阵 $\boldsymbol{Q}$，可以旋转过度拟合分类器，过度拟合问题可以在一定程度上得到解决。

尽管式（4-14）中的模型引入了流形正则项来解决标签过度拟合的问题，但是有限维度的投影子空间可能会导致光谱特征中包含的许多判别信息丢失。为了解决这一问题，在上述模型中进一步设计了数据重构约束，以提高投影样本的重构能力：

$$\min_{\boldsymbol{Q}, \boldsymbol{R}, \boldsymbol{P}} \|\boldsymbol{R} - \boldsymbol{X}^{\mathrm{T}} \boldsymbol{Q}\|_{\mathrm{F}}^2 + \lambda_1 \|\boldsymbol{Q}\|_{\mathrm{F}}^2 + \lambda_2 \mathrm{Tr}(\boldsymbol{Q}^{\mathrm{T}} \boldsymbol{X} \boldsymbol{L} \boldsymbol{X}^{\mathrm{T}} \boldsymbol{Q})$$
$$\text{s.t. } r_{il_i} - \max_{j \neq l_i} r_{ij} \geqslant C, \boldsymbol{X} = \boldsymbol{P} \boldsymbol{Q}^{\mathrm{T}} \boldsymbol{X}, \boldsymbol{P}^{\mathrm{T}} \boldsymbol{P} = \boldsymbol{I} \tag{4-15}$$

其中，$\boldsymbol{P} \in \mathbb{R}^{d \times c}$ 是正交重构矩阵。Fang 等人证明通过两个不同的矩阵而不是单个矩阵 $\boldsymbol{Q}$ 重构数据的方法是有效的 [9]，$\boldsymbol{Q}$ 可以更好地专注于拟合回归目标，$\boldsymbol{P}$ 有更大的自由度，投影后的样本能够保持数据的主要判别信息。通过将数据重构项和流形正则项相结合，可以在保证数据流形结构的同时减少信息丢失，从而可以更好地防止在有限的投影空间中过度拟合回归目标，从而获得鲁棒子空间。在迭代优化并获得 $\boldsymbol{Q}$ 之后，利用最近邻方法对样本 $\boldsymbol{y}^{\mathrm{T}}\boldsymbol{Q}$ 进行分类。图 4.15 所示为获取回归目标矩阵过程的示意图。

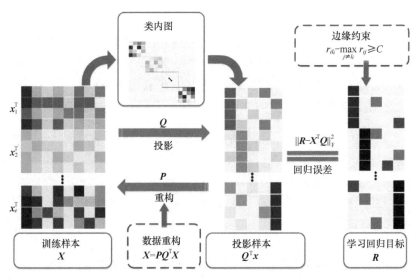

图 4.15　获取回归目标矩阵过程的示意图

2．模型求解

采用 ADMM 迭代优化策略对 DMLSR 模型进行迭代优化。式（4-15）可以通过最小化相应的增广拉格朗日乘子求解：

$$\min_{\boldsymbol{Q},\boldsymbol{R},\boldsymbol{P}}\left\|\boldsymbol{R}-\boldsymbol{X}^{\mathrm{T}}\boldsymbol{Q}\right\|_{\mathrm{F}}^{2}+\lambda_{1}\left\|\boldsymbol{Q}\right\|_{\mathrm{F}}^{2}+\lambda_{2}\mathrm{Tr}(\boldsymbol{Q}^{\mathrm{T}}\boldsymbol{G}_{1}\boldsymbol{Q})+\mu\left\|\boldsymbol{X}-\boldsymbol{P}\boldsymbol{Q}^{\mathrm{T}}\boldsymbol{X}+\frac{\boldsymbol{\gamma}}{\mu}\right\|_{\mathrm{F}}^{2} \quad (4\text{-}16)$$

$$\text{s.t.}\quad r_{il_{i}}-\max_{j\neq l_{i}}r_{ij}\geqslant C,\boldsymbol{P}^{\mathrm{T}}\boldsymbol{P}=\boldsymbol{I}$$

其中，$\boldsymbol{G}_{1}=\boldsymbol{X}\boldsymbol{L}\boldsymbol{X}^{\mathrm{T}}$，$\boldsymbol{\gamma}$ 和 μ 分别是拉格朗日乘子和惩罚参数，详细的优化步骤可参考相关图书。

4.2.3　实验内容及结果分析

1．实验数据

实验中使用三个高光谱数据集对 DMLSR 进行有效性验证，包括 Indian Pines 数据集、Mississippi 数据集和 Houston 数据集。Indian Pines 和 Houston 数据集在 4.1 节已有介绍，且选取的训练样本数量和测试样本数量与 4.1 节一致，此处不赘述。

Mississippi 数据集的数据场景为南密西西比大学海湾公园校区，数据于 2010 年 11 月收集，包括 72 个光谱波段。由于噪声影响，前 4 个和最后 4 个波段被删除，实验中使用了拥有 64 个光谱波段的高光谱图像。图像大小为 325 像素 ×220 像素，包含 11 个类别，训练和测试样本的数量在表 4.9 中列出。另外，图 4.16 中给出了伪彩色图和地面真值图。实验所选用的评价指标为 OA、CA 和 Kappa 系数。

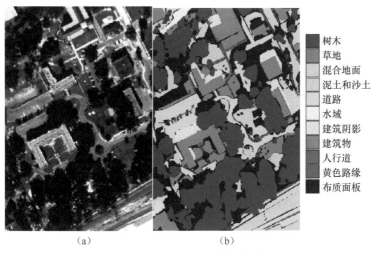

（a）　　　　　　　　　　（b）

图 4.16　Mississippi 高光谱图像

（a）伪彩色图；（b）地面真值图

表 4.9　Mississippi 数据集的训练样本和测试样本数量（单位：个）

类别序号	类别名称	训练样本数量	测试样本数量
1	树木	150	23 096
2	草地	150	4120
3	混合地面	150	6732
4	泥土和沙土	150	1676
5	道路	150	6537
6	水域	150	316
7	建筑阴影	150	2083

续表

类别序号	类别名称	训练样本数量	测试样本数量
8	建筑物	150	6090
9	人行道	150	1235
10	黄色路缘	150	33
11	布质面板	150	119
总计		1650	52 037

2. 参数优化

DMLSR 中有两个参数需要优化，即正则参数 λ_1 和 λ_2。$\{10^{-5}, 10^{-4}, 10^{-3}, 10^{-2}, 10^{-1}, 0.5, 1\}$ 为参数范围，实验中使用 10 倍交叉验证来选择最优参数。OA 和两个参数之间的关系如图 4.17 所示。从图中能明显看出 λ_1 和 λ_2 介于 10^{-5} 和 10^{-1} 之间时，三个数据集均有较大的 OA。基于最大 OA 值选择最优参数，Indian Pines 数据集的 λ_1 和 λ_2 的最优取值为 10^{-4} 和 10^{-1}，Mississippi 数据集为 10^{-2} 和 10^{-2}，Houston 数据集为 10^{-5} 和 10^{-2}。

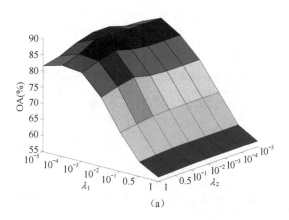

图 4.17　DMLSR 中的参数优化

（a）Indian Pines 数据集；（b）Mississippi 数据集；（c）Houston 数据集

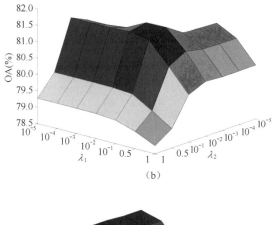

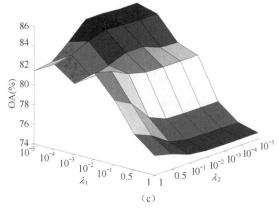

图 4.17　DMLSR 中的参数优化（续）

（a）Indian Pines 数据集；（b）Mississippi 数据集；（c）Houston 数据集

3．DMLSR 算法效果分析

在高光谱数据的分类解译中，同一类别样本可能具有不同的光谱特征，这导致基于 LSR 的分类器容易产生过度拟合行为。图 4.18（a）中原始样本的二维可视化呈现了这种现象，样本选自 Indian Pines 数据集，每种颜色代表一个类别。某些类别的样本分布不集中甚至严重分散，并且这些类别的样本之间有一定的混叠，例如第 1 类、第 2 类和第 6 类。同一类别样本呈现出的分散分布表明，同一类别样本之间存在很大的差异，即类内差异性。图 4.18（b）和图 4.18（c）分别给出了通过 RLR 和 DMLSR 学习得到的投影样本的二维可视化。很明显，图 4.18（c）中框出的类别通过 DMLSR 学习，实现了更好的类内紧凑性，可以更好地解决过度拟合问题。

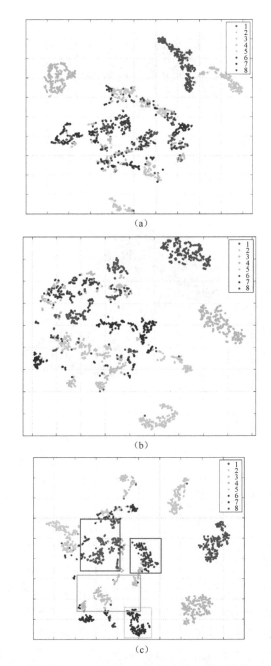

图 4.18　Indian Pines 数据集的二维可视化

（a）原始样本 X 的二维可视化；（b）基于 RLR 的投影样本 QX 的二维可视化；
（c）基于 DMLSR 的投影样本 QX 的二维可视化

为了证明 DMLSR 的重构效果，从 Houston 数据集不同的类别中选取三个训练样本，光谱曲线呈现在图 4.19 中，蓝色曲线是原始样本 $\boldsymbol{X}$，红色曲线是重构样本 $\boldsymbol{PQ}^{\mathrm{T}}\boldsymbol{X}$。以上实验结果验证了 DMLSR 对数据的重构能力，从而确保了投影样本拥有原始数据的主要判别信息。

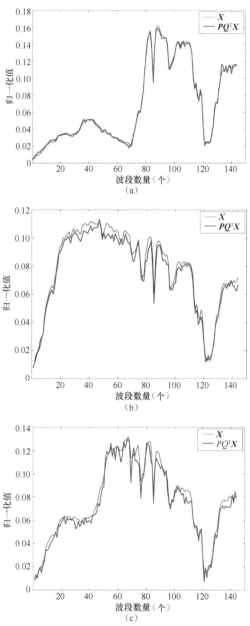

图 4.19　Houston 数据集中训练样本的光谱曲线

（a）第 4 类；（b）第 9 类；（c）第 15 类

实验中选取了以下对比算法，包括 SVM、SRC、CRC、稀疏和平滑低秩分析（Sparse and Smooth Low Rank Analysis，SSLRA）[10]、正交全变分成分分析（Orthogonal Total Variation Component Analysis，OTVCA）[11]、DLSR、ReLSR、ICS-DLSR、鲁棒潜在子空间学习（Robust Latent Subspace Learning，RLSL）[12]、MSRL[13] 和 RLR，其中，SVM 是通用的非线性版本，采用径向基函数（RBF）为核函数。为了公平比较，SSLRA、OTVCA 和其他基于 LSR 的算法均采用最近邻分类策略。

在 DMLSR 中，挖掘数据潜在几何关系和保持数据主要特征是非常重要的，尤其对于具有非线性流形结构的数据。为验证 DMLSR 处理流形数据的有效性，使用了具有代表性的三环数据集，该数据集共三个特征维度，其中前两个维度为同心圆坐标，第三个维度是振幅。图 4.20（a）展示了该数据的分布。在实验中，三环数据集包含三个类别，每个类别分别有 500 个训练样本和测试样本。图 4.20 中提供了 SSLRA、OTVCA 和几种基于 LSR 的算法的分类效果图及分类精度。可以明显看出，DMLSR 在保持流形结构的同时具有出色的分类性能。尽管从图 4.20（h）和图 4.20（i）中可以看出，RLSL 和 RLR 都将数据内部结构保留在投影子空间中，但是存在某些样本的标签被错分的现象。与 RLR 相比，DMLSR 不仅具有流形正则项，而且具有数据重构项，可以保留主要判别信息，从而具备更好的分类性能。

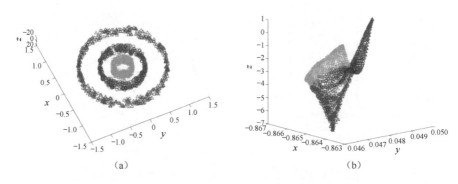

（a）   （b）

图 4.20 基于不同算法得到的三环数据集的可视化和分类结果

（a）三环数据集；（b）SSLRA（97.93%，97.93% 代表 OA，余同）；（c）OTVCA（78.74%）；（d）DLSR（56.33%）；（e）ReLSR（65.33%）；（f）ICS-DLSR（77.00%）；（g）MSRL（65.13%）；（h）RLSL（85.33%）；（i）RLR（91.13%）；（j）DMLSR（99.67%）

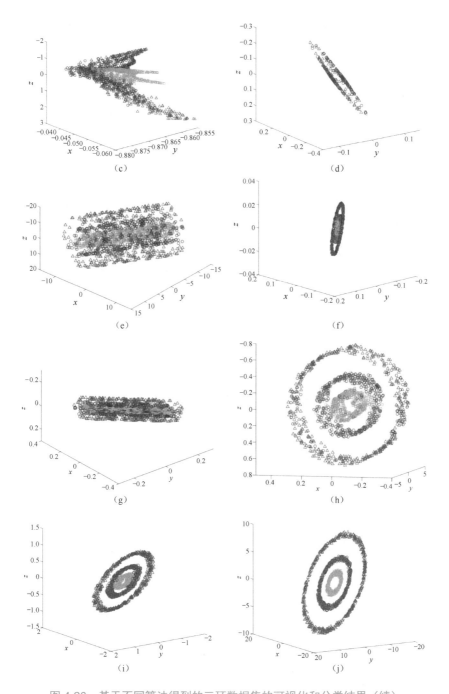

图 4.20　基于不同算法得到的三环数据集的可视化和分类结果（续）

（a）三环数据集；（b）SSLRA（97.93%，97.93% 代表 OA，余同）；（c）OTVCA（78.74%）；
（d）DLSR（56.33%）；（e）ReLSR（65.33%）；（f）ICS-DLSR（77.00%）；（g）MSRL（65.13%）；
（h）RLSL（85.33%）；（i）RLR（91.13%）；（j）DMLSR（99.67%）

为了进一步验证 DMLSR 在真实高光谱数据集上的分类性能，使用 Indian Pines 数据集、Mississippi 数据集和 Houston 数据集进行实验。在参数设置中，将 SRC 在三个数据集上的参数设置为 10^{-3}。对于 CRC，Indian Pines 数据集和 Houston 数据集对应的最优参数为 10^{-2}，Mississippi 数据集中为 10^{-1}。对于 DLSR、ReLSR 和 RLR，最优参数通过交叉验证获取。对于 SSLRA、OTVCA、ICS-DLSR、MSRL 和 RLSL，根据文献中所提出的优化策略获得最优参数。

表 4.10 至表 4.12 列出了不同算法在三个实验数据集上的 OA。显然，DMLSR 具有比其他算法更好的分类性能，并且 OA 值更高。相比基于表示的分类模型（CRC 和 SRC），DMLSR 和基于 LSR 的分类模型（DLSR 和 ReLSR）具有更好的分类性能。主要原因是基于表示的分类模型仅专注于学习精准的数据表示形式，而没有注重样本的可区分性。结果表明，基于边缘约束和类内图能够学习到可区分的样本。此外，由于投影样本保留了重要的判别信息，因此 DMLSR 优于 MSRL 和 RLR 的分类效果。

图 4.21 至图 4.23 给出了基于各算法获得的可视化分类图。经对比可以看出 DMLSR 在分类图的某些区域的噪声较小，结果更准确。

表 4.10　基于不同算法得到的 Indian Pines 数据集的分类精度（单位：%）

算法	CA-1	CA-2	CA-3	CA-4	CA-5	CA-6	CA-7	CA-8	OA	Kappa系数
SVM	82.28	89.34	97.42	100.00	86.94	75.49	94.38	99.19	86.03	83.12
SRC	80.43	75.43	97.42	100.00	68.25	72.82	87.82	99.73	81.22	77.22
CRC	79.63	81.45	95.81	100.00	74.65	73.48	92.04	99.28	82.65	78.95
OTVCA	78.97	88.34	96.62	100.00	94.78	82.28	83.50	99.81	87.76	85.13
SSLRA	80.50	92.69	95.95	98.63	78.22	83.82	96.80	95.64	87.11	84.32
DLSR	81.40	83.93	97.42	100.00	82.07	71.24	89.23	98.37	83.05	79.55
ReLSR	81.72	84.08	97.10	100.00	84.25	74.31	90.63	98.74	84.47	81.21
ICS-DLSR	82.44	84.23	97.74	100.00	82.84	71.64	91.57	99.28	83.77	80.40
MSRL	84.36	88.41	97.42	100.00	84.12	74.44	94.15	99.28	85.67	82.66
RLSL	83.88	84.23	97.10	100.00	81.18	71.42	88.99	99.19	83.57	80.14
RLR	84.28	82.69	98.06	100.00	84.25	70.50	92.04	99.19	83.77	80.41
DMLSR	85.72	89.98	97.64	100.00	91.41	77.53	95.57	99.33	88.03	85.27

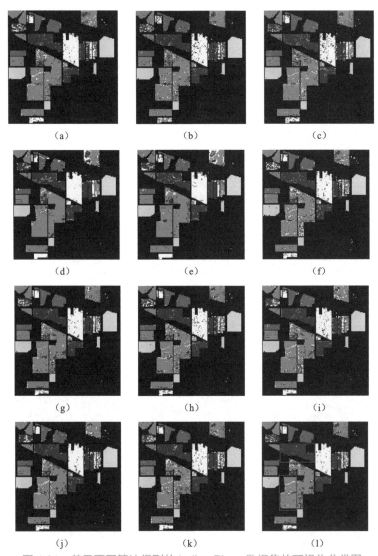

图 4.21　基于不同算法得到的 Indian Pines 数据集的可视化分类图

（a）SVM（86.03%）；（b）SRC（81.22%）；（c）CRC（82.65%）；（d）OTVCA（87.76%）；（e）SSLRA（87.11%）；
（f）DLSR（83.05%）；（g）ReLSR（84.47%）；（h）ICS-DLSR（83.77%）；（i）MSRL（85.67%）；
（j）RLSL（83.57%）；（k）RLR（83.77%）；（l）DMLSR（88.03%）

表 4.11　基于不同算法得到的 Mississippi 数据集的分类精度（单位：%）

算法	CA-1	CA-2	CA-3	CA-4	CA-5	CA-6	CA-7	CA-8	CA-9	CA-10	CA-11	OA	Kappa系数
SVM	83.85	75.22	66.67	81.09	83.34	96.20	80.56	79.10	72.06	100.00	99.16	79.95	74.08
SRC	77.65	44.44	39.25	75.42	42.33	75.00	60.06	75.39	41.46	96.97	97.48	63.76	54.06

续表

算法	CA-1	CA-2	CA-3	CA-4	CA-5	CA-6	CA-7	CA-8	CA-9	CA-10	CA-11	OA	Kappa系数
CRC	86.89	60.15	69.09	89.20	43.71	87.97	76.81	89.23	59.35	100.00	99.16	76.38	69.25
OTVCA	84.54	83.62	63.29	78.46	83.88	96.52	86.70	85.81	53.68	66.67	96.64	81.03	75.15
SSLRA	81.52	81.55	66.98	84.25	85.07	97.78	87.76	86.35	63.00	66.67	94.96	80.67	75.27
DLSR	81.60	77.38	66.83	85.62	78.48	96.20	78.59	82.23	68.18	100.00	97.48	78.86	72.82
ReLSR	86.21	77.96	68.52	83.17	66.83	91.14	73.02	75.52	62.83	96.97	96.64	78.47	72.05
ICS-DLSR	81.69	76.02	67.93	84.01	81.05	97.47	78.44	84.81	69.47	100.00	97.48	79.54	73.68
MSRL	82.75	76.04	66.71	84.79	80.57	96.52	80.41	82.92	69.07	100.00	97.48	79.67	73.78
RLSL	82.84	75.49	67.59	84.79	83.63	98.42	80.84	82.81	70.53	100.00	98.32	80.21	74.46
RLR	82.72	75.53	66.79	85.02	81.17	97.15	78.83	82.09	67.85	100.00	97.48	79.52	73.59
DMLSR	83.15	77.89	67.35	86.96	85.15	95.83	82.61	83.26	71.81	96.97	98.60	81.17	75.37

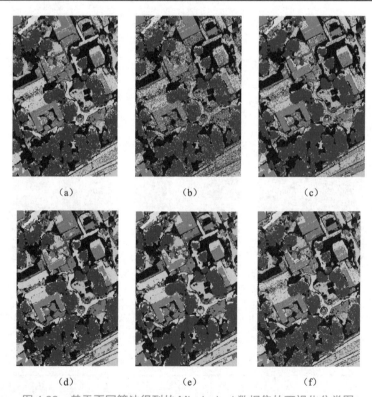

图 4.22　基于不同算法得到的 Mississippi 数据集的可视化分类图

（a）SVM（79.95%）；（b）SRC（63.76%）；（c）CRC（76.38%）；（d）OTVCA（81.03%）；（e）SSLRA（80.67%）；
（f）DLSR（78.86%）；（g）ReLSR（78.47%）；（h）ICS-DLSR（79.54%）；（i）MSRL（79.67%）；
（j）RLSL（80.21%）；（k）RLR（79.52%）；（l）DMLSR（81.17%）

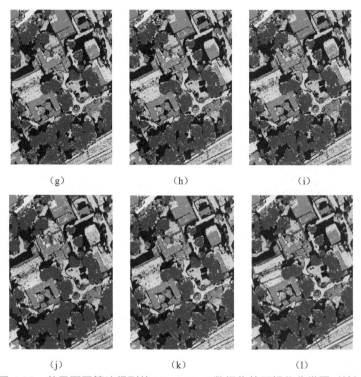

（g）　　　　　　　　　（h）　　　　　　　　　（i）

（j）　　　　　　　　　（k）　　　　　　　　　（l）

图 4.22　基于不同算法得到的 Mississippi 数据集的可视化分类图（续）

（a）SVM（79.95%）；（b）SRC（63.76%）；（c）CRC（76.38%）；（d）OTVCA（81.03%）；（e）SSLRA（80.67%）；
（f）DLSR（78.86%）；（g）ReLSR（78.47%）；（h）ICS-DLSR（79.54%）；（i）MSRL（79.67%）；
（j）RLSL（80.21%）；（k）RLR（79.52%）；（l）DMLSR（81.17%）

表 4.12　基于不同算法得到的 Houston 数据集的分类精度（单位：%）

算法	CA-1	CA-2	CA-3	CA-4	CA-5	CA-6	CA-7	CA-8	CA-9	CA-10	CA-11	CA-12	CA-13	CA-14	CA-15	OA	Kappa 系数
SVM	81.86	82.61	99.80	92.05	98.39	94.41	76.87	43.02	79.04	58.01	81.59	72.91	71.23	99.60	97.67	79.00	77.41
SRC	80.44	81.30	99.60	87.59	91.95	93.71	80.13	67.14	69.97	52.22	54.84	84.15	67.72	99.60	96.41	77.41	75.58
CRC	80.53	83.55	99.01	96.88	81.82	86.01	56.53	69.42	42.59	31.37	26.94	37.66	89.12	98.38	94.29	65.42	62.76
OTVCA	82.24	82.05	99.60	91.86	97.73	94.41	79.29	36.47	66.38	48.07	70.68	56.96	58.25	99.19	98.73	74.03	72.12
SSLRA	82.45	78.85	98.22	86.93	99.05	93.01	85.35	49.10	81.21	42.28	57.50	67.63	49.47	99.60	99.58	75.39	73.52
DLSR	81.86	82.61	100.00	98.11	99.34	99.30	81.93	63.25	73.56	53.19	73.53	70.32	72.98	99.60	98.73	80.23	78.54
ReLSR	81.10	82.71	100.00	95.45	99.53	99.30	79.66	73.41	69.12	72.30	69.54	62.25	72.28	99.60	98.73	80.74	79.09
ICS-DLSR	81.20	81.30	100.00	97.25	98.96	99.30	77.24	69.14	71.01	70.66	65.28	65.51	72.28	99.60	98.73	80.09	78.38
MSRL	82.43	82.42	100.00	97.82	99.43	97.90	84.70	63.63	69.50	76.06	74.86	76.75	74.04	99.19	98.73	82.69	81.21
RLSL	81.48	82.05	100.00	96.78	99.24	95.10	75.75	70.18	73.37	75.48	83.11	72.43	71.93	99.60	97.89	82.77	81.30
RLR	81.39	82.99	100.00	96.69	99.62	99.30	84.89	61.54	73.84	55.98	74.29	69.74	75.09	100.00	98.52	80.48	78.84
DMLSR	82.91	95.77	100.00	98.39	99.34	99.30	83.86	72.84	71.10	80.50	72.11	71.18	72.28	99.60	98.73	84.45	83.11

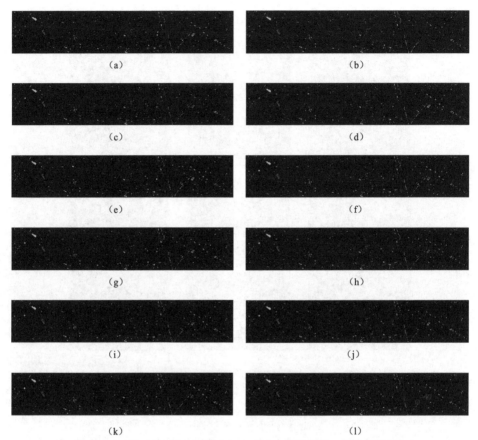

图 4.23　基于不同算法得到的 Houston 数据集的可视化分类图

（a）SVM（79.00%）；（b）SRC（77.41%）；（c）CRC（65.42%）；（d）OTVCA（74.03%）；（e）SSLRA（75.39%）；
（f）DLSR（80.23%）；（g）ReLSR（80.23%）；（h）ICS-DLSR（80.09%）；（i）MSRL（82.69%）；
（j）RLSL（82.77%）；（k）RLR（80.48%）；（l）DMLSR（84.45%）

　　图 4.24 展示了基于 LSR 的分类模型的 OA 随训练样本数量的变化趋势。在实验中，训练样本数量从 40 个到 180 个，间隔为 20 个。随着训练样本数量的增加，所有基于 LSR 的分类模型的 OA 都会增加，并且 DMLSR 呈现了最佳的分类性能。最后，为评估每个分类器的计算复杂度，统计了上述算法在三个数据集中的执行时间，如表 4.13 所示。尽管 DMLSR 的计算成本比其他基于 LSR 的分类模型要高得多，但明显低于其他基于表示的分类模型的计算成本。

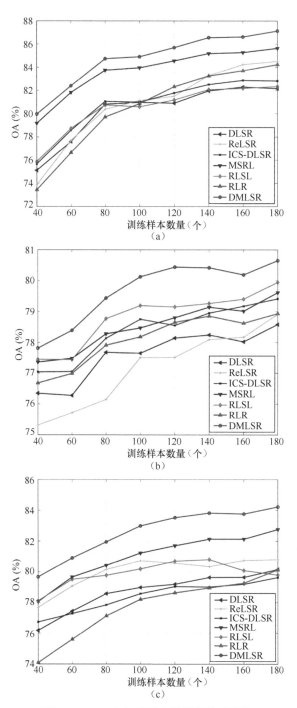

图 4.24　OA 与训练样本数量的关系曲线

（a）Indian Pines 数据集；（b）Mississippi 数据集；（c）Houston 数据集

表 4.13　针对不同数据集的执行时间 t（单位：s）

算法	t（Indian Pines 数据集）	t（Mississippi 数据集）	t（Houston 数据集）
SVM	2.811	5.909	3.993
SRC	383.737	714.503	268.004
CRC	146.609	993.465	459.837
SSLRA	201.790	241.369	2439.924
OTVCA	248.650	548.775	1660.660
DLSR	1.351	1.706	5.249
ReLSR	4.633	4.512	9.693
ICS-DLSR	2.768	2.670	2.605
MSRL	9.496	15.378	165.046
RLSL	7.220	3.097	7.287
RLR	3.146	7.675	4.220
DMLSR	32.772	14.154	50.918

4.3　基于 ICS-DLSR 的滨海湿地数据样本空间变换

4.3.1　引言

高光谱数据具有波段多、带宽大等特点，具有良好的光谱细节特征表征能力，容易获取地物的局部精细信息，在分析典型地物的反射光谱差异性方面有较大的应用价值。由此，高光谱遥感在湿地信息提取和精细分类等方面具有独特优势。尽管国内外很多学者和专家针对基于多时相、多分辨率、多源遥感影像的湿地信息提取提出了许多新理论、新技术、新方法，取得了一些较理想的研究结果，但是针对湿地监测的研究相对较少。

湿地是介于陆地和水体之间的一个特有的生态系统，它的结构复杂，具有不稳定性，对外界人为和自然因素的干扰具有较强的敏感性。湿地典型地物光谱曲线不仅具有高度相似性和空间变异性，而且具有较强的时间动态性[14]。湿地典型地物光谱曲线受较多不确定因素影响，光谱曲线相似性高，各地物光谱曲线的差异性不明显。不同地物的光谱曲线受生化组分和冠层结构等因素的影响，表现出一定程度的差别[15]。在此背景下，目前许多高光谱遥感图像分类方法，例如决策树法、聚类算法以及新型的机器学习方法均不能实现对滨海湿地典型地物的精细分类。

高光谱图像分类模型中基于表示的分类模型属于传统算法研究领域,其主要核心思想是利用现有训练数据对未知类别的像素点进行线性表示,计算特征真实值和预测值的残差,最终根据残差最小值确定像素点的预测类别。基于表示的分类模型包含稀疏表示、协同表示和低秩表示。应用于人脸识别的基于最小二乘回归(LSR)的分类模型也是经典的传统机器学习方法,该方法旨在利用训练样本的类别标签信息,学习投影矩阵,以最小的回归误差连接原始数据和回归目标。

针对滨海湿地典型地物的高光谱遥感数据特征,本研究采用 ICS-DLSR 对滨海湿地数据进行回归处理。本节首先对研究区域的典型地物光谱特征进行分析,论证由于混生样本的不确定性导致分类困难,然后给出了 ICS-DLSR 流程,充分论证了其对于增强滨海湿地数据样本可分性与本征刻画力方面的可行性及潜力。

4.3.2　滨海湿地典型地物高光谱遥感数据特征分析

1. 滨海湿地数据样本光谱特征

由于湿地类型复杂,植被多为水生或沼生,不同地物光谱差异小,且地物混合严重,因此造成了光谱特征的"类间相似"与"类内差异"问题,导致分类困难且准确率低。在滨海湿地监测中面临的实际问题可总结如下。

(1)同种地物不同的生长特征。在开展生态景观监测时发现,湿地监测并非孤立性个体监测,而是植被分布区监测。同种地物,受地理、物候等因素影响,植被特征差异性较强。尤其是滨海湿地的大部分区域无法进入,因而无法获取单种地物的所有生长特征,搜查数据中呈现同种地物的像元差异较大的情况。

(2)不同地物可区分度较低。在滨海湿地区域,有相当多的植被分布非常稀疏,盖度小于 5%,该类植被作为重要性极高的典型生态系统或景观,样本重要性高但可获取性差。由于植被盖度较低,在遥感分类任务中,如果不实施现场调查,则较难获取高价值样本数据;但是湿地多数区域无法进入,盖度稀疏地物如潮滩的碱蓬和芦苇的采集困难度极高。另外,湿地边界区域呈现过渡性,不如陆地的边界痕迹明显,可区分度极低。

(3)多源遥感联合分析过程中样本量对地物分类的影响机制。滨海湿地环境复杂,部分区域受样本获取限制,采样作业的时效性及采样覆盖面积也难以同湿地监测覆盖范围匹配。虽然多源遥感信息可以提供精准的分类精度,但是其依赖于充足的样本条件保障,当前无法获取足够样本以满足实际需求。

高光谱影像最大的特点就是获取地面目标的同时也获取了地物的光谱特征信息,从而对滨海湿地典型地物的光谱特征进行分析,这对于应用遥感识别地物尤为关键。本研究基于实测的 GPS 坐标点位置信息获取了研究区域高分 5 号(GF5)的湿地典型地物样本的反射率,图 4.25 为湿地典型地物样本的平均光谱反射率曲线。

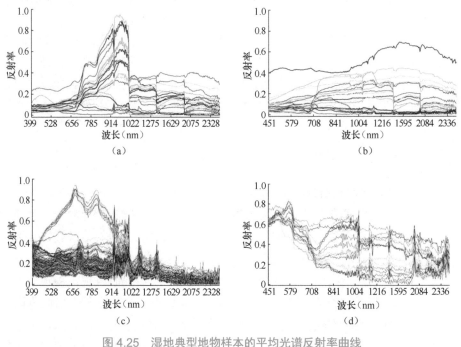

图 4.25　湿地典型地物样本的平均光谱反射率曲线
(a)黄河口湿地;(b)盐城湿地;(c)水产养殖池塘;
(d)淡水草本沼泽

湿地典型地物在不同卫星影像的部分敏感重要波段中均表现出一定的差异性,具体表现在近红外波段,各种湿地典型地物样本的平均光谱反射率曲线相互分离,具有较强的可区分性。由图 4.25(a)和图 4.25(b)可以看出,部分地物样本的反射率曲线在红外波段存在一定差异,在近红外波段的差异最大,样本可分性较好,但部分不同类别的地物样本的反射率曲线高度重合,难以区分。

2．滨海湿地高光谱影像空间分布特征

卫星影像的空间分辨率对湿地典型地物的遥感识别效果具有关键影响,主要表现为单个像元上地物的反射率特征。图 4.26 为部分实测样本在不同卫星影像数据中的分布特征，观察可知，不同地物样本分布在空间分辨率为 30m 的 GF5 卫星影像中，部分不同地物样本分布于同一个像元内，即存在"混合像元"现象；而空间分辨率为 10m 的 Sentinel-2 卫星影像几乎分布在各个像元中。"混合像元"造成的像元不可分问题会进一步导致标记后滨海湿地数据的类间差异问题，从而影响分类精度。

（a）　　　　　　　　　　　　　　　　　　　（b）

图 4.26　不同卫星影像数据中的部分实测样本分布

（a）GF5 卫星影像；（b）Sentinel-2 卫星影像

4.3.3　基于回归表示的样本空间变换及 ICS-DLSR 模型

1. 基于回归表示的样本空间变换

由于压缩感知的出现，基于表示的分类是近年来学者们的主要研究方向之一 [16]。通常，给定一组带标签训练样本 $\boldsymbol{X} = [\boldsymbol{x}_1, \boldsymbol{x}_2, \cdots, \boldsymbol{x}_n] \in \mathbb{R}^{d \times n}$，$n$ 是训练样本总数，d 是光谱维度，数据所属的类别为 $l \in \{1, 2, \cdots, c\}$，$c$ 是类别总数。第 l 类样本可以表示为 $\boldsymbol{X} = \{\boldsymbol{x}_{l,1}, \boldsymbol{x}_{l,2}, \cdots, \boldsymbol{x}_{l,n_l}\}$，$n_l$ 为第 l 类的样本个数，即 $n = \sum\limits_{l=1}^{c} n_l$。基于表示的分类模型利用所有的训练样本对输入的测试样本进行线性近似，然后根据表示关系确定测试样本的类别。根据线性回归分类模型，测试样本 $\boldsymbol{Y} \in \mathbb{R}^{d \times 1}$ 可以近似表示为：

$$\boldsymbol{Y} = \boldsymbol{X}\boldsymbol{\alpha} = \boldsymbol{x}_{1,1}\alpha_{1,1} + \boldsymbol{x}_{1,2}\alpha_{1,2} + \cdots + \boldsymbol{x}_{l,n_l}\alpha_{l,n_l} + \cdots + \boldsymbol{x}_{c,n_c}\alpha_{c,n_c} \qquad (4\text{-}17)$$

其中，$\boldsymbol{\alpha} \in \mathbb{R}^{n \times 1}$ 为表示系数的列向量。基于表示的分类模型的求解目标是得到最优表示系数向量 $\boldsymbol{\alpha}$，为了使 $\| \boldsymbol{Y} - \boldsymbol{X}\boldsymbol{\alpha} \|_2^2$ 取最小值。

线性回归（Linear Regression，LR）是最受欢迎的有监督 LSR 方法之一，在人脸识别 [17] 等多分类任务中得到了广泛的应用。基于标准线性回归模型的分类算法为了在训练阶段学习一个线性投影矩阵，将带标签训练样本投影到各自的类别标签空间中，目标函数如下：

$$\min_{Q} \| A - QX \|_F^2 \tag{4-18}$$

其中，$Q \in \mathbb{R}^{c \times d}$ 是学习回归目标，$A \in \mathbb{R}^{c \times n}$ 是二值标签矩阵，该标签矩阵的第 i 行对应第 i 个样本，如果 x_i 属于第 j 类，则只有第 i 行的第 j 个元素等于 1，其他元素为 0。更常用的正则化线性回归模型即 LSR 模型如下：

$$\min_{Q} \| A - QX \|_F^2 + \lambda \| Q \|_F^2 \tag{4-19}$$

其中，λ 是正则参数。目标函数（4-19）有闭式解：

$$Q = AX^T (XX^T + \lambda I)^{-1} \tag{4-20}$$

2. ICS-DLSR 模型

（1）ICS-DLSR 模型原理

DLSR[18] 和 ReLSR[19] 利用软标签来改善学习性能，但它们都忽略了样本之间的相关性，可能破坏数据的内在结构。为了解决这个问题，Wen 等人[20] 在传统的 LSR 中引入了类间稀疏约束，提出了 ICS-DLSR 模型。ICS-DLSR 不同于以往的线性回归分类算法，只是尽量保留数据的内在结构，其目标在于构建一个新的类间行稀疏结构，即保证每个类别有相同行稀疏结构，ICS-DLSR 模型的公式如下：

$$\min_{Q,E} \frac{1}{2} \| A + E - QX \|_F^2 + \frac{\lambda_1}{2} \| Q \|_F^2 + \lambda_2 \sum_{l=1}^{c} \| QX_l \|_F^2 + \lambda_3 \| E \|_{2,1} \tag{4-21}$$

其中，λ_1、λ_2、λ_3 是正则参数，$\sum_{l=1}^{c} \| QX_l \|_F^2$ 是类间稀疏约束，最小化该约束后就能使变换后的样本 QX 在每个类别中都有相同行稀疏结构，数据变换示意图如图 4.27 所示。E 为用于放宽零一标签矩阵的稀疏误差项。图 4.28 给出了 ICS-DLSR 回归模型框架。

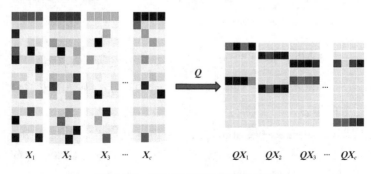

$$X_1 \quad X_2 \quad X_3 \quad \cdots \quad X_c \qquad\qquad QX_1 \quad QX_2 \quad QX_3 \quad \cdots \quad QX_c$$

图 4.27 ICS-DLSR 数据变换示意

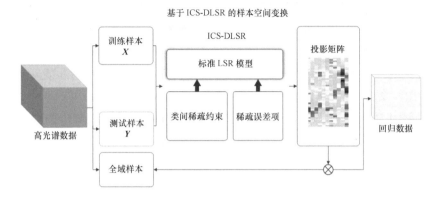

图 4.28　ICS-DLSR 回归模型框架

（2）ICS-DLSR 模型求解

从式（4-21）可以看出，一个方程中有两个未知变量（Q 和 E），说明 ICS-DLSR 没有解析解。因此，利用 ADMM 进行优化求解，引入一个额外的变量 F，并利用对应的增广拉格朗日乘子改写式（4-21）：

$$\min_{Q,F,E} \| A + E - QX \|_F^2 + \frac{\lambda_1}{2} \| Q \|_F^2 + \lambda_2 \sum_{l=1}^c \| F_l \|_{2,1} + \lambda_3 \| E \|_{2,1} + \frac{\mu}{2} \left\| F - QX + \frac{\gamma}{\mu} \right\|_F^2 \quad (4\text{-}22)$$

其中，γ 和 μ 分别是拉格朗日乘子和惩罚参数。在其他变量不变的情况下，交替求解 Q、E 和 F。具体优化步骤可参考相关书籍。

4.3.4　滨海湿地数据样本空间变换效果分析

1．评估方法及评价指标

为了公平评估回归方法的有效性，使用数据挖掘分类技术中最简单的方法，即 KNN 分类算法对特征转换结果进行分类，样本空间分类示意如图 4.29 所示。在两个研究区域的高光谱数据集与多光谱数据集（共 4 个数据集）上进行验证。在样本空间中选择欧几里得距离进行度量。在本节实验分析中，我们用 OA 评估 KNN 分类结果。

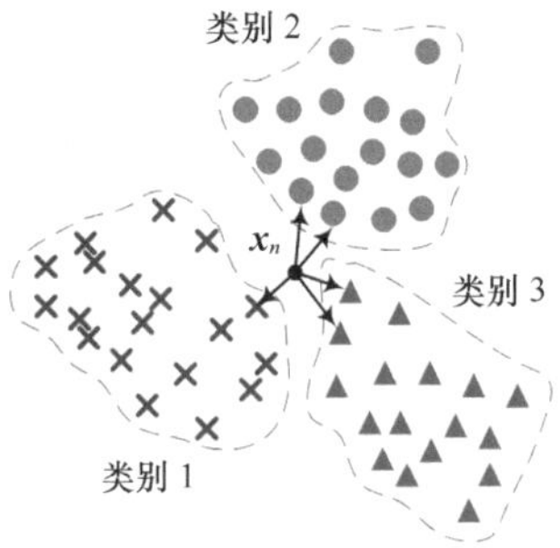

图 4.29　KNN 分类示意

2．ICS-DLSR 参数优化

在 ICS-DLSR 变换中，需要调整 λ_1、λ_2、λ_3 这三个正则参数，用于平衡相应约束项。为了学习滨海湿地数据集的最优变换矩阵，我们从候选集 {10^{-3}, 5×10^{-3}, 10^{-2}, 5×10^{-2}, 0.1, 0.5, 1.5, 10} 中选取参数值，并将这些参数进行组合。

以黄河口湿地高光谱数据集（简称黄河口数据集）和盐城湿地高光谱数据集（简称盐城数据集）为例，图 4.30 给出了这三个参数与 OA 之间的关系。为方便清晰表示，用不同的颜色表示 OA 值大小，用颜色表（colormap）表示具体颜色与 OA 的对应关系，黄色代表高 OA，蓝色代表低 OA，数据切片位置对应 $\lambda_1 = \{10^{-3}, 10\}$，$\lambda_2 = \{0.5, 10\}$，$\lambda_3 = 5 \times 10^{-2}$。

从图 4.30 可以明显看出，在固定 λ_1 和 λ_3 的情况下，参数 λ_2 的取值对模型的 OA 影响较小，可忽略不计，即 ICS-DLSR 对参数 λ_2 不太敏感。基于最大 OA 值，选择最优参数，即 $\lambda_1 = 10$、$\lambda_2 = 0.5$ 和 $\lambda_3 = 0.1$（参数选取如图 4.30 中红点标注）。在此参数组合下，目标函数值下降也是最快的。两研究区域的高光谱数据集由同一卫星拍摄，具有相同的分辨率和相近的样本数量，经实验验证后两高光谱数据集使用相同的正则参数。

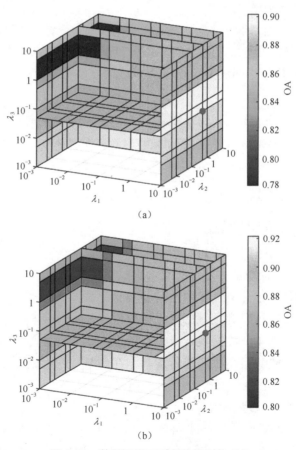

图 4.30　基于不同正则参数得到的 OA

（a）黄河口数据集参数调优；（b）盐城数据集参数调优

3．ICS-DLSR 算法效果分析

为了直观显示 ICS-DLSR 的回归变换效果，以 GF5 高光谱数据集为例，每类随机选取 30 个样本作为训练样本，以学习投影矩阵。图 4.31 给出了通过 t-SNE 可视化方法获得的原始样本及经 ICS-DLSR 变换后的二维可视化样本，每种颜色代表一个样本类别。从图 4.31（a）和图 4.31（b）中可以看出，某些不同类别的样本分布非常紧凑，较短的类间距离表明两个或多个类别的样本之间呈现高度相似性，即类间相似性；同时，某些同类样本分布较为分散，而同类样本的松散分布会导致类内差异性。图 4.31（c）和图 4.31（d）展示了经 ICS-DLSR 变换后的样本分布，显然，同一类别样本的分布更紧凑，类间距离增大，这意味着数据的可分性有所增强。此外，ICS-DLSR 回归变换对于黄河口数据集以及盐城数据集均呈现较好分类效果，证明了该方法显著提升了滨海湿地数据样本的表征力以及可分性。

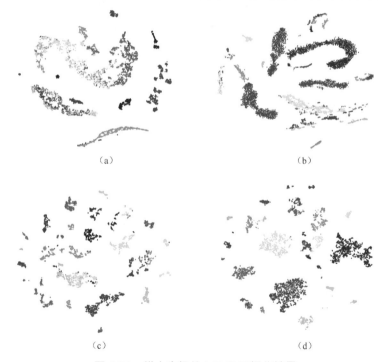

（a）　　　　　　　　　　　　　　　（b）

（c）　　　　　　　　　　　　　　　（d）

图 4.31　样本空间的 t-SNE 可视化结果

（a）黄河口数据集原始样本分布；（b）盐城数据集原始样本分布；（c）黄河口数据集回归域样本分布；
（d）盐城数据集回归域样本分布

为了量化不同类别样本的可分性，使用巴氏距离（Bhattacharyya Distance，BD）测量不同类别样本的分布概率。较大的巴氏距离值意味着更大的可分性，较小的巴氏距离值意味着更大的相似性。实验中，分别计算出原始数据空间中

的 **X** 和投影后的特征空间中的 **QX** 对应类别的巴氏距离。以 GF5 黄河口数据集为例，图 4.32 中的统计直方图列出了投影后的特征空间与原始数据空间的类间巴氏距离，ICS-DLSR 变换后的巴氏距离大大增加，这表明投影后的特征空间的可分性比原始数据空间增强。

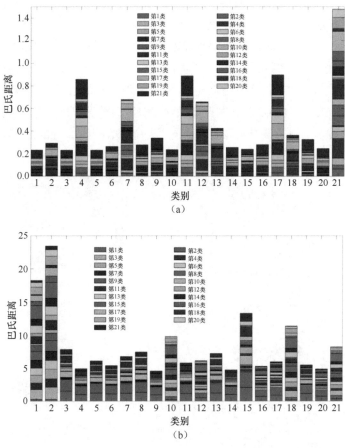

图 4.32 GF5 黄河口数据集类间巴氏距离的统计直方图
（a）原始数据空间；（b）投影后的特征空间

为进一步验证 ICS-DLSR 的分类效果，选取一些先进的基于结构感知学习的分类方法，包括线性回归分类（Linear Regression Classification，LRC）[21]、SRC[22]、CRT[23]，用 KNN 算法对特征变换结果进行分类，比较分类性能。在两研究区域的高光谱和多光谱数据集上进行对比验证，所有算法重复 10 次，OA 平均值见表 4.14。结果表明，在滨海湿地场景中基于 ICS-DLSR 的样本空间变换的分类效果最佳。

表 4.14　基于不同算法的分类效果（OA）对比

算法	OA（黄河口）		OA（盐城）	
	OA（GF5）	OA（Sentinel-2）	OA（GF5）	OA（Sentinel-2）
原始数据	78.03%	68.89%	81.10%	63.29%
LRC	83.37%	73.54%	88.12%	68.79%
SRC	88.54%	76.48%	89.45%	71.29%
CRT	91.37%	81.25%	92.57%	70.23%
ICS-DLSR	91.75%	80.89%	93.15%	72.77%

　　为进一步评估回归对分类的影响，我们使用三种在高光谱图像分类领域成熟应用的算法，即 SVM[24]、基于局部二值模式的极限学习机（Local Binary Patterns and Extreme Learning Machine，LBP-ELM）[25] 以及最近提出的上下文感知 CNN（Contextual Deep CNN，CD-CNN）[26] 对回归前后数据进行分类。所有算法重复执行 10 次后取平均值，在滨海湿地数据集上的实验结果见表 4.15。可以看出，对三种算法来说，回归数据的分类性能始终优于原始数据，进一步证明了 ICS-DLSR 变换对于分类的有效性。其中，对 GF5 高光谱数据集的分类效果的改善程度更明显，这是由于高光谱图像通道数多，基于样本相关性的回归处理在改变样本间距离的同时也改善了信息冗余的问题。

表 4.15　经 ICS-DLSR 变换前后的不同算法的 OA 对比

研究区域	算法	OA（原始数据）		OA（回归数据）	
		OA（GF5）	OA（Sentinel-2）	OA（GF5）	OA（Sentinel-2）
黄河口	SVM	87.19%	81.46%	91.50%	81.93%
	LBP-ELM	91.05%	78.57%	91.56%	79.10%
	CD-CNN	88.54%	76.54%	91.45%	77.29%
盐城	SVM	90.97%	70.88%	92.68%	71.17%
	LBP-ELM	91.27%	68.26%	93.01%	68.88%
	CD-CNN	90.33%	80.89%	93.55%	72.57%

4.4　基于 SPCRGE 的高光谱图像分类

4.4.1　引言

　　从特征设计角度，高光谱图像特征提取通常将高光谱数据从原始高维空间映射到新的低维空间。图嵌入[27]是影响范围很广的特征提取框架。作为统一的框架，图嵌入框架纳入了许多已有的算法，如 PCA、LDA、流形学习方法等。图嵌入框架包含内在图和惩罚图，用来嵌入特定统计或几何信息。基于内在图和惩罚图，构建和求解优化问题，获得相应的低维映射。对于纳入图嵌入框架的算法，它们的区别仅仅在于内在图和惩罚图不同。通过设计不同的内在图和惩罚图，可得到不同的图嵌入算法。具有一定抗噪的非监督保稀疏图嵌入（Sparsity Preserving Graph Embedding，SPGE）[28]和其监督版本——稀疏图判别分析（Sparsity Graph-based Discriminative Analysis，SGDA）[29]算法，通过保稀疏表示关系来学习低维映射。受稀疏表示的启发，Zhang 等人 [30] 提出了协同表示。在计算复杂性方面，协同表示优于稀疏表示，并能获得与稀疏表示相近的判别性能。随后，基于协同表示的协同图判别分析（Collaborative Graph-based Discriminative Analysis，CGDA）和块协同图判别分析（Block Collaborative Graph-based Discriminative Analysis，BCGDA）被提出 [31]。实验表明，CGDA 和 BCGDA 不仅在计算复杂度上优于 SGDA，而且分类性能优于 SGDA。通过结合全局图和局部图，Liu 等人 [32] 提出了一种无监督的保协同和竞争图嵌入（Collaboration-Competition Graph Preserving Embedding，CCPGE）算法，同时保持高光谱数据的全局和局部几何特征，获得能兼顾全局和局部几何特征的低维空间。

上述特征提取算法仅仅利用了光谱信息，无法有效抑制地物成分差异引起的光谱漂移。因此，基于这些算法得到的高光谱图像的分类性能欠佳，无法满足现实的高分类精度要求。为了获得更好的分类性能，有必要利用丰富的空间信息，原因在于空间上的相邻关系可以提供额外的信息，空间相邻像素有比较大的概率属于同一类别，从而提供丰富的同类地物信息。为了嵌入空间信息，人们提出许多空谱联合特征提取算法。比较常见的空谱联合特征提取算法是把以目标像素为中心的图像块作为该像素的原始空谱联合特征，然后再对该图像块进行空谱联合特征提取。一种基于高光谱图像块的空谱联合特征提取策略是将空间信息纳入距离计算或相邻像素选择上，具体策略如：空间相干距离（Spatial Coherence Distance，SCD）[33]、图像块距离（Image Patches Distance，IPD）[34]和空间 - 光谱距离（Spatial-Spectral Combined Distance，SSCD）[35]。另一种基于高光谱图像块的空谱联合特征提取策略是把图像块当成张量，然后利用张量的方法对图像块进行特征提取。通过保张量的稀疏低秩表示，TSLGDA[36]将图像块的稀疏低秩信息嵌入内在图和惩罚图，通过优化求解获得相应的低维映射。除了基于高光谱图像块的空谱联合特征提取算法，还存在基于整张图像的空谱联合特征提取算法，即在整张高光谱图像上进行空谱联合特征提取。例如，OTVCA[11] 利用全变分正则化来学习相应的低维映射。

　　然而，上述空谱联合特征提取算法存在缺陷。第一，一些算法只考虑目标像素的特定邻域，不能完全反映空谱联合特征空间的局部流形；第二，一些算法往往需要一定的假设条件，而这些假设易产生一些缺陷。例如，OTVCA 算法是基于低维空间的平滑假设，然而基于该算法得到的低维特征图往往过度平滑，易覆盖小目标。针对以上问题，可通过建立每一像素的自适应邻域来解决，既要保证获得较好的邻域，使得该邻域内的像素大概率为同一类别，又要保证小目标不被覆盖。这个自适应邻域可以通过生成非重叠的同质区域来实现，而生成同质区域的最有力工具之一是超像素分割。它会将原始图像生成许多的同质区域，即将空间相邻、光谱相似的像素组合成超像素。通过保超像素的几何和统计信息，超像素线性判别分析（Superpixel-based Linear Discriminative Analysis，SPLDA）[37] 在图嵌入框架下构建内在图和惩罚图，并求解相应的优化问题，从而获得相应的低维映射。SuperPCA[38] 结合超像素分割和 PCA，通过执行每一超像素的 PCA，提取相应的局部主成分。然而，它存在一些缺陷。一方面，局部主成分缺乏全局信息。由于不同的超像素包含不同的主投影方向，因而不同的超像素的投影值具有不同的意义。另一方面，在指定主成分的数量后，超像素中的像素数量可能少于主成分数量，这种情况对于小目标比较常见，结果是小目标的主成分数量必须少于指定的主成分数量，这容易导致分类性能下降。

　　针对以上算法存在的问题，面向地物成分差异引起的光谱漂移，本节从特征设计角度提出超像素协同表示图嵌入（Superpixelwise Collaborative-Representation Graph Embedding，SPCRGE）。SPCRGE 首先对原始高光谱图像进行 PCA，并对前三个主成分图像进行超像素分割。然后，通过求解广义的 Sylvester 方程，得到每一像素的拉普拉斯正则化的超像素协同表示（Superpixelwise Collaborative Representation，SPCR），即使用超像素内所有像素来表示该像素，以提取像素共性，减少超像素内的像素差异。最后，在两个原则下得到一个低维空间的全局投影矩阵：一个原则是减少 SPCR 和原始光谱特征之间的差异；另一个是减少超像素内的像素 SPCR 差异，同时增加来自不同超像素的像素 SPCR 差异。通过这种方式，同类像素的差异减小，因此，地物成分差异引起的光谱漂移被抑制。

4.4.2　模型基础

1. 超像素分割

　　超像素分割将图像划分为视觉上不相连的同质区域，其中的每个区域都被称为超像素，每一超像素都包含若干个特征相似且空间相邻的像素。考虑到超像素分割的优点，它已被广泛应用于高光谱图像分类的预处理阶段。两种流行的超像素分割算法是简单线性迭代聚类（Simple Linear Iterative Clustering，SLIC）[37, 39-40]和熵率超像素（Entropy Rate Superpixel，ERS）[38, 41]，均具备计算复杂度低和性能稳定的优点。由于 ERS 在分类上的表现优于 SLIC，本节对其进行简单介绍。当然，也可考虑其他可替代的超像素分割算法。

2. BCGDA 模型

高光谱图像是一个三维张量 $H \in \mathbb{R}^{m \times n \times d}$，$m$ 和 n 分别是图像的高度和宽度，d 是光谱维度。对于高光谱图像的像素级分类，先将三维图像转换为二维矩阵 $X \in \mathbb{R}^{d \times mn}$。在图嵌入框架下，构建了两个图：一个是内在图 $G = \{X, W\}$，另一个是惩罚图 $G^{\mathrm{p}} = \{X, W^{\mathrm{p}}\}$，其中，$W$ 和 W^{p} 是相应的权重矩阵。为了获得线性投影矩阵 $P \in \mathbb{R}^{d \times k} (k \ll d)$，将原始的高维特征 X 映射为低维特征 $P^{\mathrm{T}} X$，构建了如下目标函数：

$$P = \arg \min_{P} \frac{\mathrm{Tr}(P^{\mathrm{T}} X L X^{\mathrm{T}} P)}{\mathrm{Tr}(P^{\mathrm{T}} X L^{\mathrm{p}} X^{\mathrm{T}} P)} \tag{4-23}$$

其中，$L = D - W$ 和 $L^{\mathrm{p}} = D^{\mathrm{p}} - W^{\mathrm{p}}$ 分别是图 G 和图 G^{p} 的拉普拉斯矩阵。D 和 D^{p} 是对角矩阵，分别满足 $D_{ii} = \sum_j W_{ij}$ 和 $D_{ii}^{\mathrm{p}} = \sum_j W_{ij}^{\mathrm{p}}$。这个优化问题可作为广义的特征值分解问题来求解：

$$X L X^{\mathrm{T}} p_i = \lambda_i X L X^{\mathrm{T}} p_i \tag{4-24}$$

其中，λ_i 是第 i 个最小的非零特征值，p_i 是相应的特征向量。通过对前 k 个 $p_i (1 \leqslant i \leqslant k)$ 进行组合，可得到投影矩阵 P。

BCGDA 是在上述图嵌入框架下建立的，主要工作是构建内在图。设类别数量为 C，训练样本数量为 N_L，第 i 类的训练样本数量为 n_i，满足 $\sum_{i=1}^{C} n_i = N_L$。首先，训练样本被记作矩阵 X_i，X_i 中的每个列向量都属于第 i 类样本。然后，通过解优化问题得到协同表示，即用第 i 类中的所有训练样本来表示单个样本 x：

$$\arg \min_{\alpha_i} \| x - X_i \alpha_i \|_2^2 + \lambda \| \alpha_i \|_2^2 \tag{4-25}$$

其中，$X_i \alpha_i$ 是 x 的协同表示，α_i 是相应的协同系数向量，λ 是平衡参数。值得注意的是，在式（4-25）中，X_i 中不含 x。式（4-25）的解是：

$$\alpha_i = (X_i^{\mathrm{T}} X_i + \lambda I_i)^{-1} X_i^{\mathrm{T}} x \tag{4-26}$$

其中，I_i 是一个大小为 $n_i \times n_i$ 的单位矩阵。在确定所有训练样本的 α_i 之后，协同表示（Collaborative Representation，CR）系数矩阵 $\boldsymbol{A}$ 将 $\boldsymbol{\alpha}_i$ 进行组合：

$$\boldsymbol{A} = \begin{bmatrix} \boldsymbol{A}_1 & \cdots & \boldsymbol{0} \\ \vdots & & \vdots \\ \boldsymbol{0} & \cdots & \boldsymbol{A}_C \end{bmatrix} \tag{4-27}$$

其中，$\boldsymbol{A}_i$ 是第 i 类样本中大小为 $n_i \times n_i$ 的 CR 系数矩阵，由第 i 类的所有 $\boldsymbol{\alpha}_i$ 组合而成。内在图的拉普拉斯矩阵 $\boldsymbol{L} = (\boldsymbol{I} - \boldsymbol{A})(\boldsymbol{I} - \boldsymbol{A})^{\mathrm{T}}$，则类内表示误差矩阵可写作：

$$\boldsymbol{S}_w = \boldsymbol{X}\boldsymbol{L}\boldsymbol{X}^{\mathrm{T}} = \sum_{i=1}^{C} \boldsymbol{X}_i(\boldsymbol{I}_i - \boldsymbol{A}_i)(\boldsymbol{I}_i - \boldsymbol{A}_i)^{\mathrm{T}} \boldsymbol{X}_i^{\mathrm{T}} \tag{4-28}$$

惩罚图的拉普拉斯矩阵为 $\boldsymbol{I}$，它是 $N_L \times N_L$ 的单位矩阵。然后，投影矩阵 $\boldsymbol{P}$ 可以通过解式（4-26）得到。BCGDA 具有比大多数方法更好的高光谱图像分类性能 [31]。

4.4.3 SPCRGE 模型

为了抑制地物成分差异引起的光谱漂移，提高高光谱图像分类精度，本节详细介绍 SPCRGE 模型，包括超像素分割和超像素协同表示。

1. 高光谱图像的超像素分割

高光谱图像分类的出发点是光谱信息具有鉴别不同材料的能力，因此高光谱图像分类的主要信息来自光谱信息。但是高光谱极强的鉴别能力存在负面效应：它能有效区分在原子和分子结构上存在差异的同类地物。这种负面效应即地物成分差异引起的光谱漂移。为了更有效抑制光谱漂移，空间信息即空间相邻的相似像素也应被利用，原因在于相邻的相似像素（邻域像素）有很大概率来自同一类别，这些邻域像素可表征同类地物成分差异。许多研究工作通过设定固定的邻域系统，将空间信息纳入高光谱图像分类中，其隐含的假设是邻域像素均是同类像素。然而，邻域像素也包含不同类别像素，这些像素信息的引入不仅不会抑制地物成分差异引起的光谱漂移，反而增加了干扰信息。实际上，同类像素以一种更灵活的方式分布在空间中，并构成同质区域。因此，更有效的方法是通过生成不重叠的同质区域，以得到一个自适应邻域系统。在构建自适应邻域系统的方法中，ERS 分割是一个优异的方法。因此，本节主要使用 ERS 算法对高光谱图像进行超像素分割，获得大概率包含同类像素的同质区域，即超像素。

在执行 ERS 算法之前，首先对高光谱图像执行主成分分析，提取高光谱图像中的主成分，减小 ERS 算法计算复杂度的同时，获得反映主要空间结构信息的特征成分。接着，将前三个主成分堆叠成三通道图像。最后，在设定好超像素个数后，在该三通道图像上执行 ERS 算法，生成高光谱图像的超像素。设超像素的数量为 S，像素总数为 N，第 i 个超像素中的像素数量为 N_i，满足 $\sum_{i=1}^{S} N_i = N$，第 i 个超像素中的像素组成的矩阵为 $\boldsymbol{X}_i$。

2. 超像素协同表示

通过 ERS 算法生成超像素后，通过求解以下优化问题，得到第 i 个超像素的 SPCR 系数矩阵 $\boldsymbol{A}_i$：

$$\arg\min_{\boldsymbol{A}_i} \left\| \boldsymbol{X}_i - \boldsymbol{X}_i \boldsymbol{A}_i \right\|_F^2 + \lambda \left\| \boldsymbol{A}_i \right\|_F^2 + \beta \mathrm{Tr}(\boldsymbol{X}_i \boldsymbol{A}_i \boldsymbol{M}_i \boldsymbol{A}_i^T \boldsymbol{X}_i^T) \tag{4-29}$$

其中，$\boldsymbol{M}_i$ 是第 i 个超像素的图矩阵 $\boldsymbol{W}_i$ 所对应的对称拉普拉斯矩阵，$\boldsymbol{W}_i$ 的 m 行 n 列元素为 $W_{i(mn)} = \exp(-\left\| \boldsymbol{x}_m - \boldsymbol{x}_n \right\|_2^2 / \gamma_m \gamma_n)$，$\gamma_m = \left\| \boldsymbol{x}_m - \boldsymbol{x}_m^{NN} \right\|_2$，$\boldsymbol{x}_m^{NN}$ 是 $\boldsymbol{x}_m$ 在第 i 个超像素中的最近邻像素，λ 和 β 为平衡参数。与 LapCGDA 算法类似，为了保局部流形，Laplacian 正则化被引入优化问题（4-29）中，成为式子最后一项。LapCGDA 使每个像素的 CR 系数符合局部流形，而 SPCRGE 使 SPCR 系数符合局部流形，两者有本质区别。对于优化问题（4-29），可通过解广义的 Sylvester 方程得到相应的解析解。通过将优化问题（4-29）的目标函数相对 $\boldsymbol{A}_i$ 的导数设为零，可得：

$$(\boldsymbol{X}_i^T \boldsymbol{X}_i + \lambda \boldsymbol{I}_i)\boldsymbol{A}_i + \beta \boldsymbol{X}_i^T \boldsymbol{X}_i \boldsymbol{A}_i \boldsymbol{M}_i = \boldsymbol{X}_i^T \boldsymbol{X}_i \tag{4-30}$$

将 $\boldsymbol{X}_i^T \boldsymbol{X}_i$ 和 $\boldsymbol{M}_i$ 分别替换为 $\boldsymbol{Q}_1 \boldsymbol{\Lambda}_1 \boldsymbol{Q}_1^T$ 和 $\boldsymbol{Q}_2 \boldsymbol{\Lambda}_2 \boldsymbol{Q}_2^T$，公式（4-30）变为

$$(\boldsymbol{\Lambda}_1 + \lambda \boldsymbol{I}_i)\boldsymbol{Q}_1^T \boldsymbol{A}_i \boldsymbol{Q}_2 + \beta \boldsymbol{\Lambda}_1 \boldsymbol{Q}_1^T \boldsymbol{A}_i \boldsymbol{Q}_2 \boldsymbol{\Lambda}_2 = \boldsymbol{\Lambda}_1 \boldsymbol{Q}_1^T \boldsymbol{Q}_2 \tag{4-31}$$

这是个广义的 Sylvester 方程，通过求解该方程，我们可以得到：

$$\mathrm{vec}(\boldsymbol{Q}_1^T \boldsymbol{A}_i \boldsymbol{Q}_2) = \frac{\mathrm{vec}(\boldsymbol{\Lambda}_2 \boldsymbol{Q}_1^T \boldsymbol{Q}_2)}{\mathbf{1} \otimes \mathrm{diag}(\boldsymbol{\Lambda}_1 + \lambda \boldsymbol{I}_i) + \beta \mathrm{diag}(\boldsymbol{\Lambda}_2) \otimes \mathrm{diag}(\boldsymbol{\Lambda}_1)} \tag{4-32}$$

其中，$\mathrm{vec}(\cdot)$ 和 $\mathrm{diag}(\cdot)$ 分别为向量化算子和矩阵对角线元素的向量化算子，$\otimes$ 为克朗克积算子，$\mathbf{1}$ 为与 $\mathrm{diag}(\boldsymbol{\Lambda}_1)$ 具有相同维度的全 1 向量。紧接着，将公式（4-32）的结果转化成矩阵后，可以得到相应的 $\boldsymbol{A}_i$。然后，与公式（4-27）类似，SPCR 系数矩阵 $\boldsymbol{A}$ 可写成：

$$\boldsymbol{A} = \begin{bmatrix} \boldsymbol{A}_1 & \cdots & \boldsymbol{0} \\ \vdots & & \vdots \\ \boldsymbol{0} & \cdots & \boldsymbol{A}_S \end{bmatrix} \tag{4-33}$$

其中，$\boldsymbol{A}_i$ 是第 i 个超像素 $(N_i \times N_i)$ 的 SPCR 系数矩阵。SPCRGE 的超像素内表

示误差矩阵可写作：

$$S_w = \sum_{i=1}^{S} X_i (I_i - A_i)(I_i - A_i)^\mathrm{T} X_i^\mathrm{T}$$

$$= \sum_{i=1}^{S} (X_i - Y_i)(X_i - Y_i)^\mathrm{T}$$

（4-34）

其中，I_i 为 $N_i \times N_i$ 的单位矩阵，相应的 SPCR 为 $X_i A_i (Y_i)$。除了 SPCRGE 中多加的 Laplacian 正则化，SPCRGE 的表示误差矩阵与 BCGDA 的相似。唯一的区别是前者是超像素依赖性的，后者是类别依赖性的。BCGDA 中的投影矩阵计算是基于原始光谱特征 X，SPCRGE 中的投影矩阵计算是基于 SPCR。因此，SPCRGE 和 BCGDA 的表示误差矩阵的物理含义是不同的。在 BCGDA 中，投影矩阵可保协同表示关系。在 SPCRGE 中，投影矩阵是为了减小 SPCR 和原始光谱特征之间的差异。与类间散射矩阵相似，SPCRGE 的超像素间散射矩阵被定义为：

$$S_b = \sum_{i=1}^{S} N_i (\bar{Y}_i - \bar{Y})(\bar{Y}_i - \bar{Y})^\mathrm{T}$$

（4-35）

其中，$\bar{Y}_i$ 和 $\bar{Y}$ 分别为第 i 个超像素中像素的 SPCR 和所有像素的 SPCR 的平均值。然后，通过解优化问题得到投影矩阵：

$$P = \arg\min_{P} \frac{\mathrm{Tr}(P^\mathrm{T} S_w P)}{\mathrm{Tr}(P^\mathrm{T} S_b P)}$$

（4-36）

4.4.4　实验内容及结果分析

本节将 SPCRGE 算法用在几组高光谱数据集上，以验证其分类性能。首先，介绍了不同的城市高光谱数据集，包括 PaviaU、MUUFL、Houston2013 和 Houston2018 数据集。然后，基于经典的 SVM 分类器，探讨了超像素数量 S、平衡参数 λ 和 β 以及 SPCRGE 的低维空间维度对数据集的影响。最后，基于 SVM 分类器，在高光谱数据集上进行了实验。具体算法有传统的 PCA、LDA 以及其他先进算法 CCPGE[32]、BCGDA[31]、OTVCA[11]、SPLDA[37]、SuperPCA[38] 和 TSLGDA[36]。在这些算法中，PCA、CCPGE、OTVCA、SPLDA、SuperPCA 和 SPCRGE 是无监督的，没有使用任何标签信息，而 LDA、BCGDA 和 TSLGDA 是有监督的，用到了训练样本的标签信息。此外，PCA、LDA、CCPGE、BCGDA 不使用任何空间信息，而 TSLGDA、OTVCA、SPLDA、SuperPCA 和 SPCRGE 利用了空间信息。

1.　实验数据

第一个城市高光谱数据集为 PaviaU，利用 ROSIS 传感器在意大利的帕维亚大学的上空获得。在舍弃一些无意义的像素和波段后，图像大小为 610 像素 ×340 像素，包括 103 个光谱波段，空间分辨率为 1.3m，波长范围为 430 ~ 860μm。它包含 9 个类别，其中有 4 个自然类别和 5 个人工类别，类别名称、训练样本和测试样本的数量列于表 4.16。

表 4.16　PaviaU 数据集的类别名称以及相应的训练样本和测试样本数量（单位：个）

类别序号	类别名称	训练样本数量	测试样本数量
1	加工沥青	30	6601
2	草地	30	18 619
3	砾石	30	2069
4	树木	30	3034
5	涂漆金属板	30	1315
6	裸土	30	4999
7	天然沥青	30	1300
8	自锁砖	30	3652
9	阴影	30	917
总计		270	42 506

第二个城市高光谱数据集为 MUUFL，利用 CASI-1500 传感器在美国的南密西西比大学上空获得。图像大小为 35 像素 ×220 像素，共包括 64 个光谱波段，空间分辨率为 0.54m，波长范围为 380 ~ 1050μm。它包含 11 个类别，其中有 5 个自然类别和 6 个人工类别，类别名称、训练样本和测试样本的数量列于表 4.17。

表 4.17　MUUFL 数据集的类别名称以及相应的训练样本和测试样本数量（单位：个）

类别序号	类别名称	训练样本数量	测试样本数量
1	树木	150	23 096
2	草地	150	4120
3	混合地面	150	6732
4	泥沙	150	1676
5	道路	150	6537
6	水域	150	316
7	建筑阴影	150	2083
8	建筑	150	6090
9	人行道	150	1235
10	黄色路缘	150	33

续表

类别序号	类别名称	训练样本数量	测试样本数量
11	布制面板	150	119
总计		1650	52 037

　　第三个城市高光谱数据集为 Houston2013，利用 CASI-1500 传感器在美国的休斯敦大学的校园和邻近地区收集。图像大小为 349 像素 ×1905 像素，共 144 个光谱波段，空间分辨率为 2.5m，波长范围为 380 ～ 1050μm。它包含 15 个类别，其中有 5 个自然类别和 10 个人工类别，类别名称、训练样本和测试样本的数量列于表 4.18。

表 4.18　Houston2013 数据集的类别名称以及相应的训练样本和测试样本数量（单位：个）

类别序号	类别名称	训练样本数量	测试样本数量
1	健康草地	198	1053
2	受压草地	190	1064
3	人工合成草地	192	505
4	树木	188	1056
5	土壤	186	1056
6	水域	182	143
7	住宅区	196	1072
8	商业区	191	1053
9	道路	193	1059
10	高速公路	191	1036
11	铁路	181	1054
12	停车场 1	192	1041
13	停车场 2	184	285
14	网球场	181	247
15	跑道	187	473
总计		2832	12 197

　　第四个城市高光谱数据集为 Houston2018，利用 ITRES CASI-1500 传感器在美国的休斯敦大学校园上空拍摄得到。图像大小为 601 像素 ×2384 像素，包含 48 个光谱波段，空间分辨率为 1m，波长范围为 380 ～ 1050μm。它包含 20 个类别，其中有 6 个自然类别和 14 个人工类别，类别名称、训练样本和测试样本的数量列于表 4.19。

表 4.19 Houston2018 数据集的类别名称以及相应的训练样本和测试样本数量（单位：个）

类别序号	类别名称	训练样本数量	测试样本数量
1	健康草地	300	9799
2	受压草地	300	32 502
3	人工合成草地	300	684
4	常绿树	300	13 595
5	落叶树	300	5021
6	裸土	300	4516
7	水域	133	266
8	住宅建筑	300	39 772
9	非住宅建筑	300	223 752
10	道路	300	45 866
11	人行道	300	34 029
12	斑马线	300	1518
13	主干道	300	46 348
14	高速公路	300	9865
15	铁路	300	6937
16	铺装停车场	300	11 500
17	未铺装停车场	68	146
18	汽车	300	6547
19	火车	300	5369
20	体育馆座位	300	6824
总计		5601	504 856

2. 参数优化

SPCRGE 的分类性能与 4 个参数有关，即超像素数量 S、平衡参数 λ 和 β 以及低维空间维度大小。对 S 进行调节之前，有一条准则：超像素的最佳数量选择与场景的复杂性有关，场景越复杂，超像素的个数越多。原因在于越复杂的场景越容易包含很多小目标，为了保证小目标的提取，需要设置较大的超像素个数。基于超像素数量选择准则，对于 PaviaU 和 MUUFL 数据集，超像素的个数被设定为 50～1000，间隔为 50；对于 Houston2013 和 Houston2018 数据集，超像素的个数被设定在 1000～10 000，间隔为 1000。图 4.33 给出了 SPCRGE 的 OA 与超像素数量的关系。PaviaU、MUUFL 和 Houston2018 数据

集中的分类结果是 20 次实验的平均值。可以看出，在 MUUFL 和 Houston2013
数据集上，随 S 增多，OA 先增加后减小，但在 PaviaU 和 Houston2018 数据集上，
OA 随着超像素个数的增加产生振荡。

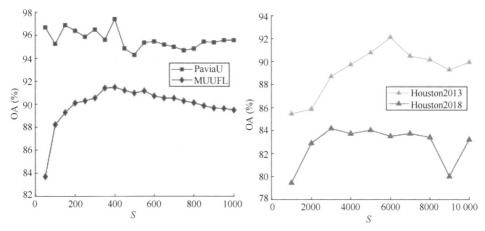

图 4.33　SPCRGE 在不同城市高光谱数据集上的 OA 与 S 的关系曲线

PaviaU、MUUFL、Houston2013 和 Houston2018 数据集的最佳超像素个数分
别为 400、400、6000 和 3000。与 PaviaU 和 MUUFL 数据集相比，Houston2013
和 Houston2018 数据集的最佳超像素个数更大。这是因为 Houston2013 和
Houston2018 数据集由更多的像素构成，而且更加复杂。

为了方便计算，对单个数据集中的所有超像素，λ 和 β 取相同的值。对于
所有数据集，参数 λ 从集合 {0.1, 0.5, 1, 2, 5, 10, 50} 中选择，另一个参数 β 从
集合 {0, 0.1, 0.5, 1, 5, 10, 50} 中选择。图 4.34 给出了 SPCRGE 在不同城市高光
谱数据集上的 OA 与 λ 和 β 的关系。对于 PaviaU 数据集，最佳分类结果出现
在 $\lambda>5$ 或 $\beta>5$ 的范围内。对于 MUUFL 数据集，最佳分类结果出现在 $\lambda>5$ 的范
围内，并且与参数 β 关系不大。然而，对于 Houston2013 和 Houston2018 数据
集，可接受的 λ 和 β 的范围很大，最佳分类结果分别出现在 $\lambda=2$ 和 $\beta=0$，以及
$\lambda=10$ 和 $\beta=0.5$ 时。在对最优参数 λ 和 β 进行微调后，4 个数据集的最优参数组
合为 {5, 10}，{10, 10}，{1.9, 0} 和 {50, 0.5}，这些参数值被用于后面的实验。

图 4.35 描述了不同算法在不同城市高光谱数据集上的 OA 随低维空间维度的
变化。随着低维空间维度的增加，除了 LDA 之外，所有算法的 OA 先增加，然后
趋于平稳。特别地，SPCRGE 在所有数据集上的 OA 在低维空间维度很小时，就
趋于平稳，并且分类表现优于其他算法。这意味着 SPCRGE 可以在极低维空间维
度中获得足够多的鉴别性特征。此外，在 PaviaU 和 Houston2013 数据集上，在低

维空间维度为 30 时，基于所有算法都能得到可接受的分类结果，在 MUUFL 数据集中为 15，在 Houston2018 数据集中为 10。这些参数被用于后续实验。

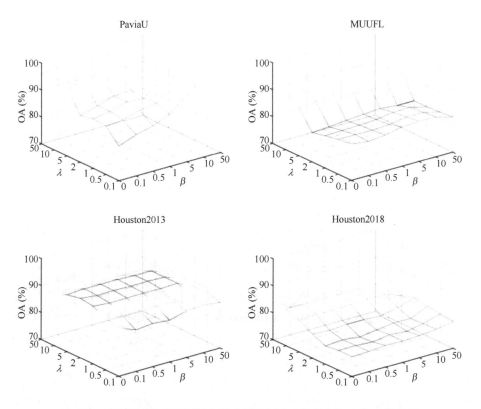

图 4.34　SPCRGE 在不同城市高光谱数据集上的 OA 与 λ 和 β 的关系

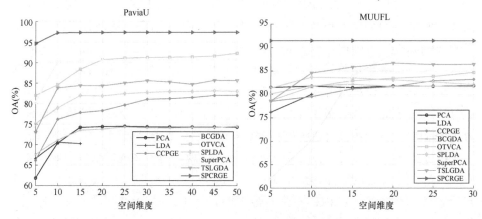

图 4.35　不同算法在不同城市高光谱数据集上的 OA 与
低维空间维度的关系曲线

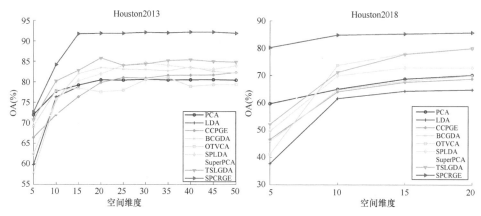

图 4.35　不同算法在不同城市高光谱数据集上的 OA 与
低维空间维度的关系曲线（续）

3. 分类表现

为了验证 SPCRGE 的有效性，进行了 4 组实验，并与其他算法进行了比较。不同算法在 PaviaU、MUUFL、Houston2013 和 Houston2018 数据集上的分类表现分别列于表 4.20 ～表 4.23。没有进行特征提取的分类结果也被列出，作为基准结果。在 PaviaU、MUUFL 和 Houston2018 数据集的实验中，训练样本是随机选择的，实验结果是 20 次实验的平均值。对于 Houston2013 数据集，训练样本是固定的。对于 PaviaU 和 Houston2013 数据集，低维空间维度固定为 30，MUUFL 中为 15，Houston2018 中为 10。LDA 算法的低维空间维度等于类别数量减一，其在 PaviaU 数据集中为 8，MUUFL 数据集中为 10，Houston2013 数据集中为 14，Houston2018 数据集中为 19。

在表 4.20 ～表 4.23 中，对于 4 个数据集的实验，无论是有监督还是无监督的，空谱联合特征提取算法普遍优于纯光谱特征提取算法，原因在于空间信息的利用有助于抑制地物成分差异引起的光谱漂移。对于纯光谱特征提取算法，CCPGE 和 BCGDA 优于 PCA 和 LDA。LDA 在所有实验中表现最差，除了在 Houston2018 数据集中，因为其低维空间维度可以达到 19。对于空谱联合特征提取算法，OTVCA 在 PaviaU 和 MUUFL 数据集上的表现优于 SPLDA、TSLGDA 和 SuperPCA，而 TSLGDA 和 SPLDA 在 Houston2013 数据集上的表现优于 SuperPCA 和 OTVCA。可能的原因是，TSLGDA 是一个基于张量的空谱联合特征提取算法，并且借助了 Houston2013 数据集中相对充足的训练样本的标签信息。然而，在训练样本有限的情况下，PaviaU 和 MUUFL 数据集的标签信息数量可能无法与图像整体的空间信息相比较。因此，TSLGDA 的表现较差。这一结论也由 SPCRGE 的分类结果所支撑，因为它在所有数据集上的分类表现都要优于其他算法。

表 4.20　不同算法在 PaviaU 数据集上的分类精度（单位：%）

算法	CA-1	CA-2	CA-3	CA-4	CA-5	CA-6	CA-7	CA-8	CA-9	OA	AA	Kappa 系数
原始	70.35	65.40	74.03	95.35	99.32	70.75	86.62	75.12	96.27	72.56	81.47	65.70
PCA	74.41	68.31	81.83	89.39	99.70	79.56	91.54	59.58	99.78	74.35	82.68	67.72
LDA	59.26	70.01	60.45	88.85	98.02	65.24	58.19	51.88	98.47	68.22	72.26	59.91
CCPGE	76.75	82.99	75.74	94.76	98.17	76.94	79.85	65.91	99.99	81.07	83.46	75.00
BCGDA	70.38	70.25	68.92	94.98	98.86	73.31	86.74	73.05	99.80	74.60	81.81	67.92
OTVCA	89.91	88.78	93.74	91.93	98.62	96.45	97.68	91.00	95.91	91.25	93.78	89.00
SPLDA	77.44	81.16	74.35	91.39	98.48	81.04	90.52	70.19	99.99	81.25	84.95	75.90
SuperPCA	90.44	91.16	93.18	72.96	95.05	91.35	99.22	96.06	99.80	90.84	92.14	88.06
TSLGDA	78.71	86.74	83.01	92.30	99.96	86.21	95.98	72.79	95.54	85.27	87.58	80.85
SPCRGE	94.88	98.25	99.05	96.25	99.11	97.75	98.73	99.03	96.86	97.64	97.77	97.00

表 4.21　不同算法在 MUUFL 数据集上的分类精度（单位：%）

算法	CA-1	CA-2	CA-3	CA-4	CA-5	CA-6	CA-7	CA-8	CA-9	CA-10	CA-11	OA	AA	Kappa 系数
原始	83.84	83.78	69.84	85.78	84.59	93.58	79.98	82.61	73.73	96.21	98.66	81.74	84.78	76.43
PCA	82.61	83.05	69.15	85.43	87.59	94.67	88.90	80.47	70.88	96.06	98.24	81.46	85.19	76.16
LDA	84.14	80.28	72.08	85.46	76.55	91.84	81.71	75.50	70.40	98.18	98.19	80.02	83.12	74.19
CCPGE	85.92	77.67	72.67	86.28	87.12	94.30	85.21	83.04	78.54	93.94	98.32	83.26	85.73	78.27
BCGDA	83.81	81.88	72.94	88.22	87.72	94.79	88.93	79.09	74.32	98.18	98.45	82.42	86.21	77.32
OTVCA	87.05	89.91	79.29	92.71	88.68	99.26	91.84	88.22	65.64	89.85	97.39	86.58	88.17	82.59
SPLDA	85.43	85.07	71.86	89.45	85.98	96.63	81.91	84.75	77.70	98.03	99.20	83.55	86.91	78.69
SuperPCA	78.28	91.77	88.38	95.11	86.96	97.58	90.14	86.33	82.53	94.39	96.26	83.97	89.79	79.33
TSLGDA	87.63	81.69	74.89	91.72	82.02	99.73	88.98	92.19	69.07	90.30	99.16	85.19	87.03	80.78
SPCRGE	94.35	91.80	87.27	95.49	92.35	94.78	88.92	87.45	79.94	89.70	97.06	91.66	90.83	88.84

表 4.22　不同算法在 Houston2013 数据集上的分类精度（单位：%）

算法	CA-1	CA-2	CA-3	CA-4	CA-5	CA-6	CA-7	CA-8	CA-9	CA-10	CA-11	CA-12	CA-13	CA-14	CA-15	OA	AA	Kappa系数
原始	83.10	82.52	99.60	97.63	98.77	99.30	89.27	64.67	66.67	56.56	74.76	79.15	75.44	99.60	97.67	81.47	84.31	79.92
PCA	83.10	83.65	99.60	97.54	99.15	99.30	85.07	45.39	72.80	56.95	80.46	79.44	75.09	99.60	98.10	80.65	83.68	79.06
LDA	81.77	95.96	100.00	97.06	98.11	98.60	79.20	64.10	67.61	72.20	55.41	53.31	64.56	99.19	98.31	78.79	81.69	76.98
CCPGE	81.39	83.27	100.00	90.25	98.39	95.80	76.31	54.32	69.41	69.69	92.50	74.06	68.07	98.38	98.31	80.94	83.34	79.31
BCGDA	82.81	92.67	100.00	98.58	99.34	99.30	81.72	63.82	67.61	74.32	74.00	76.66	74.04	99.60	98.73	83.06	85.55	81.62
OTVCA	80.72	79.04	99.21	84.75	98.20	94.41	89.93	49.76	85.08	67.37	74.10	80.02	58.25	100.00	97.25	80.62	82.54	79.13
SPLDA	83.00	82.71	99.80	92.14	99.34	99.30	84.42	80.06	76.58	70.37	80.27	81.75	73.33	99.60	98.73	84.68	86.76	83.38
SuperPCA	80.91	67.67	100.00	49.43	99.91	79.02	52.43	85.85	47.03	61.78	74.10	85.40	57.19	100.00	100.00	73.17	76.05	70.89
TSLGDA	83.10	95.21	100.00	96.31	100.00	99.30	86.47	92.50	76.86	38.03	74.00	84.73	79.65	100.00	93.23	84.40	86.63	83.00
SPCRGE	83.10	81.02	100.00	98.01	100.00	97.90	92.63	80.72	88.57	99.61	94.97	97.89	75.44	98.38	100.00	92.13	92.55	91.45

表 4.23　不同算法在 Houston2018 数据集上的分类精度（单位：%）

算法	CA-1	CA-2	CA-3	CA-4	CA-5	CA-6	CA-7	CA-8	CA-9	CA-10	CA-11	CA-12	CA-13	CA-14	CA-15	CA-16	CA-17	CA-18	CA-19	CA-20	OA	AA	Kappa系数
原始	99.47	94.10	100.00	96.95	91.22	98.29	99.29	75.77	68.48	42.69	57.01	65.01	48.43	83.33	96.26	90.68	99.45	84.09	92.50	97.19	69.69	84.01	63.32
PCA	98.98	93.07	100.00	95.61	87.69	97.84	99.32	70.88	62.68	39.09	53.36	59.87	46.45	83.24	95.86	89.22	98.70	79.40	88.82	96.11	65.66	81.81	59.02
LDA	96.84	90.49	100.00	96.84	89.43	97.46	99.29	71.57	62.41	37.42	49.10	53.95	37.43	77.66	86.64	84.06	85.34	79.08	83.71	93.94	63.70	78.63	56.73
CCPGE	97.75	91.45	100.00	96.61	86.58	97.19	99.66	71.96	58.86	35.42	52.04	57.10	38.65	82.45	93.91	88.26	97.60	79.52	84.80	93.51	62.64	80.17	55.86
BCGDA	97.60	92.16	100.00	96.63	89.37	96.95	99.44	72.46	59.04	35.70	52.27	57.81	38.10	81.46	93.03	87.20	98.01	79.45	86.84	94.16	62.80	80.38	56.02
OTVCA	87.49	77.84	99.90	95.65	81.63	99.90	99.55	87.63	82.53	39.69	39.69	60.34	49.06	92.62	86.99	50.87	100.00	80.51	89.45	99.93	73.17	80.07	66.54
SPLDA	95.84	88.84	100.00	94.83	88.36	97.19	99.85	74.12	69.52	38.44	51.53	70.28	48.36	85.15	92.55	89.08	96.10	93.11	89.51	96.76	68.66	82.47	62.03
SuperPCA	88.57	87.90	100.00	96.24	95.61	99.96	99.17	88.47	75.32	57.30	51.32	91.95	72.26	98.12	93.96	96.78	100.00	89.83	98.25	99.97	76.81	89.05	71.29
TSLGDA	92.56	85.54	100.00	96.94	88.68	99.30	99.81	81.62	71.60	37.10	46.02	60.89	49.61	81.40	95.49	89.74	93.90	90.35	95.62	99.73	69.76	82.80	63.18
SPCRGE	90.20	87.01	100.00	95.28	94.99	99.92	99.40	93.93	89.29	61.76	58.18	92.58	71.25	96.99	99.40	90.11	100.00	80.53	95.53	99.97	84.02	89.82	79.67

为了直观地呈现 SPCRGE 的分类效果，将 SPCRGE 以及其他对比算法在 PaviaU、MUUFL、Houston2013 和 Houston2018 数据集中的分类效果图分别展示于图 4.36 ～图 4.39。从图中可以看出，SPCRGE 能生成最准确和空间最平滑的分类效果图，被错误标记的像素较少，这与表 4.20 ～表 4.23 中的结果一致。

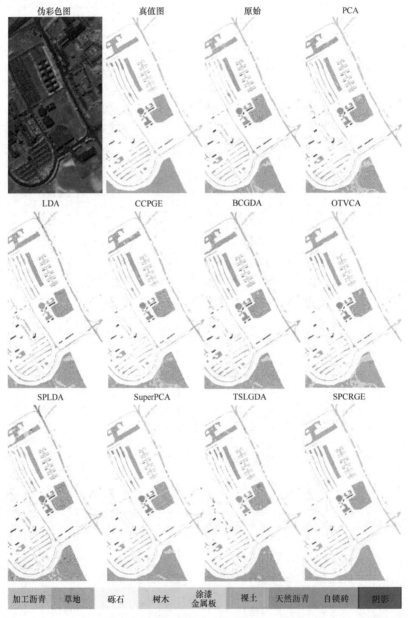

图 4.36　PaviaU 数据集的伪彩色图、真值图以及基于不同算法得到的分类效果图

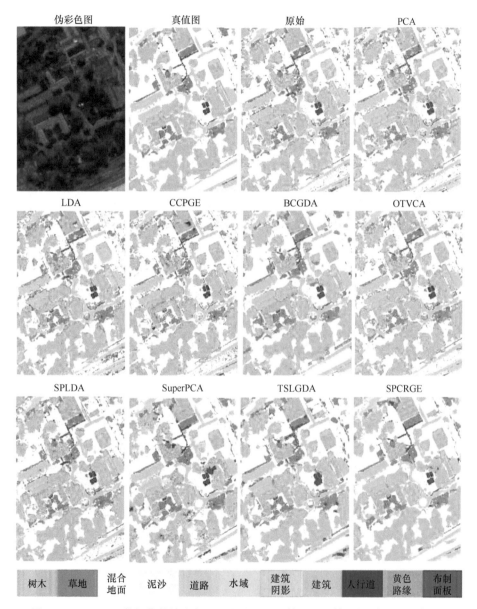

图 4.37　MUUFL 数据集的伪彩色图、真值图以及基于不同算法得到的分类效果图

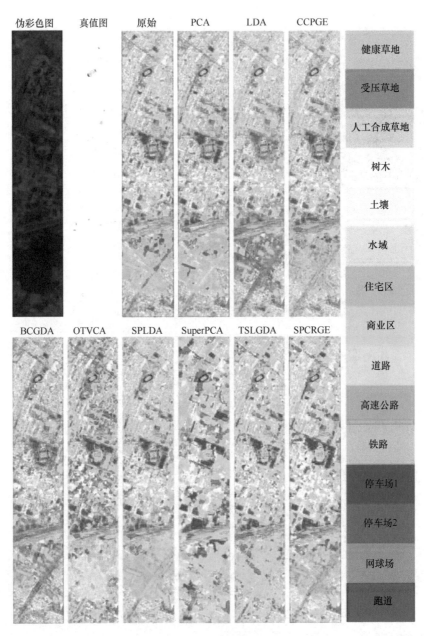

图 4.38　Houston2013 数据集的伪彩色图、真值图以及基于不同算法得到的分类效果图

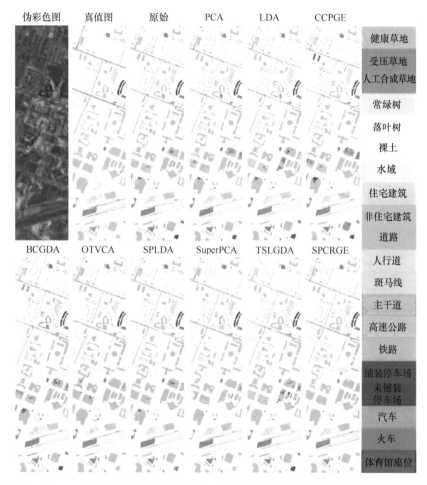

伪彩色图　真值图　原始　PCA　LDA　CCPGE

健康草地
受压草地
人工合成草地
常绿树
落叶树
裸土
水域
住宅建筑
非住宅建筑
道路
人行道
斑马线
主干道
高速公路
铁路
铺装停车场
未铺装停车场
汽车
火车
体育馆座位

BCGDA　OTVCA　SPLDA　SuperPCA　TSLGDA　SPCRGE

图 4.39　Houston2018 数据集的伪彩色图、真值图以及基于不同算法得到的分类效果图

图 4.40 展示了随着训练比例的增加，SPCRGE 算法在 PaviaU、MUUFL 和 Houston2018 数据集上的 OA 变化。训练比例表示所选训练样本数量占所有带标签样本数量的比例。在 PaviaU 和 Houston2018 数据集上，训练比例为 0.5% ～ 5%，在 MUUFL 数据集上为 1% ～ 10%。从结果看，SPCRGE 的总体分类精度（OA）总是高于其他算法：在 PaviaU 数据集上，当训练比例达到 2.5%，OA 达到 99% 以上；在 MUUFL 数据集上，当训练比例达到 9%，OA 达到 95% 以上；在 Houston2018 数据集上，当训练比例达到 3.5%，OA 超过 93%。总体上讲，SPCRGE 的分类表现一直优于其他算法。

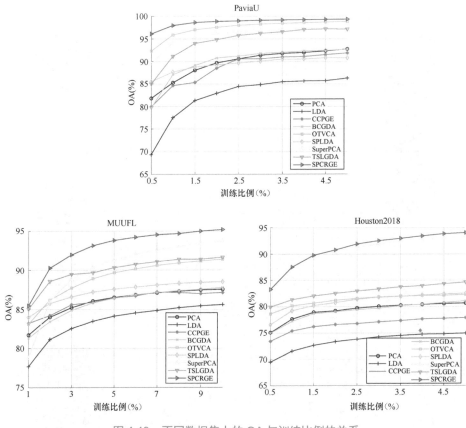

图 4.40　不同数据集上的 OA 与训练比例的关系

　　为了说明 SPCR 和 SPCRGE 对地物成分差异引起的光谱漂移的抑制作用，我们利用原始光谱、SPCR 和 SPCRGE 所提取的特征计算了 PaviaU、MUUFL、Houston2013 和 Houston2018 数据集中的平均超像素相似性和平均同类相似性，结果列于表 4.24。对于平均超像素相似性，首先计算超像素内所有像素与平均像素的夹角余弦值，然后对所有像素的夹角余弦值取平均；对于平均同类相似性，首先计算类内所有像素与平均像素的夹角余弦值，然后对所有像素的夹角余弦值取平均。从表 4.24 可知，经过 SPCR 后，数据集的平均超像素相似性和平均同类相似性都明显提高，表明 SPCR 能减小类内差异，抑制地物成分差异引起的光谱漂移。基于 SPCRGE 的平均超像素相似性和平均同类相似性在所有数据集上均为最高。尤其在 Houston2013 数据集上，基于 SPCRGE 的平均同类相似性为 0.9730，与基于 SPCR 的相比，提高了 0.0229。这表明在 SPCR 的基础上，增大不同超像素的像素 SPCR 差异和减小超像素内的像素 SPCR 差异，可以进一步抑制地物成分差异引起的光谱漂移。

　　关于 SPCRGE 的计算复杂性，表 4.25 展示了几种算法在 PaviaU 数据集上的计算时间。其中，SPLDA、SuperPCA 和 SPCRGE 包含超像素分割的计算时间。如表 4.25 所示，尽管 LDA 的分类性能较差，但它是所有算法中计算速度最快的。SPCRGE 的计算时间为 56.75s，考虑到其分类性能，这是可以接受的。SPCRGE 的计算负担主要在于 SPCR 的计算。OTVCA 和 TSLGDA 是两个计算速度最慢的算法。OTVCA 主要的计算负担在于总变分最小化的计算步骤，TSLGDA 主要的计算负担在于稀疏和低秩表示的计算步骤。

表 4.24　不同数据集中的平均超像素相似性和平均同类相似性

算法	PaviaU		MUUFL		Houston2013		Houston2018	
	平均超像素相似性	平均同类相似性	平均超像素相似性	平均同类相似性	平均超像素相似性	平均同类相似性	平均超像素相似性	平均同类相似性
原始光谱	0.9834	0.9913	0.9899	0.9891	0.9708	0.9422	0.9940	0.9909
SPCR	0.9942	0.9946	0.9995	0.9939	0.9791	0.9501	0.9974	0.9924
SPCRGE	0.9994	0.9990	0.9996	0.9942	0.9812	0.9730	0.9984	0.9956

表 4.25　不同算法在 PaviaU 数据集上的计算时间（单位：s）

算法	计算时间
PCA	1.84
LDA	0.11
CCPGE	72
BCGDA	0.6
OTVCA	2719
SPLDA	9.02
SuperPCA	3.65
TSLGDA	214
SPCRGE	56.75

参考文献

[1]　BANDOS T V, BRUZZONE L, CAMPS VALLS G. Classification of hyperspectral images with regularized linear discriminant analysis[J]. IEEE Transactions on Geoscience and Remote Sensing, 2009, 47 (3): 862-873.

[2]　SUN X, QU Q, NASRABADI N M, et al. Structured priors for sparse-representation-based

hyperspectral image classification[J]. IEEE Geoscience and Remote Sensing Letters, 2014, 11(7): 1235-1239.

[3]   SUN X, NASRABADI N M, TRAN T D. Task-driven dictionary learning for hyperspectral image classification with structured sparsity constraints[J]. IEEE Transactions on Geoscience and Remote Sensing, 2015, 53(8): 4457-4471.

[4]   HAO S, WANG W, YAN Y, et al. Class-wise dictionary learning for hyperspectral image classification[J]. Neurocomputing, 2016, 220(12): 121-129.

[5]   DO M N. Fast approximation of Kullback-Leibler distance for dependence trees and hidden Markov models[J]. IEEE Signal Processing Letters, 2003, 10(4): 115-118.

[6]   CUI M, PRASAD S. Class-dependent sparse representation classifier for robust hyperspectral image classification[J]. Geoscience and Remote Sensing, 2015, 53(5): 2683-2695.

[7]   DEBES C, MERENTITIS A, HEREMANS R, et al. Hyperspectral and LiDAR data fusion: outcome of the 2013 GRSS data fusion contest[J]. IEEE Journal of Selected Topics in Applied Earth Observations and Remote Sensing, 2014, 7(6): 2405-2418.

[8]   VILLA A, BENEDIKTSSON J A, CHANUSSOT J, et al. Hyperspectral image classification with independent component discriminant analysis[J]. IEEE Transactions on Geoscience and Remote Sensing, 2011, 49(12): 4865-4876.

[9]   ZHOU J, ZHANG B, ZENG S, et al. Joint discriminative latent subspace learning for image classification[J]. IEEE Transactions on Circuits and Systems for Video Technology, 2021, 32(7): 4653-4666.

[10] RASTI B, GHAMISI P, ULFARSSON M O. Hyperspectral feature extraction using sparse and smooth low-rank analysis[J]. Remote Sensing, 2019, 11(2): 121.

[11] RASTI B, ULFARSSON M O, SVEINSSON J R. Hyperspectral feature extraction using total variation component analysis[J]. IEEE Transactions on Geoscience and Remote Sensing, 2016, 54 (12): 6976-6985.

[12] FANG X, TENG S, LAI Z, et al. Robust latent subspace learning for image classification[J]. IEEE Transactions on Neural Networks and Learning Systems, 2017, 29(6): 2502-2515.

[13] ZHANG Z, SHAO L, XU Y, et al. Marginal representation learning with graph structure self-adaptation[J]. IEEE Transactions on Neural Networks and Learning Systems, 2018, 29(10): 4645-4659.

[14] 韦玮, 李增元, 谭炳香. 高光谱遥感技术在湿地研究中的应用 [J]. 世界林业研究, 2010, 23(3): 18-23.

[15] 肖艳芳, 周德民, 宫辉力, 等. 冠层反射光谱对植被理化参数的全局敏感性分析 [J]. 遥感

学报, 2015, 19(3): 368-374.

[16] 张宇翔. 基于结构感知学习的高光谱图像分类 [D]. 北京：北京化工大学 , 2020.

[17] SHAO C, SONG X, YANG X, et al. Extended minimum-squared error algorithm for robust face recognition via auxiliary mirror samples[J]. Soft Computing, 2016, 20(8): 3177-3187.

[18] XIANG S, NIE F, MENG G, et al. Discriminative least squares regression for multiclass classification and feature selection[J]. IEEE Transactions On Neural Networks and Learning Systems, 2012, 23(11): 1738-1754.

[19] ZHANG X Y, WANG L, XIANG S, et al. Retargeted least squares regression algorithm[J]. IEEE Transactions on Neural Networks and Learning Systems, 2015, 26(9): 2206.

[20] WEN J, XU Y, LI Z, et al. Inter-class sparsity based discriminative least square regression[J]. Neural Networks, 2018, 102: 36-47.

[21] NASEEM I, TOGNERI R, BENNAMOUN M. Linear regression for face recognition[J]. IEEE Transactions on Pattern Analysis and Machine Intelligence, 2010, 32(11): 2106-2112.

[22] KUO B C, LI C H, YANG J M. Kernel nonparametric weighted feature extraction for hyperspectral image classification[J]. IEEE Transactions on Geoscience and Remote Sensing, 2009, 47(4): 1139-1155.

[23] LI W, DU Q, XIONG M. Kernel collaborative representation with Tikhonov regularization for hyperspectral image classification[J]. IEEE Geoscience and Remote Sensing Letters, 2015, 12(1): 48-52.

[24] DONOHO D L. Compressed sensing[J]. IEEE Transactions on Information Theory, 2006, 52(4): 1289-1306.

[25] LI W, CHEN C, SU H, et al. Local binary patterns and extreme learning machine for hyperspectral imagery classification[J]. IEEE Transactions on Geoscience and Remote Sensing, 2015, 53(7): 3681-3693.

[26] LEE H, KWON H . Going deeper with contextual CNN for hyperspectral image classification[J]. IEEE Transactions on Image Processing, 2017, 26(10): 4843-4855.

[27] YAN S, XU D, ZHANG B, et al. Graph embedding and extensions: a general framework for dimensionality reduction[J]. IEEE Transactions on Pattern Analysis and Machine Intelligence, 2007, 29 (1): 40-51.

[28] CHENG B, YANG J, YAN S, et al. Learning with l1-graph for image analysis[J]. IEEE Transactions on Image Processing, 2010, 19 (4): 858-866.

[29] LY N H, DU Q, FOWLER J E. Sparse graph-based discriminant analysis for hyperspectral imagery[J]. IEEE Transactions on Geoscience and Remote Sensing, 2014, 52 (7): 3872-3884.

[30] ZHANG L, YANG M, FENG X. Sparse representation or collaborative representation: which helps face recognition [C]// International Conference on Computer Vision. Piscataway, USA: IEEE, 2011, 35(7): 471-478.

[31] LY N H, DU Q, FOWLER J E. Collaborative graph-based discriminant analysis for hyperspectral imagery[J]. IEEE Journal of Selected Topics in Applied Earth Observations and Remote Sensing, 2014,7 (6): 2688-2696.

[32] LIU N, LI W, DU Q. Unsupervised feature extraction for hyperspectral imagery using collaboration competition graph[J]. IEEE Journal of Selected Topics in Signal Processing, 2018, 12 (6): 1491-1503.

[33] MOHAN A, SAPIRO G, BOSCh E. Spatially coherent nonlinear dimensionality reduction and segmentation of hyperspectral images[J]. IEEE Geoscience and Remote Sensing Letters, 2007, 4 (2): 206-210.

[34] PU H, CHEN Z, WANG B, et al. A novel spatial-spectral similarity measure for dimensionality reduction and classification of hyperspectral imagery[J]. IEEE Transactions on Geoscience and Remote Sensing, 2014, 52 (11): 7008-7022.

[35] HUANG H, SHI G, HE H, et al. Dimensionality reduction of hyperspectral imagery based on spatial-spectral manifold learning [J]. IEEE Transactions on Cybernetics, 2019, 50 (6): 2604-2616.

[36] PAN L, LI H-C, DENG Y-J, et al. Hyperspectral dimensionality reduction by tensor sparse and low rank graph-based discriminant analysis[J]. Remote Sensing, 2017, 9 (5): 452.

[37] XU H, ZHANG H, HE W, et al. Superpixel-based spatial-spectral dimension reduction for hyperspectral imagery classification[J]. Neurocomputing, 2019, 360: 138-150.

[38] JIANG J, MA J, CHEN C, et al. SuperPCA: a superpixelwise PCA approach for unsupervised feature extraction of hyperspectral imagery[J]. IEEE Transactions on Geoscience and Remote Sensing, 2018, 56 (8): 4581-4593.

[39] SELLARS P, AVILES-RIVERO A I, SCHÖNLIEB C B. Superpixel contracted graph-based learning for hyperspectral image classification[J]. IEEE Transactions on Geoscience and Remote Sensing, 2020,58 (6): 4180-4193.

[40] ACHANTA R, SHAJI A, SMITH K, et al. SLIC superpixels compared to state-of-the-art superpixel methods[J]. IEEE Transactions on Pattern Analysis and Machine Intelligence, 2012, 34 (11): 2274-2282.

[41] LU T, LI S, FANG L, et al. Set-to-set distance-based spectral-spatial classification of hyperspectral images[J]. IEEE Transactions on Geoscience and Remote Sensing, 2016, 54 (12): 7122-7134.

第5章　高光谱图像空间信息提取及分类

第 4 章从传统角度研究了高光谱图像特征提取及分类技术。本章从深度学习角度，探讨高光谱图像空间信息提取及分类技术。针对高光谱图像在分类过程中遇到的光谱不确定性、带标签样本少等问题，提出了基于深度学习的新方法，并从理论和实验上证明了所提方法的优越性。

5.1　基于多形变体输入的深度学习高光谱图像分类

卷积神经网络在模式分类领域受到了广泛关注，并被证实在高光谱图像分类方面具有不错效果。针对高光谱图像分类任务中"同谱异物"及"同物异谱"现象导致的错分、误分的问题，以及现有高光谱图像分类方法中的空谱联合特征提取方式空间感知力有限且边缘像素刻画常存在偏差等问题，设计了一种基于多形变体输入的卷积神经网络（Diverse Region based Convolutional Neural Network，DR-CNN）新架构。该方法利用多向空间块、局部空间块以及全局空间块，充分学习样本方位特性、高光谱数据光谱特性、输入样本空间纹理以及上下文特征，有效提升了高光谱图像的分类精度。本节具体介绍 DR-CNN 模型，充分论证了多形变体输入在空间及光谱信息提取方面的可行性及潜力。

5.1.1　DR-CNN 模型

本章提出 DR-CNN 模型，它通过整合多种感知能力不同的输入因子，从多形态输入编码中获取具有更强空间、光谱上下文敏感性的联合特征，从而实现高精度像素级分类。DR-CNN 利用不同的多形变体输入，学习到可分性更强的上下文特征，然后将包含丰富光谱和空间信息的联合特征输入全连接层，通过全连接层与 softmax 激活函数构成的分类器预测每个像素向量的标签。DR-CNN 模型由多个卷积神经网络分支组成，每个网络分支关注并感知一个变体输入块，因此该模型被称为基于多形变体输入的卷积神经网络模型，DR-CNN 模型的总体结构如图 5.1 所示。该设计基于对图像中邻域相似性和邻域表达一致性的深度观察，邻域像素通常由具有相似材质和属性的物质组成，并且邻域像素与中心像素属于同一类别的概率极高。如果分类网络的构建只考虑中心像素而不考虑任何相邻的空间信息，模型将很难达到最优设计状态。其中，如何进行邻域像素选取以及利用是基于空间信息实施特征提取及分类的关键。与传统方法中选择方形窗块构建输入样本的操作方式不同，本节用不同的矩形构建了 6 种柔性形状区域，分别匹配了 6 个卷积模块用以提取每种输入的特征，实施特征整合并完成最终分类。

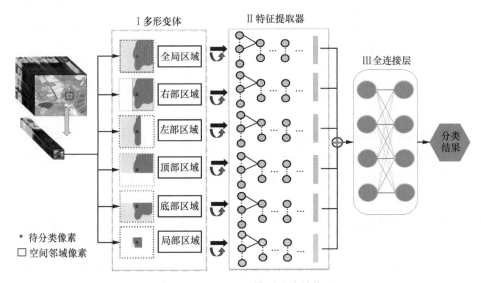

图 5.1　DR-CNN 模型总体结构

我们在网络设计及输入构建过程中充分考虑了输入节点数量对网络设计效果的影响，输入节点的数量过少可能使得一个设计良好的网络难以利用更深、更广的拓扑结构来进一步提升性能，而兼具深度及广度的网络有助于深度挖掘及整合高光谱数据的频谱空间信息。在以 CD-CNN[1] 为代表的分类研究中，固定尺度的方形窗块常作为空间特征提取算子的输入。然而，单一且固定尺度的方形输入块并不适用于具有复杂场景分布的数据分析任务中，以 CD-CNN 为代表的单一且固定尺度的方法的特征提取过程的受众（输入节点）样态是单一的，不能充分利用高光谱数据中特定像素周围丰富的上下文信息，造成信息大量丢失。即便加深 CD-CNN 的网络设计，单一输入块中的抽象信息也很难得到完整挖掘，甚至会因模型过深而陷入过度拟合问题。实际上，纵观现有基于 CNN 的分类方法，大多数方法选择使用单一输入体系结构来进行分类。我们认为，单一的输入方式限制了特征学习的能力，制约了最终的分类性能。

　　研究指出，对 CNN 模型进行结构上的分离和更深层网络的聚集，是符合人脑的分层信息处理模式的建模方式 [2]。因此，拓宽输入维度，以更灵活的输入形态生成多种输入表达，是更合理的且具有具象意义的模型构建方式，也更易于完成网络训练和避免模型训练中的过度拟合问题。因此，我们构建了 DR-CNN 模型。在本章构建的高光谱图像分类模型中，除了输入模式的多样化可以有效拓宽网络广度，分类网络结构中还设计了多尺度归总模块来避免训练数据有限而导致的过度拟合问题。这在一定程度上再次增加了网络的深度和广度，增强了网络学习能力且最终提高了网络泛化性能，该模块的详细框架将在 5.1.2 节中详细介绍。

　　在典型的 CNN 模型中，浅层卷积单元具备更高的空间分辨率，有助于捕捉更多的数据局部细节，而深层卷积单元空间分辨率低于前者，但深层卷积单元可以捕捉到更多富含高级语义的结构信息。在浅层及深层卷积单元的特征分析基础上，结合 DenseNet [3] 和 ResNet [4] 图像分类的启发，我们设计的多尺度归总模块通过跨层聚合操作，级联了浅层及深层卷积单元产生的特征，将局部细节和高层结构信息进行了有机结合。而且，多尺度归总模块中的跨层连接包含两种具有不同卷积尺度的跨层聚合设计，不仅能够调控浅层特征与深层特征在尺寸大小上的一致性，方便浅层特征在进行前向传播时与深层特征叠加，也有助于增加特征提取网络所衍生的特征的多尺度感知能力，增大特征在不同空间分辨率下的注意力感控强度。

　　基于多形变体输入及相应网络分支完成多样化特征提取之后，DR-CNN 模型将来自不同变体输入的所有特征以级联方式融合在一起，输入最后的全连接层进行分类解译，如图 5.1 第三部分所示。综上，DR-CNN 整个体系结构的层数为 14，体系结构后端的全连接层不仅利用了来自不同变体输入的综合信息，还编码了每类变体输入中由粗到细的结构信息，以高信息完整性为保障完成了最终分类。此外，图 5.1 中的红色箭头表示在训练过程中要执行的数据增强操作，该部分内容将在 5.1.3 节中详细讨论。

5.1.2　多形变体输入及特征提取

　　基于卷积神经网络的空谱分类技术利用高光谱图像中的邻域关系进行高光谱图像分类，常规做法为：对高光谱数据中的待分类像素提取方形邻域窗，借助 CNN 模型进行基于联合表示的特征提取，实现空谱联合信息的挖掘。然而，如前所述，目前的 CNN 模型 [1, 5-6] 通常采用单一方形窗块输入方式，利用固定尺度的窗块（如 3×3、5×5 等）进行特征提取，再借助该特征实施分类。需要特别注意的是，这种固定形状且固定尺度的输入块，块内像素的构成并不单一，像素分布复杂度随块尺寸的增大而增加。尤其当输入块采集自复杂城市区域的数据时，与中心像素同质的样本在块内的丰度难以满足预期。即使针对场景分布较为均匀的实验数据，当输入块采集自图像纹理边缘，极小尺度的方形输入块内也可能包含来自不同类别的多种样本。因此，采用固定尺度的方形输入块存在异质信息扰乱问题，特别是在输入块尺寸选择不合理时，空间信息的利用与规划将更加困难，必然影响最终分类效果。

假设存在某观测样本，其类别属性为蓝色材质 C，图 5.2 展示了以观测样本为中心截取的纹理边缘区域的方形窗块。观测样本属于类别 C，但在该方形邻域窗内，所提取区域中的大多数像素属于绿色材质 E。显然，如果我们以该方形窗块为输入样本对待观测样本进行分类，分类结果可能并不可靠，样本易被错分为类别 E。

即便对图 5.2 中的窗块尺寸进行扩充，与红点标注的中心像素属于相同类别的样本（简称为同质样本）在整窗像素中的比例也难以实现有效提升。

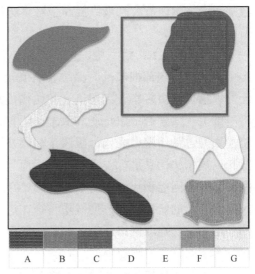

图 5.2　复杂场景方形窗块的纹理截取图

如图 5.3 所示，将方形窗块尺寸放大，绿色虚线窗块所示部分即尺寸增大后的方形截取窗，在该窗块中，绿色材质样本比例进一步增大，而中心像素的蓝色同质样本的比例反而变小，基于该窗块的分类效果可能比原窗块的分类效果更差。对窗块尺寸进行收缩操作，有增大中心像素同质样本比例的可能性，但空间窗块的缩小影响样本的空间感知能力，限制了样本在纹理结构探测方面的潜力，最终制约整体的分类解译性能。

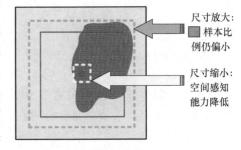

图 5.3　复杂场景方形窗块尺寸调整图

进一步观察图 5.2 即可发现，红点标注的中心像素的蓝色同质样本广泛分布在该方形窗块区域的右侧。因此，如果我们摒弃粗粒度的、缺乏分布性规划的方形窗块的输入选取策略，转而提取红框内的右侧区域作为模型输入，那么样本空间信息的利用似乎更加合理准确。然而，在实际应用中，无法预知样本在提取区域中的实际分布。但是，如果能有效考量各种潜在的数据分布可能性，可以合理推断，待观测样本及其同质样本必定在方形区域内存在方位分布倾向性。

基于以上分析，拟划分具有不同特征的输入块，并实施特征提取，将抽象性太强的整体性输入拆解为具象性的多形变体输入，有助于高光谱数据分析，进而实现信息利用合理性及最终分类准确性。图 5.4 是几种输入块的详细设计情况，以下我们对各类型输入块进行介绍。

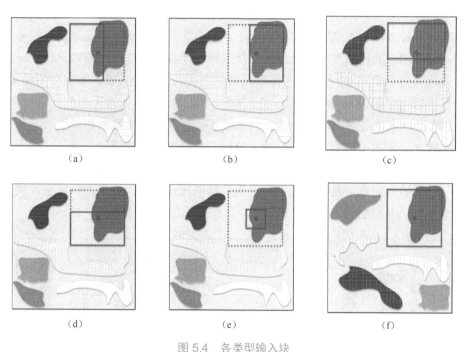

图 5.4 各类型输入块

（a）左侧方形块；（b）右侧方形块；（c）上侧方形块；（d）下侧方形块；（e）局部空间块；（f）全局空间块

（1）多向空间块：在既定方形区域内，待观测样本及其同质样本在分布方向性上存在左、右、上、下 4 种可能，由于无法事先获知数据的实际分布，DR-CNN 将 4 种方形块都作为特征提取网络的特异性输入，如图 5.4（a）～图 5.4（d）所示。4 个多向空间块将各自携带的数据信息前向传递到对应的卷积神经网络分支中，由包含多尺度归总模块的网络分支进行特征提取，捕获仅在各自半区出现的空间上下文特征。图 5.5 所示的网络结构是多向空间块使用的特征提取器，即多尺度归总模块的详细架构。

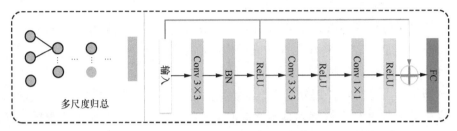

图 5.5　多尺度归总模块的详细架构

（2）局部空间块：如图 5.4（e）所示，该输入块被设计为紧密围绕中心像素的小面积区域（3×3）。基于该局部空间块训练的 CNN 模型可以提取每个中心像素的相对纯净的光谱特征，原因如下。一方面，单像素光谱信息提取较易受到不可控因素的污染与干扰（这种干扰包括"同物异谱"及"同谱异物"现象导致的光谱不确定性），提取多像素光谱信息有利于得到正确的光谱分析结果。另一方面，空间区域选取过大易引入非同类像素，影响观测样本的分类效果，3×3 的空间区域足够小，在一定程度上保证了该邻域内像素的相似性，减小了异质样本引入的干扰所带来的影响。因此，从局部空间块提取的特征往往不受复杂空间分布的影响，还能减小单像素光谱不确定性造成的光谱分析误差。局部空间块输入的设计是为了提取高光谱数据的光谱信息，本章为局部空间块设计了不同于多向空间块的特征提取器，详细架构如图 5.6 所示。

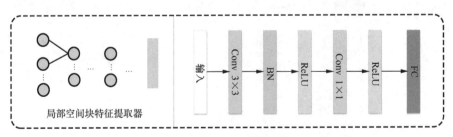

图 5.6　局部空间块特征提取器详细架构

（3）全局空间块：如图 5.4（f）所示，该输入块的设计保留了原始方形窗块的整体结构，基于该输入块的特征提取过程可捕获中心像素的全局上下文信息，包括光谱信息、更精确的空间依赖关系，以及不同类别样本之间的交互信息。全局空间块与多向空间块相辅相成，只有全局空间块存在，多向空间块的方位信息才能被有效保留，失去全局空间块意味着网络失去样本空间方位分布的信息。全局空间块的特征提取同样通过图 5.5 所示的网络分支完成。

确定多形变体输入的构建方式后，将上述的所有多形变体输入块作为 DR-CNN 模型的输入数据，即图 5.1 的 I 区。图 5.5 及图 5.6 进一步展示了图 5.1 中 II 区所示的各类型输入块的特征提取器的详细架构。

在 DR-CNN 的框架中，每个卷积单元都包含一系列操作层，包括卷积层、非线性变换层（激活函数层）和 BN[7] 层。各层的参数配置对模型的最终分类效果都会产生影响。在 DR-CNN 的具体实现中，所有卷积运算均在没有零填充操作的情况下执行，卷积步幅设置为 1。此外，每个卷积运算中使用的卷积核的数量如图 5.5 和图 5.6 所示。

本节为多形变体输入块构建了符号化表示。R_L、R_R、R_T 及 R_B 分别代表左、右、上、下方位的空间块，R_C 及 R_G 代表局部空间块和全局空间块。卷积层基本操作中的滤波器内核表示为 W（权重可被更新），对其执行卷积操作并添加偏置 b 以产生输出张量 Z：

$$Z = W \otimes R_q + b, q \in \{C, G, L, R, T, B\} \tag{5-1}$$

其中，$\otimes$ 代表卷积操作。激活函数同样是卷积神经网络的重要组成部分，有助于增加网络结构的非线性度，深化模型的整体表达能力。本节选用 ReLU 函数作为激活函数。当网络中的数据是具有统一规格的数据时，更有利于进行数据规律的探索和学习。虽然本节的输入数据是经归一化处理后再输入网络，但由于深度学习参数在网络的传递深化及训练过程中不断变化，这使得输入前经过归一化处理的数据仍旧在不同节点产生数据分布的变更。因此，网络设计中使用了批量归一化操作。最终，将特征提取结果在全连接层进行多元化聚合及归并，整个特征提取过程可用如下公式表示：

$$f_{R_q} = F(R_q, \theta), q \in \{C, G, L, R, T, B\} \tag{5-2}$$

其中，函数 F 包含网络中的卷积操作及全连接等操作，$f_{R_q} \in \mathbb{R}^{1 \times l}$ 代表所提取的 R_q 的特征，l 为特征维度，θ 为待调节参数。

在通过上述特征提取操作获得多形变体输入的各类型特征之后，多类型特征在最后的全连接层进行了高效融合，全连接层的实现细节如图 5.7 所示，该图为图 5.1 中 III 区的具体实现。首先，将不同网络分支提取的特征相互级联，获得特征向量 $f = \{f_{R_C}, f_{R_G}, f_{R_L}, f_{R_R}, f_{R_T}, f_{R_B}\}$，该特征向量为图 5.7 中全连接层的输入，之后全连接层将上述级联特征 f 进行深度整合。最后，基于 softmax

激活函数与全连接层组建的分类器实施标签预测，完成分类过程。

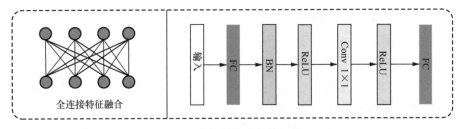

图 5.7　全连接层实现细节

5.1.3　DR-CNN 模型训练

　　基于深度学习的网络训练通常依赖于大量的训练数据来调整和优化模型中的参数，然而，高光谱图像的真值数据采集困难，而且样本的人工标注成本十分高昂，这也是高光谱数据分析中的难题。为减小样本量不足对网络训练的负面影响，我们为 DR-CNN 模型的训练设计了一种简单、有效的数据增强方法，在不增加样本标注工作量的前提下增加有效训练样本数量。训练数据增强方式如图 5.8 所示。

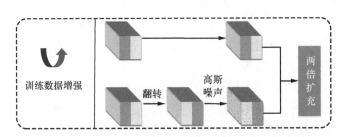

图 5.8　面向高光谱图像分类的训练数据增强方式

　　由图 5.8 可知，该数据增强方式将对每个训练样本执行两个数据增强步骤，从而生成额外的训练数据，而且，该数据增强方式不需要引入额外的样本标注成本。具体过程为：将原始高光谱数据输入进行翻转操作，之后在经翻转操作获取的样本中加入少量高斯噪声。经过数据增强处理，训练样本的数量可以增加一倍，扩充后的训练集合中的样本数量为原始样本数量的两倍，充足的样本数量有助于模型在训练阶段获取更准确的网络参数估计。

　　在本节提出的多形变体输入构建方法中，我们为每个待分类像素构建了由 6 种多形变体输入块组成的样本输入群组。具体方法为：首先以待分类像素为中心，开辟 11×11 大小的像素区域块作为空间候选区块；然后利用该空间候选区块提取 5.1.2 节中描述的 6 种多形变体；最后，将 6 种多形变体输入作为 DR-CNN 的多个输入节点，将其输入到网络中进行模型训练。

需要注意的是，5.1.2 节中提出的多形变体输入的构建方法，是灵活构建多样化输入的一种泛式表达，而在具体的分类应用中，可以基于候选方形输入块进行不同尺寸的输入组合，实现多样化表征。正因如此，我们在 5.1.2 节中并未具体设定多形变体输入的尺寸（仅固定局部空间块 R_C 尺寸为 3×3），为多样化的变体输入配置方式留出空间。对基于方形窗块输入的方法而言，窗块尺寸的选择必将影响分类性能，这一点我们将在 5.1.4 节中进行实验论证。在本节分类任务中，我们基于实验分析，将 DR-CNN 中唯一的大尺寸方形窗块（全局空间块 R_G）的尺寸设置为 11×11，再基于该全局空间块继续构建多向空间块等，多形变体输入块的尺寸设置如表 5.1 所示。

表 5.1　多形变体输入块尺寸设置

输入块类型	输入块尺寸
R_G	11×11
R_C	3×3
R_L	11×7
R_R	11×7
R_T	7×11
R_B	7×11

在构建了 6 种多形变体输入后，本节提供了 DR-CNN 训练过程的详细参数配置以及训练过程描述。在针对 DR-CNN 的模型训练中，将训练批次大小设置为 450，训练迭代次数设置为 500。优化方法选取随机梯度下降法，优化策略中的动量因子设置为 0.99，权重衰减值设置为 0.0001。除此以外，将学习策略的初始学习因子设置为 0.001。

5.1.4　实验内容及结果分析

DR-CNN 模型基于 Keras 框架，使用 Python 语言实现。TensorFlow 是由谷歌团队开发的开源人工智能学习系统，在搭建深度学习模型方面具备独特优势，Keras 被视为基于 Tensorflow 的高级接口，用户体验更好，可扩展性强。相对其他深度学习框架，如 Caffe、Torch、Theano 等，Keras 具有操作简单、模块搭配灵活的特点。

1．实验数据与评价指标

为评估 DR-CNN 模型的有效性，本节基于开源高光谱数据集开展实验分析与算法对比。实验涉及三组数据集，分别是 Indian Pines、PaviaU 以及 Salinas 数据集。这三个数据集已在第 4 章介绍，此处不赘述。

在具体实验验证中，剔除了 Indian Pines 数据集中带标签样本数量较小的类别，仅保留样本数量较为均衡的 8 类样本进行实验，这种实验数据的选取方式同样被很多文献 [8-9] 采用，目的是保证模型训练的稳定性及可靠性，8 类样本的真值图如图 5.9 所示。在三组数据集的使用过程中，训练样本与测试样本集合的构造方式一致，具体为：若样本类别数为 C，我们从每类样本中随机选取 200 个样本，选取的训练样本总数为 $200C$，剩余样本构成测试样本集合。表 5.2 ～表 5.4 分别列出了三组数据集的训练样本及测试样本数量。

| 玉米-无耕地 |
| 玉米-少量耕地 |
| 草地-牧场 |
| 干草-落叶 |
| 大豆-无耕地 |
| 大豆-少量耕地 |
| 大豆-收割耕地 |
| 木材 |

图 5.9　Indian Pines 数据集的伪彩色图及地面真值图

表 5.2　Indian Pines 数据集的训练样本及测试样本数量（单位：个）

类别序号	类别名称	训练样本数量	测试样本数量
1	玉米 - 无耕地	200	1228
2	玉米 - 少量耕地	200	630
3	草地 - 牧场	200	283
4	干草 - 落叶	200	278
5	大豆 - 无耕地	200	772
6	大豆 - 少量耕地	200	2255
7	大豆 - 收割耕地	200	393
8	木材	200	1065
	总计	1600	6904

表 5.3　PaviaU 数据集的训练样本及测试样本数量（单位：个）

类别序号	类别名称	训练样本数量	测试样本数量
1	加工沥青	200	6431
2	草地	200	18 449
3	砾石	200	1899
4	树木	200	2864
5	涂漆金属板	200	1145
6	裸土	200	4829
7	天然沥青	200	1130
8	自锁砖	200	3482
9	阴影	200	747
总计		1800	40 976

表 5.4　Salinas 数据集的训练样本及测试样本数量（单位：个）

类别序号	类别名称	训练样本数量	测试样本数量
1	花椰菜 - 绿地 - 野草 -1	200	1809
2	花椰菜 - 绿地 - 野草 -2	200	3526
3	休耕地	200	1776
4	休耕地 - 荒地 - 耕地	200	1194
5	休耕地 - 平地	200	2478
6	茬地	200	3759
7	芹菜	200	3379
8	葡萄园 - 未培地	200	11 071
9	土壤 - 葡萄园 - 开发地	200	6003
10	谷地 - 衰败地 - 绿地 - 野草	200	3078
11	生菜 - 莴苣 -4 周	200	868
12	生菜 - 莴苣 -5 周	200	1727
13	生菜 - 莴苣 -6 周	200	716
14	生菜 - 莴苣 -7 周	200	870
15	葡萄园 - 未培地	200	7068
16	葡萄园 - 垂直栅架	200	1607
总计		3200	50 929

2．多形变体输入效果分析

为了验证多形变体输入策略的有效性，我们在本节实验中使用不同类型的输入块分别进行实验，比较分类结果。实验中，首先以不同大小的方形窗块作为输入进行分类效果对比，然后将 5.1.2 节中设计的 6 种多形变体分别作为输入，探究了不同输入类型的分类效果。图 5.7 所示的全连接层及 softmax 激活函数构成的整体模块被用作分类器（简称为 softmax 分类器）。

图 5.10 中的实验结果为基于不同尺寸方形窗块输入的 OA 对比，方形窗块尺寸从 3×3 到 15×15。针对每个输入，首先借助图 5.5 或图 5.6 中的特征提取器实施空间特征的有效抽取，之后利用 softmax 分类器获得最终分类结果。由图 5.10 能够得到各组实验数据集所对应的最佳窗块尺寸，图 5.10 中红色曲线是基于 PaviaU 数据集的 OA 曲线，方形窗块的最佳窗块尺寸为 9×9；绿色曲线刻画的是 Salinas 数据集的 OA 曲线，最佳窗块尺寸为 11×11。显然，当窗块尺寸为 11×11 时，三组实验数据集上的分类结果都较为理想，该方形窗块尺寸也是实验操作中可选的较大尺寸。

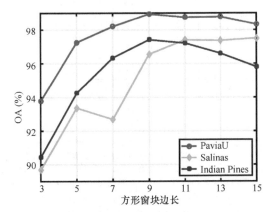

图 5.10 基于不同尺寸方形窗块输入的 OA 对比

除了探究不同尺寸方形窗块输入的分类效果差异，我们还进一步进行了多形变体输入的分类效果实验。基于评价指标 OA、AA 及 Kappa 系数，表 5.5～表 5.7 分别列出了基于不同实验数据集的多形变体输入的分类效果，具体包括单独使用特定变体输入的分类效果以及使用多形变体联合输入的 DR-CNN 的分类效果。

表 5.5　基于 Indian Pines 数据集的多形变体输入的分类效果对比（单位：%）

多形变体输入	OA	AA	Kappa 系数
R_L	96.12	95.79	95.25
R_R	95.44	94.94	94.42
R_U	94.38	93.90	93.15
R_B	95.52	95.20	94.51
R_C	90.43	90.24	88.36
R_G	96.99	97.34	96.30
DR-CNN	**98.54**	**98.48**	**98.20**

由表 5.5 可看出，R_C（局部空间块）的分类效果在不同输入块中的表现较差。主要原因是，该空间块被设计为紧密围绕中心像素的小尺度区域，致力于提取每个中心像素的相对纯净的光谱特征，空间信息利用率远低于其他类型输入块。对于其他多形变体输入块，实验结果显示，仅使用方形候选区域中的半个空间块构造的多向空间块可以取得与全局空间块 R_G（11×11）基本相当甚至更优越的分类效果。以 PaviaU 数据集为例，当使用 R_U 作为输入块时，分类精度（OA）高于全局空间块的分类精度，我们对该实验结果进行了相应分析。PaviaU 数据集不同于 Indian Pines 以及 Salinas 数据集，它是在包含复杂背景分布的城市区域中采集的数据，在基于 PaviaU 数据集的实验中，方形输入块中容易包含多种不同类别的非同质样本，在采用固定大小的方形输入块实施分类任务时，存在异质信息干扰问题。因此，在利用单一方形输入块结合单一网络完成输入特征提取过程时，空间信息的利用与规划较为困难，容易影响分类效果。而多向空间块以方位为前提，重构出包含不同像素丰度的空间块，有助于选取出像素丰度更高、分类判读性更强的输入，例如 PaviaU 数据集中的 R_U 输入块。当前的实验结果有力地证实了多形变体输入的合理性。

另外，由于匀质样本在不同输入块中的分布存在各向异性，单独使用基于特定方向的输入块实施分类，作用是有限的，当输入块方向与样本实际分布相反时，甚至会抑制分类有效性。表 5.5 ～表 5.7 中所示的分类结果显示，基于不同数据集进行实验时，不同类型输入块的分类性能呈现多样性，充分表明多类型输入在分类任务中是具有不同效应的。

表 5.5 ～表 5.7 中的实验结果显示，DR-CNN 相较多种基于特定变体输入的分类法，可以实现分类效果的进一步提升。上述实验结果证实了基于 DR-CNN 算法取得的优异的分类效果得益于输入节点的丰富性，多样化输入充分考虑了多种可能的样本分布，具有更强大的特征表示及信息提取能力。

表 5.6　基于 Salinas 数据集的多形变体输入的分类效果对比（单位：%）

多形变体输入	OA	AA	Kappa 系数
R_L	95.29	97.73	94.73
R_R	96.43	98.03	96.01
R_U	96.47	97.68	96.05
R_B	96.37	97.97	95.95
R_C	89.67	95.63	88.36
R_G	97.41	98.19	97.10
DR-CNN	**98.33**	**99.12**	**98.14**

表 5.7　基于 PaviaU 数据集的多形变体输入的分类效果对比（单位：%）

多形变体输入	OA	AA	Kappa 系数
R_L	98.56	97.52	98.06
R_R	98.55	97.18	98.05
R_U	98.81	97.75	98.39
R_B	98.08	96.69	97.43
R_C	93.78	92.29	91.73
R_G	98.76	98.08	98.33
DR-CNN	**99.56**	**99.42**	**99.41**

3. DR-CNN 分类效果评估

在基于深度学习构建的网络模型中，网络权重是可以被自动学习且可以影响训练效果的关键参数，学习率也是影响训练效果的重要参数。本节基于 Indian Pines 数据集分析了学习率对 DR-CNN 训练效果的影响，如表 5.8 所示。表 5.8 所示的实验结果表明，基于较大学习率训练的网络分类器并不具备最佳分类性能，当初始学习率设置为 0.001 时，DR-CNN 模型实现了最佳分类效果。因此，在后续进行的各类对比实验中，我们始终将 DR-CNN 模型的初始学习率设置为 0.001。

表 5.8　基于不同学习率的分类效果对比（单位：%）

初始学习率	OA	AA	Kappa 系数
0.1	96.25	96.69	95.40
0.01	98.46	98.45	98.11
0.001	98.54	98.48	98.20

本节为 DR-CNN 设计了数据增强模块，设置了相关实验，并对比了基于网络学习阶段实施数据增强操作，以及去除数据增强操作所获取的模型的分类性能，OA 的对比结果如表 5.9 所示。表 5.9 中的实验结果表明，数据增强操作对网络学习起到了正向推动作用。对于所有多形变体输入块，利用数据增强操作实现了更好的分类效果。

表 5.9　基于 Indian Pines 数据集实施和去除数据增强操作的 OA（单位：%）

多形变体输入	OA（数据增强）	OA（无数据增强）
R_L	96.12	94.87
R_R	95.44	93.03
R_U	94.38	95.12

续表

多形变体输入	OA（数据增强）	OA（无数据增强）
R_B	95.52	93.77
R_C	90.43	88.20
R_G	96.99	95.28
DR-CNN	98.54	98.07

此外，基于 Indian Pines 数据集，我们从每类样本中随机抽取 10% 的样本构成一组较小的训练样本集合，验证 DR-CNN 的小样本鲁棒性。跨层连接是用于解决小样本情况下网络过度拟合问题的常用方式，DR-CNN 的多尺度归总模块内同样包含该类型的设计。因此，利用较小的训练样本集合，我们对多种基于跨层连接设计的方法进行了分类效果对比，相关实验结果如表 5.10 所示。

表 5.10　基于 Indian Pines 数据集实施跨层连接设计获得的 OA（单位：%）

方法	OA
ResNet-4	96
ResNet-6	95
ResNet-8	94
ResNet-10	93
DR-CNN	98

表 5.10 中的实验结果表明，拥有跨层连接设计的 DR-CNN 具有最高的 OA，该部分实验结果对 DR-CNN 内置跨层连接设计的有效性进行了充分验证。DR-CNN 为多尺度归总模块配备跨层连接设计，模块将具备更好的多隐层、多尺度特征组合能力，这也是 DR-CNN 模型在多种基于跨层连接设计的方法中仍具有优越性的主要原因。综上所述，在本节提出的 DR-CNN 方法中，多尺度归总模块在多通道中并行使用，有效提取了不同多形变体输入的特征，结合多形变体输入与各特征提取器内置的跨层连接设计，DR-CNN 能实现较为稳定的分类效果。

除上述实验对比外，本节还将提供更多 DR-CNN 与其他高效分类算法的全面对比结果。在以下对比实验中，DR-CNN 的实验结果获取方式为：随机抽取 200 个训练样本构建训练集进行分类实验，重复实验过程 10 次，并得到 OA 的标准方差。图 5.11 ～图 5.13 为基于三组数据集的训练数据真值图。

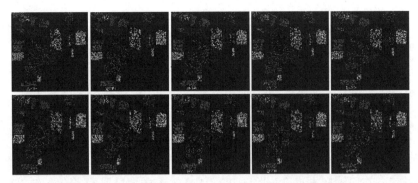

图 5.11　基于 Indian Pines 数据集的训练数据真值图

图 5.12　基于 PaviaU 数据集的训练数据真值图

图 5.13　基于 Salinas 数据集的训练数据真值图

图 5.13　基于 Salinas 数据集的训练数据真值图（续）

对比算法涵盖基于径向基函数（Radial Basis Function，RBF）的 SVM 算法（本书简写为 SVM-RBF）、基于随机特征选择（Random Feature Selection，RFS）及 SVM 的多分类系统（本书简写为 SVM-RFS）、基于马尔科夫随机场（Markov Random Field，MRF）的 SVM 算法（本书简写为 SVM-MRF）、CNN[10]、随机主成分分析卷积神经网络（Randomized Principal Component Analysis CNN，R-PCA CNN）[11]、像素对卷积神经网络（CNN with Pixel-Pair Features，CNN-PPF）[12]、上下文深度卷积神经网络（Contextual Deep CNN，CD-CNN）[1]以及空谱特征卷积神经网络（CNN with Spatial-Spectral Features，SS-CNN）[13]。其中，基于 SVM 的算法均借助 LIBSVM 工具箱实现。表 5.11 ～表 5.13 列出了各算法基于不同数据集所获取的分类结果。

表 5.11　基于 Indian Pines 数据集的分类效果对比（单位：%）

算法	CA-1	CA-2	CA-3	CA-4	CA-5	CA-6	CA-7	CA-8	AA	OA
SVM-RBF	76.14	85.40	97.88	99.28	83.94	73.48	92.11	97.28	88.19	82.98
SVM-RFS	88.73	91.20	97.52	100.00	91.67	78.79	93.76	98.74	92.55	88.68
SVM-MRF	93.55	90.41	95.80	100.00	91.12	97.72	91.71	99.84	95.02	95.34
CNN	78.58	85.24	96.10	99.64	89.64	81.55	95.42	98.59	90.60	87.01
R-PCA CNN	82.39	85.41	95.24	100.00	82.76	96.20	82.14	99.81	90.49	91.13
CNN-PPF	92.99	96.66	98.58	100.00	96.24	87.80	98.98	99.81	96.38	93.90
CD-CNN	90.10	97.10	100.00	100.00	95.90	87.10	96.40	99.40	95.75	94.24
SS-CNN	96.28	92.26	99.30	100.00	92.84	98.21	92.45	98.98	96.29	96.63
DR-CNN	98.20±0.012	99.79±0.003	100.00±0.000	100.00±0.000	99.78±0.003	96.69±0.011	99.86±0.001	99.99±0.000	99.29±0.001	98.54±0.257

表 5.12 基于 Salinas 数据集的分类效果对比（单位：%）

算法	CA-1	CA-2	CA-3	CA-4	CA-5	CA-6	CA-7	CA-8	CA-9	CA-10	CA-11	CA-12	CA-13	CA-14	CA-15	CA-16	AA	OA
SVM-RBF	96.81	94.67	90.27	98.61	94.82	97.61	99.24	54.69	98.32	81.91	90.57	92.43	98.07	90.39	60.06	90.87	89.33	81.55
SVM-RFS	99.55	99.97	99.44	99.86	98.02	99.70	99.69	84.85	99.58	96.49	98.78	100.00	99.13	98.97	76.38	99.56	96.87	93.15
SVM-MRF	100.00	99.70	98.94	98.44	99.47	99.95	100.00	87.64	99.45	94.41	99.91	99.64	100.00	98.79	83.37	97.34	97.32	94.59
CNN	97.34	99.29	96.51	99.66	96.97	99.60	99.49	72.25	97.53	91.29	97.58	100.00	99.02	95.05	76.83	98.94	94.84	89.28
R-PCA CNN	98.84	99.61	99.75	98.79	99.84	99.70	79.05	99.17	96.88	99.31	100.00	100.00	98.97	82.24	97.57	99.61	96.83	92.39
CNN-PPF	100.00	99.88	99.60	99.49	98.34	99.97	100.00	88.68	98.33	98.60	99.54	100.00	99.44	98.96	83.53	99.31	97.73	94.80
CD-CNN	100.00	100.00	100.00	99.30	98.50	100.00	99.80	83.40	99.60	94.60	99.30	100.00	100.00	100.00	100.00	98.00	98.28	95.42
SS-CNN	100.00	99.89	99.89	99.25	99.39	100.00	99.82	91.45	99.95	98.51	99.31	100.00	99.72	100.00	96.24	99.63	98.94	97.42
DR-CNN	100.00± 0.000	100.00± 0.000	99.98± 0.000	99.89± 0.001	99.83± 0.002	100.00± 0.000	99.96± 0.000	94.14± 0.018	99.99± 0.000	99.20± 0.003	99.99± 0.000	100.00± 0.000	100.00± 0.000	100.00± 0.000	95.52± 0.029	99.72± 0.002	99.26± 0.000	98.33± 0.171

表 5.13 基于 PaviaU 数据集的分类效果对比（单位：%）

算法	CA-1	CA-2	CA-3	CA-4	CA-5	CA-6	CA-7	CA-8	CA-9	AA	OA
SVM-RBF	84.01	88.90	87.85	96.09	99.91	93.33	93.98	82.94	99.60	91.82	89.24
SVM-RFS	97.95	91.17	86.99	95.50	99.85	94.31	94.74	85.89	99.89	92.92	91.10
SVM-MRF	98.22	98.90	88.97	93.64	99.11	80.13	82.79	91.88	100.00	94.04	92.63
CNN	88.38	91.27	85.88	97.24	99.91	96.41	93.62	87.45	99.57	93.36	92.27
R-PCA CNN	92.43	94.84	90.89	93.99	100.00	92.86	93.89	91.18	99.33	94.38	93.87
CNN-PPF	97.42	95.76	94.05	97.52	100.00	99.13	96.19	93.62	99.60	97.03	96.48
CD-CNN	94.60	96.00	95.50	95.90	100.00	94.10	97.50	88.80	99.50	95.77	96.73
SS-CNN	97.40	99.40	94.84	99.16	100.00	98.70	100.00	94.57	99.87	98.22	98.41
DR-CNN	98.43± 0.005	99.45± 0.006	99.14± 0.003	99.50± 0.003	100.00± 0.000	100.00± 0.000	99.70± 0.003	99.55± 0.002	100.00± 0.000	99.53± 0.001	99.56± 0.253

　　三组实验数据集的分类结果说明，基于空谱特征的算法的分类性能明显优于单纯基于光谱特征的算法，这与我们的分析一致。同时，实验结果显示，DR-CNN 模型具有最佳分类效果。

　　图 5.14 ～图 5.16 提供了各算法的可视化分类图，该结果与表 5.11 ～表 5.13 中列出的量化结果基本一致。该可视化实验表明，与 CNN、CNN-PPF 和 CD-CNN 等基于深度学习的算法相比，基于 DR-CNN 获取的分类图的匀质性较好，各分类图的区域内的误分噪声明显较小。

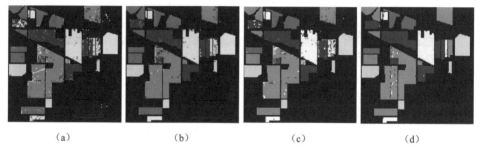

（a）　　　　　　　　（b）　　　　　　　　（c）　　　　　　　　（d）

图 5.14　基于不同算法得到的 Indian Pines 数据集的可视化分类图

（a）CNN（97.01%，97.01% 代表 OA，余同）；（b）CNN-PPF（93.90%）；
（c）CD-CNN（94.24%）；（d）DR-CNN（98.54%）

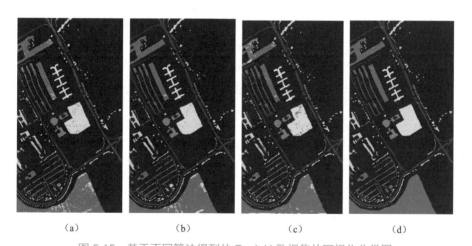

（a）　　　　　　　　（b）　　　　　　　　（c）　　　　　　　　（d）

图 5.15　基于不同算法得到的 PaviaU 数据集的可视化分类图

（a）CNN（92.27%）；（b）CNN-PPF（96.48%）；（c）CD-CNN（96.73%）；（d）DR-CNN（99.56%）

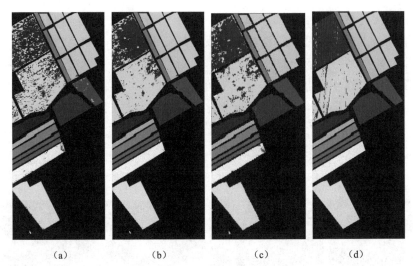

（a）　　　　　　（b）　　　　　　（c）　　　　　　（d）

图 5.16　基于不同算法得到的 Salinas 数据集的可视化分类图

（a）CNN（89.28%）；（b）CNN-PPF（94.8%）；（c）CD-CNN（95.42%）；（d）DR-CNN（98.33%）

为进一步验证 DR-CNN 在基于深度学习的算法中的优越性，进一步设计了基于不同大小训练集的对照实验，如表 5.14 所示。在该实验中，每类训练样本数量由 50 个变化为 200 个，间隔为 50 个，选取 OA 作为评价指标。从实验结果来看，所有算法的 OA 都随训练样本数量的增加而提升，但 DR-CNN 相较 CNN、CNN-PPF 以及 CD-CNN 算法，可以获得更高的 OA。特别是在较小训练集中，DR-CNN 算法仍然保持较好分类优势。以 PaviaU 数据集为例，即使训练集较小，每类可用训练样本数量仅为 50 个，基于 DR-CNN 依然取得了 96.91% 的总体分类精度（OA）。这是由于 DR-CNN 的设计模式有助于实现更为细致的场景分布分析，因此 DR-CNN 在 PaviaU 数据集这一复杂城市图像场景下的分类优势更加显著。

表 5.14　基于 CNN 的算法在不同大小训练集下的分类效果对比（单位：%）

数据集	算法	OA（50）	OA（100）	OA（150）	OA（200）
Indian Pines	CNN	80.43	84.32	85.30	87.01
	CNN-PPF	88.34	91.72	93.14	93.90
	CD-CNN	84.43	88.27	93.87	94.24
	DR-CNN	88.74	94.94	97.49	98.54
Salinas	CNN	89.20	89.58	89.60	89.72
	CNN-PPF	92.15	93.88	93.84	94.80

续表

数据集	算法	OA（50）	OA（100）	OA（150）	OA（200）
Salinas	CD-CNN	92.47	93.58	—	95.42
	DR-CNN	93.46	95.54	97.36	98.33
PaviaU	CNN	86.39	88.53	90.89	92.27
	CNN-PPF	88.14	93.35	94.97	96.48
	CD-CNN	92.19	93.55	—	96.73
	DR-CNN	96.91	98.67	99.21	99.56

注：OA（50）表示训练样本数量为 50 个的训练集的 OA。

最后，我们对 DR-CNN 以及 CNN、CNN-PPF 的计算复杂度进行了评估，训练、测试时间对比如表 5.15 所示。在训练过程中，CNN 的参数较少，另外，由于 CNN 采用单像素输入方式，所以其训练及测试时间相较其他算法更短。CNN-PPF 与 DR-CNN 均利用了高光谱数据的空间特性，结果显示 DR-CNN 更节省训练时间。但在测试过程中，DR-CNN 的多形变体输入构建过程计算量大，导致该算法的测试过程耗时较长，但测试时间的增加是以构建丰富数据表达为目的的，丰富的输入促进了分类效果提升。而且，多形变体输入构建过程可设计为离线过程，该离线过程可借助并行算法搭配硬件计算加速工具以提升时间效率。

表 5.15　不同算法的训练及测试时间对比

算法	评价指标	数据集		
		Indian Pines	Salinas	PaviaU
CNN	训练时间（h）	0.50	1	0.60
	测试时间（s）	0.21	0.26	0.37
CNN-PPF	训练时间（h）	6	12	1
	测试时间（s）	4.76	20.97	16.92
DR-CNN	训练时间（h）	0.74	1.42	0.43
	测试时间（s）	39	240	105

此外，针对如何减少 DR-CNN 的训练时间这一问题，进一步进行了实验研究。本节提供了 DR-CNN 在三组数据集上的训练收敛曲线，如图 5.17 所示。表 5.15 中实验结果显示，与 CNN 等轻量级算法相比，DR-CNN 的训练过程相对耗时，但结合图 5.17 的训练收敛曲线可发现，DR-CNN 在训练迭代次数为 300 时可基本达到收敛态，而表 5.15 中的训练迭代次数为 500。因此，DR-CNN 的训练效率可以通过适当减少迭代次数来提升，该部分实验证实了 DR-

CNN 在计算效率方面有进一步提升空间。

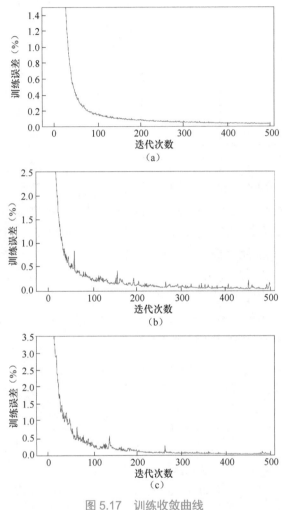

图 5.17　训练收敛曲线

（a）Indian Pines 数据集；（b）Salinas 数据集；（c）PaviaU 数据集

5.2　基于像素对的数据增强及高光谱图像分类

最近，卷积神经网络在计算机视觉领域吸引了很多人的注意，ImageNet[14]的竞赛结果显示，只要有足够优秀的网络模型和大量的训练数据，就能在自然图片分类中拔得头筹。针对高光谱数据中带标签样本少，无法使用更深层的网络来学习特征的问题，我们提出了一种新颖的像素配对（Pixel-Pair）的方法，用来增大网络的训练样本数量，从而保证深度学习的数据驱动的特性可以得到充分的利用。在测试的时候，通过将中心像素与周围像素配对来获取像素对，然后将其送入之前训练好的 CNN 分类器中，最终通过多个像素对投票表决策略来决定中心像素的标签。我们提出的这种使用像素对特征的 CNN，相比之前的算法，其对光谱的分辨力更强。同时，基于多个高光谱数据的实验结果也证明了我们的算法相比那些传统的基于深度学习的分类算法的分类效果更好。分类框架流程图如图 5.18

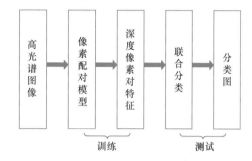

图 5.18　基于深度像素对特征的分类框架流程图

所示，主要包括三步：使用现有的训练样本构建像素配对模型，设计一个学习 PPF 特征的网络结构，最后通过投票表决策略决定测试样本的标签。

5.2.1　像素配对模型

考虑这样一个高光谱数据集 X：它有 M 个带标签的样本，记为 $X = \{x_i\}_{i=1}^{M}$，并且属于特征空间 $\mathbb{R}^{d \times 1}$，样本标签为 $y_i \in \{1, 2, \cdots, C\}$，$d$ 是高光谱数据的光谱维度，C 是总类别数。m_l 表示第 l 类中可用的样本数，则 $\sum_{l=1}^{C} m_l = M$。在像素配对模型中，两个训练样本的组合表示为 $S_{ij} = [x_i, x_j]$，其中，x_i 和 x_j 是从 X 中选出来的两个样本。S_{ij} 的标签按以下规则规定：如果两个样本来自同一类别，则 S_{ij} 的标签不变；如果两个样本来自不同的类别，则 S_{ij} 的标签记为 0。

5.2.2　基于像素对输入的深度特征提取

在得到输入样本之后，用一个深层卷积神经网络来抽取像素对特征。卷积神经网络是一种前向传播的神经网络，主要由卷积层、池化层、全连接层组成，并且由于其局部感受野的特性，我们可以得到一些局部空间的相关信息。我们所设计的卷积神经网络结构包含 8 个可以学习的卷积层（C1 ～ C8）、2 个全连接层、3 个池化层，每个卷积层后面还有 ReLU[15] 激活函数层。以下是整个网络的细节信息。

假设输入的高光谱数据集的光谱维度 d 为 200，第一个卷积层（C1）用 10 个 $1 \times 9 \times 1$ 的卷积核对 $2 \times 200 \times 1$ 的输入张量进行滤波，产生一个 $2 \times 192 \times 10$ 的张量（192=200-9+1，周围无填充）。第二个卷积层（C2）用 10 个 $2 \times 1 \times 10$ 的卷

积核对从 C1 得到的特征进行组合，得到一个 1×192×10 的张量。在 C2 中得到的张量主要用于测量光谱的相似性。多个卷积层后面一般会接一个池化层。为了得到高水平的特征，将上述卷积层和池化层进行交换堆叠，使网络深化。

C2 之后还有卷积层、池化层，以及 ReLU 激活函数层。池化层在卷积层之后，主要通过降采样来获取一个比卷积层分辨率更低的表示。第三个卷积层（C3）用 10 个 1×3×10 的卷积核对输入张量进行滤波，得到和 C2 一样的张量，然后用一个 1×3 的池化层来减小光谱维度。值得说明的是，一个 1×5 的卷积层通常用两个 1×3 的卷积层来代替，因为这样可以增强模型的非线性特征，并且减少参数数量 [16]。在每个池化层之后，卷积核的个数都会加倍（例如，在 C4 中，有 20 个 1×3×10 的卷积核，得到的是一个 1×62×20 的张量）。网络中总共有 3 个池化层，大小分别为 1×3、1×2 和 1×2。使用 1×2 的池化层主要是为了保留更多的信息，因为随着网络层数的加深，抽取的特征也会对后面的分类更有用。

在上述的深层卷积神经网络中，有 3 个池化层用来减小光谱维度。一旦光谱维度被减小到一定的值（如 13），C8 张量就被送入两个全连接层，传统网络中的全连接层在这里被转化成卷积层，例如 80 个 1×13×40 的卷积核作用在 C8 张量上，得到一个 1×1×80 的张量。网络最后连接一个 softmax 层，用来分类。

和传统的神经网络类似，卷积神经网络的训练主要包括两步：前向传播和反向传播。前者使用网络现在的参数来计算网络的分类结果，后者负责更新网络中那些可学习的参数。假设 $d = 200$，$C = 9$，并且每一类有 200 个训练样本，网络中那些可被训练的参数大概有 50 000 个，要远远大于现有的训练数据量（9×200=1800）；但是，如果利用像素配对模型，网络中总的可用像素对变为398 000（10×199×200=398 000）。这个例子说明了像素配对模型可以产生足够多的数据，用于深层卷积神经网络的学习。

5.2.3　实验内容及结果分析

对于 CNN-PPF，所有相关的程序都是通过 Python 和 TensorFlow 库实现的。使用 TensorFlow 库可以轻易实现多个 CPU 或者 GPU 之间的并行处理 [17]。

1. 实验数据

Indian Pines、PaviaU 还有 Salinas 三个数据集被用于检测 CNN-PPF 的分类性能。每一个数据集的训练样本和测试样本数量与 5.1 节相同，如表 5.2 ～表 5.4 所示。

2．参数优化

除了网络权重，还有几个设计卷积神经网络的重要参数，例如学习率、网络内部的特征维度还有窗块尺寸。学习率决定了反向传播过程中的收敛速率，可以在很大程度上影响模型的分类效果。在实际实现中，我们将初始学习率设为 0.1，如果学习曲线振荡得太厉害，我们将学习率除以 10。根据我们的实验结果，Indian Pines、PaviaU 还有 Salinas 数据集的最佳学习率分别是 0.001、0.01 和 0.001。以 PaviaU 数据集为例，我们基于各种学习率（0.1、0.01 和 0.001）得到了 OA，分别为 1.8%、95.91%、91.00%。过大的学习率（如 0.1）会严重影响分类效果甚至使网络发散。

在卷积神经网络框架中，特征维度决定了在卷积层中抽取的像素对的特征维度。测试阶段的窗块尺寸也能影响最终的分类精度。以 PaviaU 数据集为例，表 5.16 展示了基于不同特征维度和窗块尺寸的 OA，结果显示最好的特征维度是 10。当窗块尺寸为 5×5 或 7×7 时，模型的性能变化并不大，而后者会需要更大的计算量，在后面的实验中，我们选用 5×5 的窗块尺寸。根据我们的实验结果，对于其他两个数据集，最佳的窗块尺寸也是 5×5，而最优的特征维度分别是 10、17，分别对应 Indian Pines 数据集和 Salinas 数据集。

表 5.16　PaviaU 数据集基于不同特征维度和窗块尺寸的 OA（单位：%）

特征维度	OA（3×3）	OA（5×5）	OA（7×7）
5	95.62	96.03	96.29
8	95.55	96.16	96.38
10	95.66	96.48	96.51
12	95.28	95.85	96.04
15	95.13	95.82	96.01

全连接层会大大增加网络的训练参数数量，但它在我们所设计的卷积神经网络结构中发挥很大作用。表 5.17 展示了 PaviaU 数据集上的分类性能。很明显，包含全连接层的网络要优于那些不包含全连接层的网络，同时也说明了我们需要在卷积神经网络中加上这些全连接层。

表 5.17　在 PaviaU 数据集上基于包含和不包含全连接层获得的 OA（单位：%）

属性	OA（3×3）	OA（5×5）	OA（7×7）
包含全连接层	95.66	96.48	96.51
不包含全连接层	94.85	95.46	95.77

3．分类性能综合对比

为了证明 CNN-PPF 框架的有效性，将它与几个传统的分类算法进行比较，比如 kNN、SVM、ELM[18-19]、CNN[20] 和 SVM-RFS[21]。为了与 CNN 公平比较，训练样本和测试样本的数量和文献 [20] 一样。具有径向基函数核的 SVM 算法借助 LIBSVM 工具箱实现。将所有的分类器都调节到最优参数状态。

表 5.18 ～表 5.20 列出了三个实验数据集的 CA 和 OA。CNN-PPF 要优于 CNN 和其他分类算法。

表 5.18　不同算法在 Indian Pines 数据集上的分类精度（单位：%）

算法	CA-1	CA-2	CA-3	CA-4	CA-5	CA-6	CA-7	CA-8	CA-9	OA
kNN	61.83	72.65	95.65	98.90	100.00	80.76	59.39	75.72	94.86	76.24
SVM	83.61	87.23	98.34	99.73	100.00	88.17	76.58	94.94	98.89	88.26
ELM	86.06	88.19	96.07	99.73	100.00	90.02	71.00	95.62	98.66	87.33
SVM-RFS	88.73	91.20	97.52	99.86	100.00	91.67	78.79	93.76	98.74	89.83
CNN	78.58	85.23	95.75	99.81	99.64	89.63	81.55	95.42	98.59	86.44
CNN-PPF	92.99	96.66	98.58	100.00	100.00	96.24	87.80	98.98	99.81	94.34

表 5.19　不同算法在 Salinas 数据集上的分类精度（单位：%）

算法	CA-1	CA-2	CA-3	CA-4	CA-5	CA-6	CA-7	CA-8	CA-9	CA-10	CA-11	CA-12	CA-13	CA-14	CA-15	CA-16	OA
kNN	98.71	99.65	99.09	99.78	95.29	99.49	99.55	63.53	95.94	91.98	98.41	99.84	98.69	97.38	65.66	99.00	86.29
SVM	99.60	100.00	99.65	99.64	98.39	99.70	99.72	84.38	99.65	96.74	98.31	99.95	99.24	98.88	74.59	99.39	92.85
ELM	99.75	99.87	99.60	99.64	98.81	99.67	99.66	84.04	99.89	95.03	96.82	100.00	98.25	97.94	72.96	99.06	92.42
SVM-RFS	99.55	99.92	99.44	99.86	98.02	99.70	99.69	84.85	99.58	96.49	98.78	100.00	99.13	98.97	76.38	99.56	93.15
CNN	97.34	99.29	96.51	99.66	96.97	99.60	99.49	72.25	97.53	91.29	97.58	100.00	99.02	95.05	76.83	98.94	89.28
CNN-PPF	100.00	99.88	99.60	99.49	98.34	99.97	100.00	88.68	98.33	98.60	99.54	100.00	99.44	98.96	83.53	99.31	94.80

表 5.20　不同算法在 PaviaU 数据集上的分类精度（单位：%）

算法	CA-1	CA-2	CA-3	CA-4	CA-5	CA-6	CA-7	CA-8	CA-9	OA
kNN	77.70	75.30	77.27	92.46	99.63	79.50	92.86	76.45	99.62	79.45
SVM	86.46	90.17	85.04	96.64	99.78	94.89	95.19	85.36	99.89	90.62
ELM	81.32	90.91	85.09	96.61	99.63	94.33	95.94	82.65	99.79	89.86
SVM-RFS	87.95	91.17	86.99	95.50	99.85	94.31	94.74	85.89	99.89	91.10

续表

算法	CA-1	CA-2	CA-3	CA-4	CA-5	CA-6	CA-7	CA-8	CA-9	OA
CNN	88.38	91.27	85.88	97.24	99.91	96.41	93.62	87.45	99.57	92.27
CNN-PPF	97.42	95.76	94.05	97.52	100.00	99.13	96.19	93.62	99.60	96.48

图 5.19～图 5.21 是基于三个实验数据集生成的地物图。其中, 图 5.19 (c)～图 5.19 (f)、图 5.20 (c)～图 5.20 (f)、图 5.21 (c)～图 5.21 (f) 为基于不同算法得到的可视化分类图。我们制作了整个图像场景的地面覆盖图(包括未标记的像素)。但是, 为了便于比较, 也给出了真值图, 这些图和表 5.18～表 5.20 的结果一致。CNN-PPF 的分类图在某些区域要明显平滑于 SVM、ELM 和 CNN, 如图 5.21 中的草地区域。

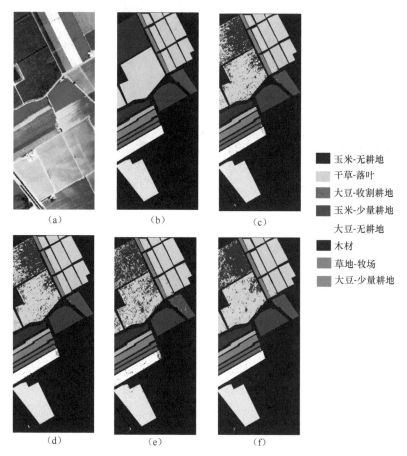

图例:
- 玉米-无耕地
- 干草-落叶
- 大豆-收割耕地
- 玉米-少量耕地
- 大豆-无耕地
- 木材
- 草地-牧场
- 大豆-少量耕地

图 5.19　基于 Indian Pines 数据集的分类结果生成的地物图
(a) 伪彩色图;(b) 真值图;(c) SVM (88.26%, 88.26% 代表 OA, 余同);(d) ELM (87.33%);
(e) CNN (86.44%);(f) CNN-PPF (94.34%)

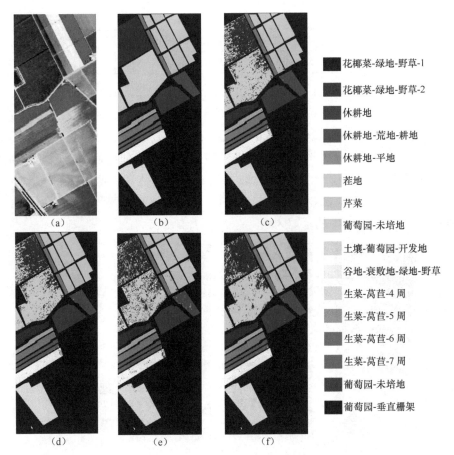

图 5.20　基于 Salinas 数据集的分类结果生成的地物图

（a）伪彩色图；（b）真值图；（c）SVM（92.85%）；（d）ELM（92.42%）；（e）CNN（89.72%）；
（f）CNN-PPF（94.80%）

图 5.22 给出了 OA 与训练样本数量的关系曲线。通常，如果每一类中的样本数量太少，可能不能在实际情况下评估这个模型，因此有必要研究分类精度对于训练样本数量的敏感性。如图 5.22 所示，每一类的训练样本数量从 50 个变到 200 个，间隔为 50 个。从结果中可以看出，CNN-PPF 仍然要优于其他 4 个算法，即 SVM-RFS、SVM、ELM 和 CNN。在图 5.22（a）中，对于 Indian Pines 数据集，CNN-PPF 的 OA 比 CNN 的高 8% 左右，同时也验证了像素配对的方法很奏效。实际上，OA 的提升有以下几点原因：（1）足够多的训练数据保证了网络参数被充分优化；（2）CNN-PPF 具有更强的分辨力；（3）投票策略进一步保证了分类精度和可靠性。

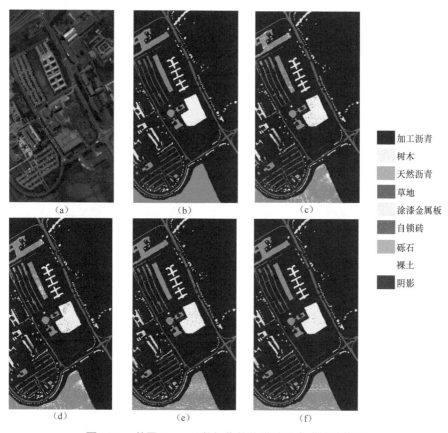

加工沥青

树木

天然沥青

草地

涂漆金属板

自锁砖

砟石

裸土

阴影

图 5.21　基于 PaviaU 数据集的分类结果生成的地物图

（a）伪彩色图；（b）真值图；（c）SVM（90.62%）；（d）ELM（89.86%）；（e）CNN（92.27%）；（f）CNN-PPF（96.48%）

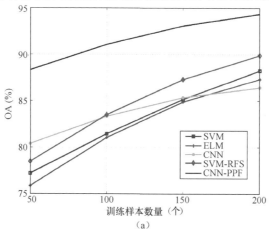

图 5.22　OA 与训练样本数量的关系

（a）Indian Pines 数据集；（b）Salinas 数据集；（c）PaviaU 数据集

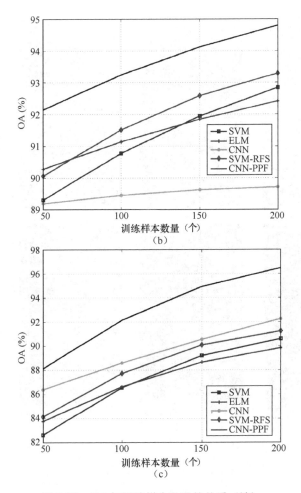

图 5.22　OA 与训练样本数量的关系（续）

（a）Indian Pines 数据集；（b）Salinas 数据集；（c）PaviaU 数据集

5.3　基于像素块配对的高光谱图像深度网络分类

卷积神经网络在图像处理领域引起广泛关注，并被证实在高光谱图像精细地物分类任务中具有重要作用。然而，高光谱图像的一些潜在缺陷，限制了相关解译分类研究的推进。在实际应用中，高光谱数据采集困难且人工标注费用昂贵，所以带标签样本量往往较少，很容易在卷积神经网络训练过程中造成过度拟合问题。另外，遥感图像的观测复杂度较高，这使得所采集的高光谱数据很容易出现"同谱异物"和"同物异谱"现象，增加了精细解译的难度。

针对上述问题，如图 5.23 所示，本书从增加样本量的角度出发，对传统的样本扩充方法进行了探究，包括旋转、翻转和加入随机噪声等，确立了最优策略，并发现这些基础简单的方法所能达到的效果是非常有限的。为了进一步解决可用样本量有限的问题，本书提出了一种基于像素块配对的分类模型，不仅可以扩充样本量，而且增加了样本多样性。

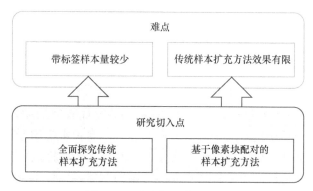

图 5.23　难点与研究切入点

模型的设计原理和具体实现将在 5.3.3 节阐述，随后从多角度展示了实验结果，并将所设计的方法和若干现有的先进方法进行了对比，有力地证实了配对方法在数据增强领域中的优越性和巨大潜力。

5.3.1　基于数据增强的 CNN 分类模型

卷积神经网络被证明在高光谱图像分类任务中有很大优势，然而其训练过程需要大量样本，高光谱图像可用样本量较少成为阻碍分类精度提升的重要因素。将待分类样本执行数据增强操作以实现样本扩充，将扩充后的数据输入网络模型进行分类，即可有效解决上述问题。基于数据增强的卷积神经网络分类的具体流程如图 5.24 所示。

邻域像素往往具有相似或者相同属性，且邻域像素与中心像素属于同一类别的概率极高，所以，邻域像素对中心像素的类别判断具有不可或缺的辅助作用，因此，本章在网络设计过程中，充分考虑了空间信息的重要性。在输入数据的构建过程中，以训练像素为中心构建固定大小的像素块，针对这些像素块执行数据增强操作，将扩充后的数据作为网络输入，防止样本不足造成分类模型的过度拟合现象。

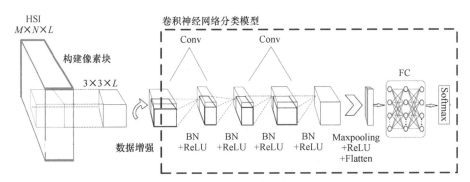

图 5.24　基于数据增强的卷积神经网络分类的具体流程

卷积神经网络分类模型包括 4 个卷积层、1 个最大池化层和 2 个全连接层。其中，每一个卷积操作由 3 部分组成：卷积运算、非线性变换（激活函数）和批量归一化。在卷积运算中，各个卷积层的参数配置都会影响模型的分类效果。在网络实现中，卷积运算均采用零填充的方式，卷积步幅均设置为 1。非线性变换也是卷积神经网络的重要组成部分，可以增强网络的非线性建模能力。目前，深度网络模型搭建中比较常见的激活函数有 sigmoid、tanh 以及 ReLU 等。本章选用 ReLU 函数，即线性整流函数。在完成 4 个卷积操作后，执行最大池化操作，实现过程采用非零填充的方式，步幅设置为 1。最后，将输出数据展平拼接成一个一维特征向量，进而执行全连接操作，将其输入到输出层分类器。整个网络的训练批次大小设为 128，学习率设为 0.001，优化方法选用小批量梯度下降法，动量因子设为 0.99，权重衰减值设为 0.001。

5.3.2　传统样本扩充方法

在对输入数据执行数据增强操作时，传统方法有不同角度旋转、水平或竖直翻转以及加入随机噪声等。将这些基础的数据增强方法以不同的形式进行组合，可以将样本数量扩大不同倍数。如图 5.25 所示，将样本分别旋转一次、旋转一次并加噪声（随机噪声）、翻转一次、翻转一次并加噪声、加噪声等方法，均可以把样本数量扩充至原来的 2 倍；将样本旋转两次、旋转两次并加噪声、翻转两次、翻转两次并加噪声等方法，均可以把样本数量扩充至原来的 3 倍；将样本旋转三次、旋转三次并加噪声等方法，可以把样本数量扩充至原来的 4 倍；将样本旋转三次和旋转三次且加噪声，以及翻转两次和翻转两次且加噪声等方法组合到一起，可以把样本数量扩充至原来的 11 倍。

样本扩充的主要目的是以现有样本为基础，产生更多有价值的样本。然而，不难发现，将旋转、翻转和加随机噪声等传统样本扩充方法组合，虽然可以产生大量新的样本，但是这些样本与原有样本差别很小，且存在大量冗余。换句话说，这些方法仅仅扩充了样本数量，但是并没有有效增加样本多样性，因此，传统样本扩充方法能够产生的作用非常有限。

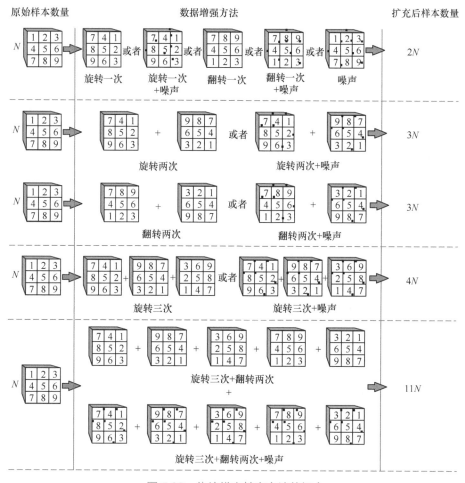

图 5.25　传统样本扩充方法的组合

5.3.3　基于像素块配对的样本扩充方法

卷积神经网络分类模型通常是高度参数化的，需要大量的训练样本来保证分类性能。然而，在实际应用中，高光谱数据的带标签样本往往很少，并且如前所述，传统的样本扩充方法能够起到的作用非常有限。为了解决这个问题，本书通过重新组织可用的训练样本，提出基于像素块配对的卷积神经网络

（Pixel-Block-Pair Convolutional Neural Network，PBP-CNN）分类模型。该模型的流程图如图 5.26 所示，主要包括 3 个步骤：首先，利用像素块配对模型对可用的训练样本执行数据重组；其次，利用卷积神经网络分类模型提取配对好的像素块特征；最后，基于联合分类策略决定测试样本的标签。

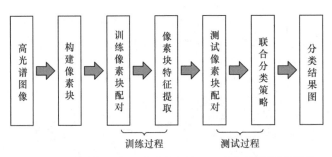

图 5.26　基于像素块配对的卷积神经网络分类模型流程图

在网络输入数据的构建过程中，为了充分利用图像的光谱信息和空间信息，首先以可用的训练像素点为中心构建固定大小的矩形像素块，之后的配对执行过程均基于像素块进行。假设高光谱数据集 X 有 n 个带标签样本，即 $X = \{x_i\}_{i=1}^{n}$，且标签 $y_i \in \{1, 2, 3, \cdots, k\}$，$k$ 代表类别数目，令 n_c 代表第 c 类的样本数量，则 $\sum_{c=1}^{k} n_c = n$。在像素块配对过程中，由训练像素点构成的所有像素块均需要执行两两配对操作。将配对产生的数据集记为 F，则 $F_{i,j} = [X_i, X_j]$，其中，X_i 表示以从 X 中选取的样本 x_i 为中心构建的像素块，X_j 表示以从 X 中选取的样本 x_j 为中心构建的像素块。$F_{i,j}$ 的标签定义遵循如下规则：如果配对的两个样本属于同一类别，则标签不变；如果配对的两个样本不属于同一类别，则标签设置为 0。

像素块配对及标签定义过程如图 5.27 所示，不难发现，配对后的样本有 $k+1$ 类。对于第 $c(c = 1, 2, 3, \cdots, k)$ 类，像素块对的数量为 $[n_c \times (n_c - 1)] / 2$。对于第 $k+1$ 类，即标签为 0 的类别，像素块对的数量远远多于其他类别。为了保持样本数量平衡，在训练过程中，只在第 $k+1$ 类中选取了与其他类别的样本数量相当的像素块对。

像素块配对模型不仅扩充了样本数量，而且有效增加了样本多样性。如图 5.28 所示，同类的样本之间往往也存在一些差异，以训练像素点为中心构建固定大小的矩形像素块也只能囊括中心像素周围很有限的样本特征，而且如果像素块过大，又会引入其他类别的样本，最终对分类模型的特征学习过程造成干扰。将两个属于同一类别的像素块通过配对的方式组合到一起，在不引入其他类别样本的情况下，帮助网络模型学习此类样本的共同特征。当配对的两个像素块属于不同类别，两者的特征呈现明显差异，将新像素块标签设置为 0，其不属于任何类别。此配对过程会使得分类模型更具鲁棒性。

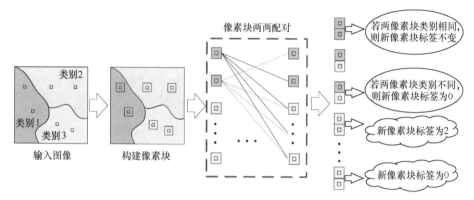

图 5.27　像素块配对及标签定义过程

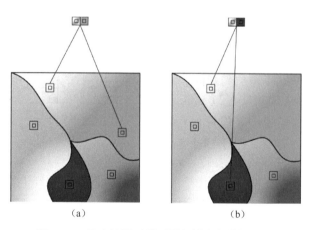

图 5.28　像素块配对模型增加样本多样性示意
（a）像素块属于同类；（b）像素块属于不同类别

　　基于相邻像素块很可能属于同一类别的事实，在测试阶段，采用联合分类策略。中心像素块往往能够借助周围像素块的空间信息做出更准确的类别判断，特别是中心像素块位于类别边缘的情况。如图 5.29 所示，中心像素块位于类别 1 和类别 2 的交界处，不难发现，无论中心像素块属于类别 1 还是类别 2，其相邻像素块都能起到很好的辅助类别判断的作用。

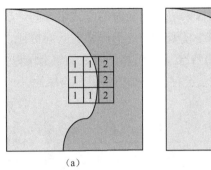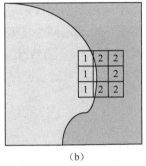

图 5.29　中心像素块能够借助周围像素块的空间信息做出更准确的类别判断示例
（a）中心像素块属于类别 1；（b）中心像素块属于类别 2

　　测试阶段的样本重组过程与训练阶段相似，首先，以测试像素点为中心构建固定大小的矩形像素块，随后，将这些像素块与各自周围的像素块执行配对操作。具体地，假设以某测试样本为中心构建大小为 3×3×L 的像素块，表示为 T_t，其中，t 表示图像波段数。将 T_t 与其周围的 8 个像素块 $\{T_1, T_2, T_3, \cdots, T_8\}$ 进行配对，配对后的数据集记作 T^{new}，则 $T^{new} = \{\{T_t, T_1\}, \{T_t, T_2\}, \{T_t, T_3\}, \cdots, \{T_t, T_8\}\}$。将 T^{new} 输入训练好的分类模型中，输出一个 8×(k+1)（k 为类别数目）的矩阵，用

于训练的样本来自不同的两类，因此矩阵的第一列代表零标签，不具有实际意义，所以可以将第一列移除。去除第一列后，8×k 的矩阵经过 softmax 层后得到 8×1 的向量，其代表 8 个像素块对的标签。最终，基于这个 8×1 的向量和联合分类策略决定中心像素块的标签。具体示意请见图 5.30。

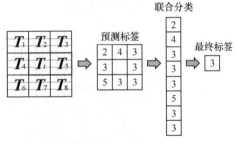

图 5.30　联合分类策略示意

5.3.4　实验内容及结果分析

1．实验数据

　　本节的实验基于 Indian Pines 和 Salinas 数据集展开，相关的数据集介绍可见前文，此处不赘述。

　　对于 Indian Pines 数据集，采取了与 5.1 节同样的策略，只保留 8 个样本数量相对均衡的类别。这两组数据集在使用过程中，训练集和测试集的组成方式一致：假设样本类别数目为 k，从每类样本中随机抽取 N（N=30, 50, 70, 100, 150）个样本用于训练，即共选取 k×N 个训练样本，其余带标签样本用于测试。表 5.21 和

表 5.22 列举了两组实验数据集中各个类别的带标签样本数量、训练样本数量和测试样本数量。在本节的实验分析过程中，采用的评价指标是总体分类精度（OA）。

表 5.21　Indian Pines 数据集的带标签样本、训练样本以及测试样本数量（单位：个）

类别序号	类别名称	带标签样本数量	训练样本数量	测试样本数量
1	玉米 - 无耕地	1428	N	1428-N
2	玉米 - 少量耕地	830	N	830-N
3	草地 - 牧场	483	N	483-N
4	干草 - 落叶	478	N	478-N
5	大豆 - 无耕地	972	N	972-N
6	大豆 - 少量耕地	2455	N	2455-N
7	大豆 - 收割耕地	593	N	593-N
8	木材	1265	N	1265-N
	总计	8504	$8N$	8504-$8N$

表 5.22　Salinas 数据集的带标签样本、训练样本以及测试样本数量（单位：个）

类别序号	类别名称	带标签样本数量	训练样本数量	测试样本数量
1	花椰菜 - 绿地 - 野草 -1	2009	N	2009-N
2	花椰菜 - 绿地 - 野草 -2	3726	N	3726-N
3	休耕地	1976	N	1976-N
4	休耕地 - 荒地 - 耕地	1394	N	1394-N
5	休耕地 - 平地	2678	N	2678-N
6	茬地	3959	N	3959-N
7	芹菜	3579	N	3579-N
8	葡萄园 - 未培地	11 271	N	11 271-N
9	土壤 - 葡萄园 - 开发地	6203	N	6203-N
10	谷地 - 衰败地 - 绿地 - 野草	3278	N	3278-N
11	生菜 - 莴苣 -4 周	1068	N	1068-N
12	生菜 - 莴苣 -5 周	1927	N	1927-N
13	生菜 - 莴苣 -6 周	916	N	916-N
14	生菜 - 莴苣 -7 周	1070	N	1070-N
15	葡萄园 - 未培地	7268	N	7268-N
16	葡萄园 - 垂直栅架	1807	N	1807-N
	总计	54 129	$16N$	54 129-$16N$

2．PBP-CNN 分类效果评估

PBP-CNN 在测试阶段采用了基于举手表决的联合分类策略，为了验证这一方法的有效性，表 5.23 展示了 N=30 时的分类结果，其中，$\{T_t, T_i\}$ 表示中心像素块 T_t 与其周围第 i 个像素块 T_i 所构成的像素块对。可以发现，在以 Indian Pines 为标准数据集和 Salinas 为标准数据集的实验中，使用联合分类策略均取得了较好的分类效果。

表 5.23　基于不同像素块对的 OA（单位：%）

数据集名称	OA-$\{T_t, T_1\}$	OA-$\{T_t, T_2\}$	OA-$\{T_t, T_3\}$	OA-$\{T_t, T_4\}$	OA-$\{T_t, T_5\}$	OA-$\{T_t, T_6\}$	OA-$\{T_t, T_7\}$	OA-$\{T_t, T_8\}$	OA-联合分类
Indian Pines	80.14	80.46	82.02	79.74	80.51	80.52	80.90	80.26	**82.26**
Salinas	88.55	89.39	88.95	88.46	88.97	89.58	90.17	89.23	**90.80**

另外，为了验证 PBP-CNN 模型的有效性，本节对比了在不同数量训练样本下基于不同样本扩充方法的卷积神经网络分类结果，具体如表 5.24 和表 5.25 所示，其中，像素块大小设定为 3×3。假设训练样本数量为 N，传统数据增强方法（旋转、翻转、加噪声等）的多形式组合分别将训练样本数量扩充至 $2N$、$3N$、$4N$、$11N$，基于像素块配对的方法将训练样本数量增加至 $N(N-1)/2$。沿水平方向观察表格，可以发现，当数据增强方法不变时，增加训练样本数量可以使 OA 增大。这是因为，更多的训练样本可以构建更完整的分类模型。沿竖直方向观察表格，在原始训练样本数量一定时，采用数据增强方法扩充样本，随着样本数量增多，分类效果会进一步提升。然而，传统数据增强方法所能起到的作用是非常有限的，并不是叠加越多，分类效果越好。在以 Indian Pines 为标准数据集执行的实验中，原始训练样本数量为 50 个时，将样本数量扩充为 4 倍时的 OA（88.37%）高于将样本数量扩充为 11 倍时的 OA（87.00%）。在以 Salinas 为标准数据集执行的实验中，原始训练样本数量为 30 个时，将样本数量扩充为 4 倍时的 OA（91.04%）高于将样本数量扩充为 11 倍时的 OA（90.55%）。可以看出，将训练样本数量扩充为 4 倍时的 OA 与扩充为 11 倍时的相当，甚至更优。换句话说，在实验过程中，如果选用传统数据增强方法进行样本扩充，那么将训练样本数量增加至原来 4 倍是比增加至原来 11 倍更好的选择。另外，基于像素块配对的方法突破了传统数据增强方法的局限性。例如，在以 Indian Pines 为标准数据集执行的实验中，原始训练样本数量为 150 个时，PBP-CNN 取得了最高的 OA（95.21%）；在以 Salinas 为标准数据集执行的实验中，原始训练样本数量为 100 个时，PBP-CNN 取得了最高的 OA（93.14%）。找出表 5.24

以及表 5.25 中训练样本数量相同时两个最高的 OA，可以发现，这些数据接近一半对应 PBP-CNN 方法，有力地表明了 PBP-CNN 与传统方法相比非常有竞争力。

表 5.24　Indian Pines 数据集上基于不同数据增强方法的 OA（单位：%）

训练样本数量	数据增强方法	OA （N=30）	OA （N=50）	OA （N=70）	OA （N=100）	OA （N=150）
N	无	61.60	69.22	69.45	80.60	86.99
2N	旋转一次	75.11	81.18	84.28	86.14	92.72
	旋转一次 + 噪声	73.58	84.44	84.77	89.45	89.46
	翻转一次	74.43	75.25	81.70	87.44	91.90
	翻转一次 + 噪声	74.19	80.98	81.02	89.07	90.57
	噪声	71.36	76.65	81.34	85.41	89.35
3N	旋转两次	80.28	85.30	88.76	91.73	94.13
	旋转两次 + 噪声	72.76	82.35	86.60	89.75	93.21
	翻转两次	75.58	85.09	88.20	89.29	94.32
	翻转两次 + 噪声	79.73	85.56	88.04	88.51	92.03
4N	旋转三次	81.75	87.57	90.71	92.41	94.25
	旋转三次 + 噪声	76.29	88.37	88.57	90.63	93.03
11N	旋转三次 + 翻转两次 （无噪声 & 有噪声）	82.30	87.00	87.53	91.26	94.84
N（N−1）/2	PBP-CNN	82.26	85.92	90.09	93.71	95.21

表 5.25　Salinas 数据集上基于不同数据增强方法的 OA（单位：%）

训练样本数量	数据增强方法	OA （N=30）	OA （N=50）	OA （N=70）	OA （N=100）	OA （N=150）
N	无	86.44	89.79	90.07	90.21	90.29
2N	旋转一次	86.87	89.22	90.38	90.45	91.97
	旋转一次 + 噪声	89.37	90.18	89.31	91.75	91.30
	翻转一次	87.60	90.59	89.08	90.93	92.20
	翻转一次 + 噪声	87.93	88.72	86.58	90.95	92.12
	噪声	88.74	90.06	91.49	90.55	91.93
3N	旋转两次	89.79	90.06	92.14	92.38	92.77
	旋转两次 + 噪声	89.00	86.84	91.87	92.12	92.93
	翻转两次	89.29	90.24	90.94	92.51	93.46
	翻转两次 + 噪声	89.11	89.12	91.36	92.31	92.40

续表

训练样本数量	数据增强方法	OA（N=30）	OA（N=50）	OA（N=70）	OA（N=100）	OA（N=150）
4N	旋转三次	89.68	90.98	92.84	92.92	93.02
	旋转三次 + 噪声	91.04	91.44	91.83	92.55	93.12
11N	旋转三次 + 翻转两次（无噪声 & 有噪声）	90.55	91.67	92.36	92.49	93.96
N(N-1)/2	PBP-CNN	90.80	91.36	92.57	93.14	93.32

除了基于量化指标的实验对比，本节在图 5.31（b）～图 5.31（c）和图 5.32（b）～图 5.32（c）中提供了可视化分类结果。如前所述，传统数据增强方法的最优使用策略是将训练样本数量增加至原来的 4 倍，因此，这里给出了 $N = 150$ 时，把原始训练样本旋转三次并加噪声的分类结果与本章所提出的基于像块配对的方法的实验结果对比图，该对比结果与表 5.24 和表 5.25 中所列出的结果基本一致。可视化的结果表明，PBP-CNN 与传统 CNN 分类模型相比非常有竞争力，并且由 PBP-CNN 得到的分类图的匀质性较好，且各个类别的误分噪声也较小。

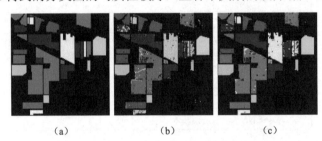

（a）　　　　　　　（b）　　　　　　　（c）

图 5.31　基于 Indian Pines 数据集的真值图和可视化分类图

（a）真值图；（b）传统 CNN（94.84%，94.84% 代表 OA，余同）；（c）PBP-CNN（95.21%）

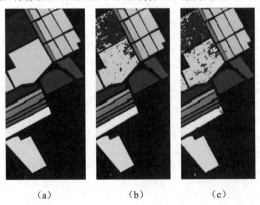

（a）　　　　　　　（b）　　　　　　　（c）

图 5.32　基于 Salinas 数据集的真值图和可视化分类图

（a）真值图；（b）传统 CNN（93.96%）；（c）PBP-CNN（93.32%）

除上述对比实验外，本节还提供了 PBP-CNN 与其他先进方法的比较，包括基于复合核（Composite Kernel，CK）的支持向量机（SVM-CK）方法[21]，SVM-RFS[22] 以及 CNN-PPF[23] 方法。表 5.26 展示了 $N = 30$ 时的 OA。可以发现，本节所提出的方法具有最佳分类效果。

表 5.26　PBP-CNN 与其他先进方法的 OA 对比（单位：%）

数据集	OA（SVM-CK）	OA（SVM-RFS）	OA（CNN-PPF）	OA（PBP-CNN）
Indian Pines	71.71	76.60	80.36	82.26
Salinas	87.17	85.57	87.61	90.80

表 5.27 记录了表 5.24 和表 5.25 中 $N = 30$ 时的部分实验的训练和测试时间。可以发现，不使用数据增强方法的实验运行速度明显更快，这是因为输入数据量更少。PBP-CNN 方法耗时更长，这是因为像素块配对过程中样本数量大量增加。然而，前面的实验结果均表明，丰富的输入数据表达能够有效提升分类精度。

表 5.27　训练及测试时间对比（单位：s）

数据集	训练样本数量	训练时间	测试时间
Indian Pines	N	15.99	0.93
Salinas	N	34.16	1.64
Indian Pines	$4N$	43.16	0.93
Salinas	$4N$	84.63	1.64
Indian Pines	$N(N-1)/2$	1812.00	8.95
Salinas	$N(N-1)/2$	5357.40	40.24

参考文献

[1]　LEE H, KWON H. Going deeper with contextual CNN for hyperspectral image classification[J]. IEEE Transactions on Image Processing, 2017, 26(10): 4843-4855.

[2]　HE K, ZHANG X, REN S, et al. Spatial pyramid pooling in deep convolutional networks for visual recognition[J]. IEEE Transactions on Pattern Analysis and Machine Intelligence, 2014, 37(9): 1904-1916.

[3]　HUANG G, LIU Z, LAURENS V, et al. Densely connected convolutional networks[C]//2017 IEEE Conference on Computer Vision and Pattern Recognition. Piscataway, USA: IEEE,

2017: 2261-2269.

[4] HE K, ZHANG X, REN S, et al. Deep residual learning for image recognition[C]// IEEE Conference on Computer Vision and Pattern Recognition (CVPR). Piscataway, USA: IEEE, 2016.

[5] MEI S, JI J, HOU J, et al. Learning sensor-specific spatial-spectral features of hyperspectral images via convolutional neural networks[J]. IEEE Transactions on Geoscience and Remote Sensing, 2017, 55(8): 4520-4533.

[6] JACOPO A, ELENA M, LUTGARDE B, et al. Spectral-spatial classification of hyperspectral images: three tricks and a new learning setting[J]. Remote Sensing, 2018, 10(7):1156.

[7] IOFFE S, SZEGEDY C. Batch normalization: accelerating deep network training by reducing internal covariate shift[J]. arXiv: 1502.03167, 2015.

[8] LI W, CHEN C, SU H, et al. Local binary patterns and extreme learning machine for hyperspectral imagery classification[J]. IEEE Transactions on Geoscience and Remote Sensing, 2015, 53(7): 3681-3693.

[9] LI W, TRAMEL E W, PRASAD S, et al. Nearest regularized subspace for hyperspectral classification[J]. IEEE Transactions on Geoscience and Remote Sensing, 2013, 52(1): 477-489.

[10] 蒋宗礼 . 人工神经网络导论 [M]. 北京 : 高等教育出版社 , 2001.

[11] MAKANTASIS K, KARANTZALOS K, DOULAMIS A, et al. Deep supervised learning for hyperspectral data classification through convolutional neural networks[C]//Geoscience and Remote Sensing Symposium. Melbourne: IEEE, 2015: 4959-4962.

[12] LI W, WU G, ZHANG F, et al. Hyperspectral image classification using deep pixel-pair features[J]. IEEE Transactions on Geoscience and Remote Sensing, 2016, 55(2): 844-853.

[13] YUE J, ZHAO W, MAO S, et al. Spectral-spatial classification of hyperspectral images using deep convolutional neural networks[J]. Remote Sensing Letters, 2015, 6(6): 468-477.

[14] RUSSAKOVSKY O, DENG J, SU H. Imagenet large scale visual recognition challenge[J]. International Journal of Computer Vision, 2015, 115(3): 211-252.

[15] KRIZHEVSKY A, SUTSKEVER I, HINTON G. ImageNet classification with deep convolutional neural networks[J]. Advances in Neural Information Processing Systems, 2012, 25(2): 1097-1105.

[16] SIMONYAN K, ZISSERMAN A. Very deep convolutional networks for large-scale image recognition[J]. arXiv: 1409.1556, 2014.

[17] ABADI M, BARHAM P, CHEN J. TensorFlow: a system for large-scale machine learning[EB/

OL]. (2021-03-12)[2023-09-15].

[18] LI J, XI B, DU Q, et al. Deep kernel extreme-learning machine for the spectral-spatial classification of hyperspectral imagery[J]. Remote Sensing, 2018, 10(12): 2036.

[19] SAMAT A, DU P, LIU S. E^{2}LMs: ensemble extreme learning machines for hyperspectral image classification[J]. IEEE Journal of Selected Topics in Applied Earth Observations and Remote Sensing, 2014, 7(4): 1060-1069.

[20] HU W, HUANG Y, WEI L. Deep convolutional neural networks for hyperspectral image classification[EB/OL]. (2021-08-18)[2023-09-15].

[21] VILLA A, BENEDIKTSSON J A, CHANUSSOT J. Hyperspectral image classification with independent component discriminant analysis[J]. IEEE transactions on Geoscience and Remote Sensing, 2011, 49(12): 4865-4876.

[22] WASKE B, VAN DER LINDEN S, BENEDIKTSSON J A, et al. Sensitivity of support vector machines to random feature selection in classification of hyperspectral data[J]. IEEE Transactions on Geoscience and Remote Sensing, 2010, 48(7): 2880-2889.

[23] RAN L, ZHANG Y, WEI W, et al. A hyperspectral image classification framework with spatial pixel pair features[J]. Sensors, 2017, 17(10): 2421.

第 6 章　高光谱多源数据融合分类

针对地物分类问题，前面两章均是基于单源高光谱图像，分别从传统机器学习角度和深度学习角度研究特征提取和分类技术。近年来，由于多源数据相比单源数据能捕获综合性更强、更加全面的信息，它已成为热点研究方向。因此，本章研究多源数据融合分类方法。

6.1　多源遥感融合分类研究现状

多源遥感融合分类技术近年来取得了跨越式发展，本节将分别针对多源传感器融合分类研究现状，以及基于高光谱的多源遥感融合分类研究现状展开介绍。

6.1.1　多源传感器融合分类研究现状

近年来，传感技术以及对地观测技术得到了迅猛发展，不同空间、光谱尺度以及电磁谱段的观测数据得以大量获取。虽然数据多样性伴随传感技术进步得到了极大的提升，但由于成像原理及传感器研制技术存在差异，基于单源传感器获取的信息无法对观测对象进行全面表征，更难以满足信息多样化与复杂化的新要求。寻找有效技术手段，实现多源传感器信息（多源信息）的综合利用，引起了人们的重视。多源数据协同处理是一种以获取更加精确、更加全面、更加可靠的信息为宗旨，利用多源传感器间信息的合作性与互补性，将成像机制不同、数据格式多样、特性描述不一的多源数据进行调控与整合，最终对表征结果进行精确评估的方法。多源数据协同处理涉及诸如人工智能、信号处理以及控制科学等多种学科的技术与理论，本质上是一种信息融合技术 [1]。多源信息融合研究起源于军事领域，早期被定义为——将多源信息进行融合与估值处理，以获得精确的位置，以及对战场态势的完整评估 [2]。伴随各领域关于多源传感器融合分类研究的广泛开展，信息融合理论不断被赋予新定义，进而拓展为跨领域、跨学科的指导性理论。对遥感领域而言，融合多源信息并利用传感器间信息的冗余性、互补性和合作性，获取比单源传感器综合性更强、准确度更高的决策，构建高质量对地观测应用，正是信息融合技术的遥感体定义，也是遥感学者要解决的重要问题[3]。

针对多源数据的信息呈现，可总结规律如下。

（1）冗余性：多源遥感面向观测对象呈现出相同或相近的表征结果，多源信息呈现冗余态，仅依赖单源数据可获取针对该目标的正确解译结果。

（2）互补性：多源数据针对目标的解译呈现互补性特征，对于某类数据源无法解译或判读的信息，可在另一数据源中获取补足信息。

（3）合作性：不同传感器在观测和处理信息时难以对解译目标形成统一表示或解读，多源数据对目标判读各执不同结果，依赖多源合作可完成高精度协同决策。

（4）信息层级：基于多源遥感的不同处理结构及单元，可以构建多样化的融合方法，包括像素层级、特征层级和决策层级融合方法。

为推动多平台多源传感器的协同应用，国内外学者围绕多源数据特点，在标准制定、体系设计、功能划分、流程制定、项目实施等各个层面进行了深入研究[4]。在融合技术研究方面，图像融合常被作为遥感融合的主选方案，推动了一系列遥感融合研究的发展。Daily 等[5]最先将雷达图像和多光谱图像融合应用于地表物质属性解释，光学与微波散射属性的集中编码足以提升模型对地面单元的识别能力。Joshi 等[6]通过整合低空间分辨率的多光谱数据与高空间分辨率的全色图，成功获取了保留光谱特性且提高了分辨率的融合图像。

早期的多源遥感协同应用着重于突出互补数据中有用的信息，移除或减少非相干信息，旨在优化遥感反演精度[7]，这种协同应用并不是任务驱动型的协同。当前，针对实际应用，面向目标任务的高层级多源协同方式受到学术界与工业界的重视。基于类别的融合就是一种利用多源遥感完成识别决策任务的目标驱动型融合方式，可以称之为多源遥感融合分类，它是一种高层次融合，有助于地物精细分类和制图。目前在遥感融合分类这一领域中常用的融合分类方法主要有：统计数据融合法，证据推理（Dempster-Shafer，DS）理论，基于神经网络的融合，以及模糊逻辑法等。Kanellopoulos 等[8]提出基于神经网络的多源数据融合分类方法，使得分类可靠性显著提升，该方法提取了 SAR（Synthetic Aperture Radar，合成孔径雷达）图像的纹理信息，并将其与 Landsat-TM 图像融合，采用神经网络进行分类。Ran 等[9]提出了一种基于决策层级融合的分类方法，基于 DS 理论整合局部多源数据，生成了高精度的土地覆盖图，该方法充分利用数据空间信息的同时，高效完成了多源遥感融合分类。在多源遥感融合分类的各项研究中，多源数据融合后实现的分类性能已经明显优于单源数据的分类性能，而在实际应用中，多源传感器的协同处理技术也取得了进步。中国科学院团队联合研制了多源协同定量遥感产品生产系统（MuSyQ），研制了陆表多源多尺度遥感产品生产系统，该系统具有轻量级、稳定实用、安全可靠的特性，提供了丰富的工具，方便用户使用，可满足影像数据高速处理的需求以及超大容量的存储要求。

6.1.2 基于高光谱的多源遥感融合分类研究现状

在多种多样的遥感数据源中，"图谱合一"的高光谱数据能够提供具有诊断意义的光谱信息，这种精细光谱信息能揭示地物类别间的细微差异，使高光谱具备更强的地物信息探测力。高光谱遥感的上述特点使它在多样化的遥感产品中显现出独特优势：地物识别力更强，分类可靠性更高。因此，以高光谱数据为中心，将其与其他多源异构遥感数据融合分类，以实现高效对地观测，成为遥感领域多源数据协同利用的研究热点。

基于高光谱的多源遥感融合方法按照多源遥感信息的分层结构特性，可将融合层次划分为像素层级融合、特征层级融合和决策层级融合[10]。像素层级融合通过处理多源图像，构建数据特性优良、视觉效果更佳、具备多源数据融合特性的新图像，像素层级融合方法作为一种低层次的融合方法，在融合分类中得到了大量应用。蒋年德等[11]提出的高光谱与多光谱融合方法可视为一种像素层级融合方法，基于该方法对多光谱图像实施主成分变换，之后借助小波变换获取高光谱与多光谱融合后的数据。Gomez 等[12]基于小波变换成功获取了光谱分辨率与高光谱一致且空间分辨率同多光谱一致的新数据，完成了高光谱与多光谱的高质量融合。马一薇[13]深入分析了遥感领域像素层级融合技术的研究现状，基于非负矩阵分解与彩色空间变换等方法，提出了能够克服光谱失真等问题的高光谱图像融合方法，并基于翔实的实验数据证明了该方法的有效性。

基于多源遥感信息的分层结构特性，许多学者还结合了多源数据和待分类区域的特性，采用了特征层级或决策层级融合方法，有效增强了高光谱多源数据融合分类的有效性。例如，Man 等[14]将特征层级和像素层级融合联用，针对城市土地利用问题探索了高光谱与激光雷达数据的融合性能，还有效验证了激光雷达的强度与高程信息在阴影分类中的贡献。此外，Chang 等[15]对高光谱和合成孔径雷达数据进行特征提取和子集筛选，之后利用堆栈滤波器实施了地物分类。该方法可视为特征层级融合分类的早期典型案例，不仅获取了较高的分类精度，还能通过并行处理完成高维数据的实时处理。Liao 等 [16] 对高光谱与激光雷达数据分别提取形态学特征，以基于图结构的融合方式将提取的形态学特征与高光谱数据进行融合，取得了较好的分类效果。综上，从特征层级出发实施基于高光谱的多源遥感融合分类，被证实具有较好的分类效果，但现有的特征层级融合方法缺乏对数据内联关系的有效分析，且容易造成特征维度过高现象，影响分类效果。因此，如何从真正意义上构建高光谱与多源数据的完整数据表达，在特征维度可控且不受"Hughes"效应影响的情况下提取联合特征、实施分类仍然充满挑战。

决策层级融合方法通过决策以整合不同遥感数据源的分类判据，从而获取最终分类结果，这类方法规避了特征融合中的特征拼接操作，在基于高光谱的多源遥感融合分类任务中表现出较好的性能。Dalponte 等 [17] 基于支持向量机和高斯最大似然分类器，以决策层级融合方法对高光谱和激光雷达数据实施了分类。该研究系统分析了该方法在不同地区场景之下的有效性。Camps-Valls 等 [18] 提出了一种基于核方法的通用融合框架，将多源信息通过高维特征空间的非线性核分类器进行分类。此外，Zhao 等 [19] 提出了结构复杂度更高的高光谱与激光雷达决策融合方法。Bigdeli 等 [20] 提出的方法尝试使用具有径向基函数而不是多项式核函数的 SVM 完成分类，还提出使用贝叶斯融合替代最大投票策略，以提高分类精度。根据调研发现，决策层级融合方法规避了特征拼接及叠加的操作，在分类任务上呈现出了较好的性能，但是该类方法忽略了多源数据的冗余性及互补性等特性，缺乏对数据信息的有效联合表征。另外，该类方法中的决策策略极易受主观因素影响，分类效果在跨数据集任务中并不具有鲁棒性。而且，该方法同样依赖于充足的训练样本才能保障最终分类效果，方法有效性仍旧受到小样本问题的制约。

综合上述分析，以高光谱遥感数据为核心，开展多源数据融合的分类识别任务以实现高效对地观测，是多源遥感融合利用的研究热点。基于高光谱的多源遥感融合分类是以分类为最终目的，以最终分类结果为评判标准的融合分类任务，获得了遥感领域的广泛关注。但现有的基于高光谱的多源遥感融合分类方法种类繁多，侧重点及优势各不相同，当前，各类研究着重关注分类任务的资源利用率及应用数据的典型特性。因此，结合对现有研究的深度调研可知，融合分类的高效实施需要针对具体应用和遥感数据特性来确定需求，进而制定最优融合分类方法。

6.2　基于 CNN 的高光谱多源数据融合分类

高光谱数据和激光雷达（LiDAR）数据或者可见光（VIS）数据结合后能够从不同角度对数据样本进行刻画，能够为更精细的分类提供基础。两种数据的类型和适用方向存在差异，对数据融合算法以及融合效果形成挑战。利用深度学习强大的特征提取能力和表示能力对高光谱数据和激光雷达数据的特征进行融合，同时利用 CNN 的强大特征提取能力分别对高光谱数据进行空间和光谱特征提取、融合处理。本节主要介绍基于 CNN 的高光谱多源数据融合分类的基本网络结构和算法流程。基于 CNN 强大的特征提取能力，提出了用于提取遥感数据特征的双分支 CNN，其能够将高光谱数据的特征和其他数据源（例如 LiDAR 数据或者 VIS 数据）的遥感数据特征结合起来。针对高光谱数据进行像元级分类，主要依赖于高光谱数据的光谱特征，而高光谱数据的空间信息也对分类精度有着重要影响。

图 6.1 是提出的基于 CNN 的高光谱多源数据融合分类的流程图，主要包含三部分：针对高光谱数据的双通道 CNN 分支；针对 LiDAR 或者 VIS 数据的级联 CNN；将两种数据的特征融合的全连接层，并承担特征选择和分类任务。

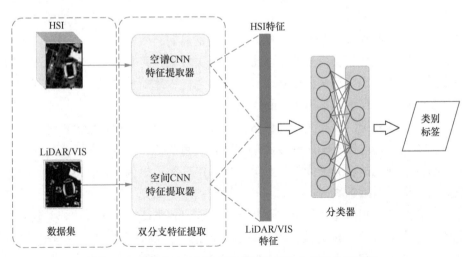

图 6.1　基于 CNN 的高光谱多源数据融合分类的流程图

6.2.1 双通道 CNN 与级联 CNN

1. 双通道 CNN

首先针对高光谱数据设计特征提取的 CNN 分支,该分支的网络结构如图 6.2 所示。网络结构由光谱通道、空间通道以及空谱融合三部分组成。光谱通道部分由卷积层、激活函数层、最大池化层以及批量归一化层组成[21-23]。由于光谱维数据为一维向量,所以采用一维卷积操作。对于激活函数的选择,为解决 "dying ReLU" 问题,使用 Leaky ReLU 替代传统的 ReLU 函数,从而对数据的分布进行修正[24]。

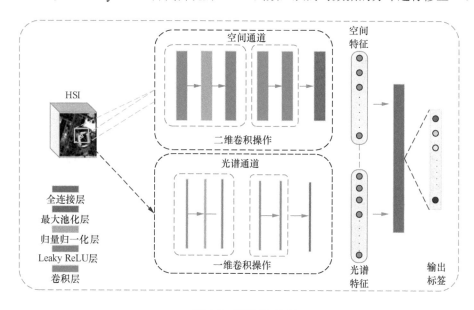

图 6.2 双通道 CNN

空间特征和光谱特征以堆叠的形式进行融合后输入全连接层,全连接层将所有节点连接,从而通过学习对联合特征进行重组和选择。Dropout 方法丢弃对贡献度过小的特征[25]。整个过程能够通过学习自动完成。

在设计的双通道 CNN 分支中,当网络前向计算时,空间通道和光谱通道同时进行前向计算,当反向传播更新梯度时需要遵守链式法则。

2. 级联 CNN

图 6.3 展示了级联 CNN 分支在 LiDAR 或 VIS 数据上提取特征的流程图,该分支主要由卷积层、最大池化层和基本级联操作等组成。在该分支中,数据首先经过归一化处理,然后输入网络中。其中,第一层为基本卷积操作,卷积核大小为 3×3。经卷积操作后输出的特征图随后输入最大池化层和级联模块。

随后将特征展开为一维向量，并将其作为全连接层的输入。最后一层作为预测层，预测当前位置的像元属于哪一类。

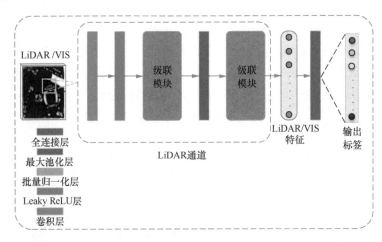

图 6.3　级联 CNN

级联模块的详细结构在图 6.4 中进一步给出。受 ResNet 和 DenseNet 的启发，我们设计了 Cascade block[26-27]。为了能够使不同层级的特征融合，同时提高特征的服用性，Cascade block 内部基于 shortcut 通道对不同特征进行桥接。Cascade block 由卷积层、批量归一化层和激活函数层组成，这里的激活函数选择 Leaky ReLU，能够克服 ReLU 随着训练时间的加长而失效的问题。桥接的 shortcut 建立在模块输入和中间的卷积层之间以及模块输出和中间的激活函数层之间。通过对特征图进行元素级相加，将前面网络的特征图向后直接传递。在网络前向计算的时候，不同层的特征经不同的路径向后传递，在反向传播更新卷积核的参数时同样需要遵守链式法则。

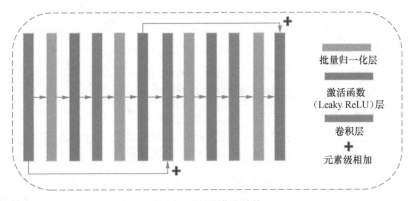

图 6.4　级联模块结构

6.2.2 双分支 CNN 训练及分析

1．网络训练

网络所有的参数都需要在给定的训练集上训练和更新。双分支 CNN 的详细参数如表 6.1 所示。从表 6.1 能看出需要训练的参数量较大，由于参数不均衡地分布在两个单独的分支上，因此同时训练两个分支网络可能会导致两个网络不能同时得到最优的参数解。整个网络的训练过程包含两部分，首先单独对两个分支网络进行训练，然后在此基础上以一个更小的学习率对两个分支网络进行微调训练。详细的算法流程如表 6.2 所示 [28]。

表 6.1 双分支 CNN 的详细参数

| HSI 分支 | | | | | | LiDAR/VIS 分支 | | |
| 2D 通道 | | | 1D 通道 | | | | | |
模块	核大小	特征维度	模块	核大小	特征维度	模块	核大小	特征维度
Conv2D	3	256	Conv1D	11	64	Conv2D	3×3	64
Conv2D	3	512	Conv1D	3	128	Cascade2D	—	[128, 64, 128, 64]
Maxpooling	—	—	Maxpooling	—	—	Maxpooling	2×2	—

表 6.2 多源数据融合分类的训练流程

算法流程
1：初始化权重
2：**while** epoch < epochs **do**
3：stage 1:
训练 HSI 分支
训练 LiDAR/VIS 分支
4：**end while**
5：**while** epoch < epochs **do**
6：stage 2:
合并分开的训练模型
训练双分支 CNN
7：**end while**

实验的难点主要集中在训练数据和训练方法上。训练深度学习的模型通常需要大量的带标签数据，这些数据也是深度学习中最珍贵的。对于遥感数据来说，带标签数据非常少，同时标记过程花费时间较长，标记成本较高。为了克服训练样本较少的问题，在数据预处理阶段采用数据增强技术，对输入网络的图像进行旋转、翻转、增加随机噪声，实现对训练集的扩充。另外，所有的数

据都被归一化到 0 和 1 之间。在训练方法上，fine-tune 技术常用于将在大数据集上训练的模型迁移至较小的数据集上。考虑到两个单独的分支网络能够将特征从高光谱数据和激光雷达数据中提取出来，采用 fine-tune 技术继续训练融合后的网络。

2．网络分析

在用于 HSI 特征提取的双通道 CNN 中，2D 和 1D 的 CNN 将高光谱的空间和光谱特征进行联合。也就是说，2D CNN 专注于空间信息，1D CNN 负责光谱特征提取。同样，3D CNN 也能同时处理空间和光谱信息，并应用于高光谱图像分类。

另外，Cascade block 是为提取 LiDAR/VIS 特征而设计的。LiDAR 数据具有丰富的地物高程信息，可用于区分不同高度的物体，而 VIS 数据具有更高的空间分辨率和真实的色彩。在提出的具有级联模块的 CNN 中，不同的级联层提取了不同的特征，通过 shortcut 通道能够将低层特征向高层特征传递，从而实现特征复用。级联操作是多尺度特征融合的关键步骤。

6.2.3　实验内容及结果分析

在本节中，将提出的双分支 CNN 在几种不同的多源数据融合分类的数据上进行实验，包括 HSI+LiDAR 和 HSI+VIS 数据。同时将实验结果与其他方法进行比较。

1．实验数据

为了评估双分支 CNN 在 HSI 和 LiDAR 数据融合分类中的表现，选择 Houston 和 Trento 两组数据集作为实验数据，选择 Salinas 和 PaviaU 作为 HSI 和 VIS 数据融合分类的实验数据。Houston 数据集已在 4.1 节介绍，每类的训练和测试样本数量也保持一致。PaviaU 的介绍可见 4.4 节，每类的训练和测试样本数量也保持一致，由于该数据集包含了可见光波段，为生成 RGB 数据，我们将 RGB 对应的波段 [29-31] 提取出来生成 VIS 数据 [32]。因为 VIS 数据的空间分辨率比 HSI 数据的分辨率高，为了仿真这个过程，将 HSI 数据进行降采样，并保证图幅大小不变。Salinas 数据集的介绍可见 4.1 节，每类的训练和测试样本数量也保持一致。将 Salinas 数据集的第 50、20、10 波段提取出来，生成 VIS 数据。

Trento 数据集在意大利 Trento 的农村地区拍摄。图像大小为 600 像素 × 166 像素，数据集包含 6 个类别。光谱波长范围为 420.89 ～ 989.09nm，共 63 个波段。该数据集的光谱分辨率为 9.2nm，空间分辨率为 1m。表 6.3 列出了每类的训练样本和测试样本数量。

表 6.3　Trento 数据集的训练样本和测试样本数量（单位：个）

类别序号	类别名称	训练样本数量	测试样本数量
1	苹果树	129	3905
2	建筑	125	2778
3	地面	105	374
4	树木	154	8969
5	葡萄园	184	10 317
6	道路	122	3525
总计		819	29 868

2．网络参数调节

分类精度与深度学习网络的设计架构密切相关。在我们的实验中，为 HSI 设计了类似 VGG 的网络。我们讨论不同的窗口大小和学习率以及学习策略对分类精度的影响。对于不同大小的输入窗口，讨论了 7×7、9×9、11×11 等不同大小的输入对分类效果的影响，结果如表 6.4 所示，将 9×9 的窗口大小作为输入的结果较好。

表 6.4　基于不同窗口大小的分类精度

窗口大小	Houston 数据集		Salinas 数据集	
	OA（%）	Kappa 系数	OA（%）	Kappa 系数
7 × 7	84.69	0.8342	92.95	0.9215
9 × 9	85.53	0.8434	95.83	0.9535
11 × 11	84.97	0.8372	95.52	0.9506

学习率是一个影响网络收敛的重要因素，会间接地影响网络性能。将具有不同学习率的实验在 Houston 数据集上展开。比较了 {0.1, 0.01, 0.001} 这几个不同的学习率对实验结果的影响，发现在学习率为 0.01、学习策略为 Adam 时的网络收敛速度最快。选择更小的学习率时，网络收敛速度降低，分类精度并没有提升。

fine-tune 技术能够大幅节省计算资源，帮助网络到达一个更高的分类精度，更能提升网络的健壮性。图 6.5 给出了 fine-tune 技术对分类精度的影响。可得出结论，fine-tune 技术能够提高分类精度。

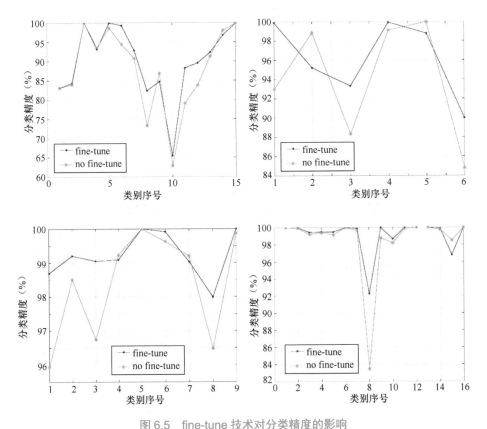

图 6.5 fine-tune 技术对分类精度的影响

（a）Houston 数据集；（b）Trento 数据集；（c）PaviaU 数据集；（d）Salinas 数据集

3. 实验结果分析

为了证明所提出的双分支 CNN 在多源数据融合分类中的性能，我们将其与几个传统分类器进行了比较，例如 SVM、ELM 以及 CNN-PPF[33-34]。以 SVM 为例，SVM（H）表示 SVM 在 HSI 数据上的实验结果，SVM（H+L）表示 HSI 和 LiDAR 数据融合分类的实验结果。为了公平起见，所有的训练样本和测试样本一样。

表 6.5 显示的是级联 CNN 在 LiDAR/VIS 数据以及双通道 CNN 在 HSI 数据上的实验结果。从实验结果可以看出，HSI 和 LiDAR/VIS 数据融合分类的分类效果最好。

表 6.5　双分支 CNN 在不同数据集上的表现

数据集	级联 CNN（LiDAR/VIS）		双通道 CNN（HSI）		双分支 CNN（HSI+LiDAR/VIS）	
	OA（%）	Kappa 系数	OA（%）	Kappa 系数	OA（%）	Kappa 系数
Houston	54.34	0.5071	84.08	0.8274	87.98	0.8698
Trento	85.17	0.8084	95.35	0.9379	97.92	0.9681
PaviaU	93.42	0.9131	97.49	0.9663	99.73	0.9883
Salinas	92.83	0.9201	96.22	0.9577	97.72	0.9745

为了进一步探索 HSI 和 LiDAR 数据融合分类的性能，表 6.6 和表 6.7 列出了不同实验方法在 Trento 和 Houston 数据集上的分类精度。双分支 CNN 在 HSI 和 LiDAR 数据融合分类中的精度超过其他的分类方法。因此，可以得出结论，HSI 和 LiDAR 数据融合分类可以产生更高的分类精度，特别是对于一些相似类别。为避免单一指标对实验结果描述的片面性，选择多种指标对结果进行评价。类似的结论也可以从 Kappa 系数中得出。

表 6.8 和表 6.9 是基于 HSI 和 VIS 数据融合分类的结果。如果仅使用 HSI，则双分支 CNN 优于 CNN-PPF，远高于 SVM 和 ELM。当采用 HSI 和 VIS 数据进行融合分类，PaviaU 数据集的 OA 达到 99.13%，超过其他的分类器。对于 Salinas 数据集，最大 OA 为 97.72%。

表 6.6　不同实验方法在 Trento 数据集上的分类精度（单位：%）

实验方法	CA-1	CA-2	CA-3	CA-4	CA-5	CA-6	OA	AA	Kappa 系数
SVM（H）	90.80	84.22	98.12	97.01	79.02	66.92	85.56	86.02	81.02
SVM（H+L）	88.62	94.04	93.53	98.90	88.96	91.75	92.77	92.63	95.85
ELM（H）	95.07	90.53	95.82	96.43	78.70	70.89	86.82	87.91	87.23
ELM（H+L）	95.81	96.97	96.66	99.39	82.24	86.52	91.32	92.93	90.42
CNN-PPF（H）	92.22	87.08	66.81	65.24	98.98	73.19	83.52	80.59	78.43
CNN-PPF（H+L）	95.88	99.07	91.44	99.79	98.56	88.72	97.48	95.58	96.64
双分支 CNN（H）	98.04	97.45	83.09	98.29	98.29	68.21	95.35	90.86	93.79
双分支 CNN（H+L）	98.07	95.21	93.32	99.93	98.78	89.98	97.92	96.19	96.81

表 6.7　不同实验方法在 Houston 数据集上的分类精度（单位：%）

实验方法	CA-1	CA-2	CA-3	CA-4	CA-5	CA-6	CA-7	CA-8	CA-9	CA-10	CA-11	CA-12	CA-13	CA-14	CA-15	OA	AA	Kappa系数
SVM（H）	90.80	84.22	98.12	97.01	79.02	66.92	76.87	43.02	79.04	58.01	81.59	72.91	71.23	99.60	97.67	79.00	81.94	77.41
SVM（H+L）	88.62	94.04	93.53	98.90	88.96	91.75	75.47	46.91	77.53	60.04	81.02	85.49	75.09	100.00	98.31	80.49	83.37	78.98
ELM（H）	95.07	90.53	95.82	96.43	78.70	70.89	89.65	49.76	81.11	54.34	74.67	69.07	69.82	99.19	98.52	79.87	82.57	78.21
ELM（H+L）	95.81	96.97	96.66	99.39	82.24	86.52	80.04	68.47	84.80	49.13	80.27	79.06	71.58	99.60	98.52	81.92	84.27	80.45
CNN-PPF（H）	92.22	87.08	66.81	65.24	98.98	73.19	86.19	65.81	72.11	55.21	85.01	60.23	75.09	83.00	52.64	78.35	77.19	76.46
CNN-PPF（H+L）	95.88	99.07	91.44	99.79	98.56	88.72	85.82	56.51	71.20	57.12	80.55	62.82	63.86	100.00	98.10	83.33	83.21	81.88
双分支 CNN（H）	98.04	97.45	83.09	98.29	98.29	68.21	85.45	69.14	78.66	52.90	82.16	92.51	92.63	94.33	99.79	84.08	86.98	82.74
双分支 CNN（H+L）	98.07	95.21	93.32	99.93	98.78	89.98	92.82	82.34	84.70	65.44	88.24	89.53	92.28	96.76	99.79	87.98	90.11	86.98

表 6.8　不同实验方法在 PaviaU 数据集上的分类精度（单位：%）

实验方法	CA-1	CA-2	CA-3	CA-4	CA-5	CA-6	CA-7	CA-8	CA-9	OA	AA	Kappa 系数
SVM（H）	85.18	91.64	81.36	95.64	99.30	91.70	94.78	84.38	100.00	90.20	91.48	0.8700
SVM（H+V）	85.94	90.66	82.73	95.67	99.21	91.74	94.42	82.97	100.00	89.89	91.48	0.8662
ELM（H）	80.77	91.31	84.47	96.61	98.60	93.58	95.75	83.77	99.73	89.82	91.62	0.8654
ELM（H+V）	80.92	91.27	84.73	96.58	98.60	93.64	95.58	83.69	99.73	89.83	91.63	0.8655
CNN-PPF（H）	87.89	94.12	93.85	93.18	99.33	99.34	98.80	84.68	98.63	93.28	89.53	0.9121
CNN-PPF（H+V）	97.62	98.66	100.00	91.22	100.00	100.00	99.85	95.22	97.68	97.95	97.13	0.9729
双分支 CNN（H）	97.59	97.92	94.58	98.95	100.00	98.62	94.78	93.68	99.87	97.49	97.31	0.9663
双分支 CNN（H+V）	98.69	99.21	99.05	99.05	100.00	99.92	99.93	97.99	100.00	99.13	99.22	0.9883

表 6.9 不同实验方法在 Salinas 数据集上的分类精度（单位：%）

实验方法	CA-1	CA-2	CA-3	CA-4	CA-5	CA-6	CA-7	CA-8	CA-9	CA-10	CA-11	CA-12	CA-13	CA-14	CA-15	CA-16	OA	AA	Kappa系数
SVM（H）	99.61	99.97	99.77	99.08	99.11	99.63	99.53	80.91	99.85	97.20	99.08	100.00	99.86	98.28	76.15	98.88	92.12	96.68	0.9118
SVM（H+V）	99.56	100.00	99.77	99.08	99.21	99.63	99.53	80.80	99.85	97.23	99.08	100.00	99.86	98.28	76.61	98.44	92.23	96.67	0.9121
ELM（H）	99.67	99.83	99.55	99.16	99.23	99.84	99.53	82.24	99.82	95.67	98.27	100.00	99.16	96.44	75.83	98.76	92.22	96.44	0.9129
ELM（H+V）	99.67	99.83	99.72	99.16	99.07	99.84	99.53	82.25	99.82	95.67	98.27	100.00	99.16	96.67	75.85	98.88	92.14	96.47	0.9131
CNN-PPF（H）	100.00	99.88	99.60	99.49	99.27	99.97	100.00	88.68	98.33	98.60	99.54	100.00	99.44	98.96	83.53	99.31	94.80	97.13	0.9364
CNN-PPF（H+V）	100.00	99.74	99.66	99.41	99.27	99.89	99.53	88.92	99.82	96.45	98.27	100.00	99.72	96.44	85.76	98.76	95.12	97.60	0.9453
双分支 CNN（H）	100.00	99.09	99.49	99.16	99.68	100.00	99.64	91.36	99.45	97.66	100.00	100.00	100.00	99.89	88.92	100.00	96.22	98.40	0.9745
双分支 CNN（H+V）	100.00	100.00	99.44	99.50	99.48	100.00	99.88	92.27	100.00	98.67	100.00	100.00	100.00	99.89	96.79	100.00	97.72	99.12	0.9745

　　图 6.6 和图 6.7 给出了不同实验方法在 Houston 和 PaviaU 数据集上的可视化分类图。为了便于比较，给出了真值图。这些图和表 6.7、表 6.8 中的结果是对应的。显然，双分支 CNN 在分类图中具有比 SVM、ELM 和 CNN-PPF 更小的错误标记区域。其中，图 6.6（d）～图 6.6（g）和图 6.7（d）～图 6.7（g）为基于不同实验方法得到的分类图。

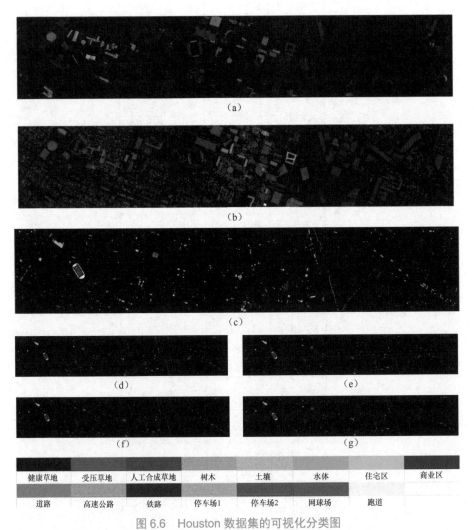

图 6.6　Houston 数据集的可视化分类图

（a）高光谱伪彩色图；（b）LiDAR 灰度图；（c）真值图；（d）SVM（80.49%，80.49% 代表 OA，余同）；
（e）ELM（81.92%）；（f）CNN-PPF（83.33%）；（g）双分支 CNN（87.98%）

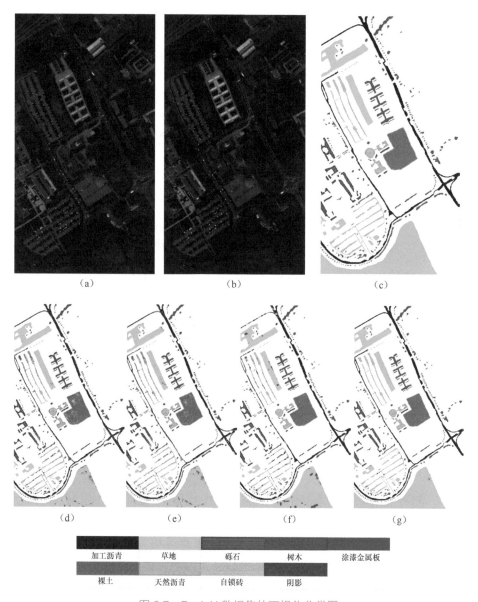

图 6.7　PaviaU 数据集的可视化分类图

（a）高光谱伪彩色图；（b）VIS 真彩色图；（c）真值图；（d）SVM（89.89%）；（e）ELM（89.83%）；
（f）CNN-PPF（97.95%）；（g）双分支 CNN（99.13%）

　　此外，还比较了基于不同数量的训练样本的分类性能。图 6.8 给出了基于不同训练样本比例的分类结果。从图中我们可以看出双分支 CNN 在样本数量更少时也能有较好的分类精度。

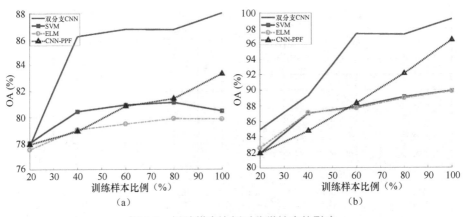

图 6.8　训练样本比例对分类精度的影响

（a）Houston 数据集；（b）PaviaU 数据集

表 6.10 给出了双分支 CNN 在训练和测试过程中的计算复杂度。所有的实验结果都是在相同的硬软件环境下得到。由表中结果可知，训练阶段耗时更长。

表 6.10　不同数据集的训练时间和测试时间

数据集	训练时间（min）	测试时间（s）
Houston	12.15	15.24
Trento	8.76	17.21
PaviaU	10.63	29.54
Salinas	16.92	53.46

6.3　基于结构信息聚合的 HSI 与 LiDAR 数据的融合分类

多源数据的协同利用及融合分类在对地观测等相关应用中具有重要意义。HSI 数据可以提供具有诊断意义的光谱信息，但该数据的空间分辨率还有待提高，目前难以形成对地物分布情况的全面表达。LiDAR 数据能够提供地物高程信息，LiDAR 与 HSI 数据的协同利用有助于更加全面地揭示地物特性，提供更强的对地解译能力和可靠的分类结果。本节重点关注多源遥感差异信息的规划和利用，提出一种基于结构信息聚合的 HSI 与 LiDAR 数据的融合分类方法。该方法将自编码特征提取及风格迁移等多种技术方案中的核心配件实现转化利用，为 HSI 与 LiDAR 数据构建自适应数据重构。此外，给出了端到端跨域学习、互补结构融合及最终分类的系统流程，充分论证了所提出的方法在利用多源数据的信息完整性与可靠性方面的巨大潜力，也证实了本节提出的融合分类方法在提高对地观测效能及地物分类的准确性方面的可行性。

与现有的融合分类方法不同，本节的多源遥感协同方法将重点放在两源数据的结构功能集成方面，在集成两域互补特性的过程中完成结构融合数据体的获取，最终实现了 HSI 与 LiDAR 数据的可靠分类。本节提出的结构信息聚合分类框架由两部分构成：数据驱动的互补性结构信息聚合分类网络以及语义信息导向的分类网络。

6.3.1　基于 IP-CNN 的结构信息聚合分类模型

基于 IP-CNN（Interleaving Perception-CNN，交叉感知 CNN）的结构信息聚合分类模型主要包含两源数据重构分支及互补结构控制等功能构件。执行流程见图 6.9。

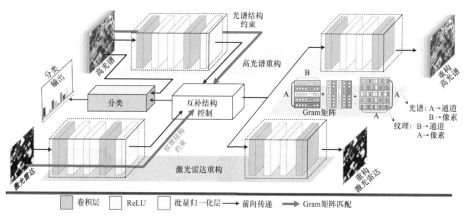

图 6.9　基于 IP-CNN 的结构信息聚合分类模型的执行流程

IP-CNN 整体架构按照自编码模型的相关模式部署，编码部分用来实现多源信息的结构信息提取及聚合。该部分以 3×3 大小的卷积核为执行开端，网络中涉及的所有特征的通道数目均为 D。同时，为保障多源信息提取粒度一致，高光谱源及激光雷达源的编码、解码模块配置高度一致。由图 6.9 可见，高光谱源隐层特征与激光雷达源隐层特征输入在重构分支前存在交叉感知。在互补结构控制（Complementary-Structure Control，CSC）模块中，基于格莱姆（Gram）矩阵的二阶统计信息对齐被转化利用，实现融合模块中多源互补信息的有效保持。具体而言，基于激光雷达源计算的 Gram 矩阵被视作纹理结构参考矩阵，基于高光谱源计算的 Gram 矩阵被视作光谱结构参考矩阵。在不同类型参考矩阵的计算基础上，联合控制融合特征在不同维度的结构特性，实现融合数据在光谱特性及纹理特性方面的不同源属性保留。数据重构分支促进了无监督训练过程的搭建，同时也保障了高光谱源及激光雷达源信息的完整传递。

6.3.2 语义信息导向的分类模型及训练策略

基于结构信息聚合获取融合数据后，将相应数据输入双分支网络。

融合数据连接双分支网络的 HSI 分支，而 HSI 数据则输入双分支网络的 LiDAR 分支。融合数据是基于多结构特性的约束学习所得，具备多源数据的充足的结构类信息，但仍旧存在相当程度的信息损失，因此选取双分支模型可实现原始 HSI 数据的复用，减小信息损失对分类性能的影响。在该双分支网络中，层级模块有助于提取具备隐含层特征，同时促进高光谱图像特征复用及前馈传输。在融合分类过程中，数据驱动的融合结果可被双分支网络有效调整，实现从数据信息向语义信息的迁移。

本节提出的训练策略分两阶段实行。在训练阶段 1，IP-CNN 并不受限于训练样本数量，该网络的训练样本采集基于滑动窗口，对 HSI 与 LiDAR 数据分别进行了对应图块的划分，样本数量与图幅大小相关，如图 6.10 所示。

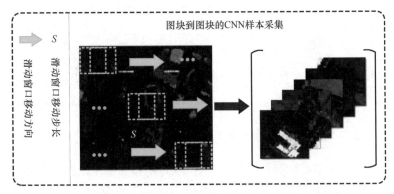

图 6.10 训练样本采集过程展示（左侧为原始图块，右侧为切割后图块）

HSI 以及 LiDAR 数据均通过图 6.10 所示的采集过程进行数据块的采集，每组样本采集都在 HSI 与 LiDAR 数据的对应区域分别进行，从而充分保证了两源数据之间的相关性，也保障了后续联合特征提取的可行性。图例中的符号 S 表示滑动窗口的移动步长，即滑动窗口的采样间隔，实验中将该步长值设为2。因此，当滑动窗口遍历 HSI 及 LiDAR 数据的全部图幅时，若假设图幅的长和宽分别为 Width、Height，则可被获取的训练样本对的数量 Num 为：

$$\text{Num} = \frac{\text{Width} \times \text{Height}}{S^2} \qquad (6\text{-}1)$$

由于该样本采集过程基于整体图幅进行，所以保证了训练样本的数量充足。又由于网络的训练过程无需使用标签信息，因此我们视该 IP-CNN 的训练模式为无监督训练模式。此外，所有卷积操作执行零填充，卷积步长为 1。IP-CNN 的权重采取随机初始化设置，初始学习率设置为 0.001，学习策略为 Adam。在训练阶段 2，IP-CNN 及双分支网络联合训练，交叉感知部分的权重基于训练阶段 1 的训练结果微调，双分支网络部分的权重则为随机初始化权重。为保证训练结果的可靠性，本节采用了较为简单、有效的数据增强方法，在不增加标注成本的情况下生成额外的样本数据。

6.3.3 HSI 协同 LiDAR 数据分类实验

1. 实验设计及评价方法

为评估 IP-CNN 方法的有效性，本节基于开源数据集开展实验分析与算法对比。实验涉及三组数据集，覆盖区域各不相同，包括 MUUFL 数据集、Trento 数据集以及 Houston 数据集。表 6.11～表 6.13 分别列出了相应数据集中样本的类别名称、训练样本数量以及测试样本数量。

表 6.11 MUUFL 数据集的训练样本及测试样本数量（单位：个）

类别序号	类别名称	训练样本数量	测试样本数量
1	树木	150	23 246
2	草地	150	4270
3	混合地面	150	6882
4	泥沙	150	1826
5	道路	150	6687
6	水域	150	466
7	建筑阴影	150	2233
8	建筑	150	6240
9	人行道	150	1385
10	黄色路缘	150	183
11	布制面板	150	269
总计		1650	53 687

表 6.12　Trento 数据集的训练样本及测试样本数量（单位：个）

类别序号	类别名称	训练样本数量	测试样本数量
1	苹果树	129	4034
2	建筑	125	2903
3	地面	105	479
4	树木	154	9123
5	葡萄园	184	10 501
6	道路	122	3174
总计		819	30 214

表 6.13　Houston 数据集的训练样本及测试样本数量（单位：个）

类别序号	类别名称	训练样本数量	测试样本数量
1	健康草地	198	1251
2	受压草地	190	1254
3	人工合成草地	192	697
4	树木	188	1244
5	土壤	186	1242
6	水体	182	325
7	住宅区	196	1268
8	商业区	191	1244
9	道路	193	1252
10	高速公路	191	1227
11	铁路	181	1235
12	停车场 1	192	1233
13	停车场 2	184	469
14	网球场	181	428
15	跑道	187	660
总计		2832	15 029

2．参数敏感性分析及模块消融

（1）Gram 结构控制约束及数据重构约束对分类效果的影响：在 IP-CNN 中，不同损失约束项的控制对信息融合的效果具有直接影响。本部分详细分析了

IP-CNN 方法在去除结构控制约束（S-Free）、去除数据重构约束（R-Free）以及保留双重约束（IP-CNN）等不同情况下的分类效果。其中，双重约束同时保留情况下，平衡参数设为 0.01，具体如表 6.14～表 6.16 所示。

表 6.14　基于 MUUFL 数据集的分类效果对比（单位：%）

方法	CA-1	CA-2	CA-3	CA-4	CA-5	CA-6	CA-7	CA-8	CA-9	CA-10	CA-11	OA	AA	Kappa系数
S-Free	94.30	91.28	88.10	97.27	93.80	99.85	96.21	95.82	93.00	99.84	99.63	93.62	95.37	91.68
R-Free	93.97	91.77	87.25	97.67	93.60	99.75	96.16	95.84	93.18	99.45	99.67	93.40	95.30	91.40
IP-CNN	94.40	92.26	87.96	97.15	94.38	99.79	96.30	96.13	94.01	100.00	99.63	93.86	95.64	91.99

表 6.15　基于 Trento 数据集的分类效果对比（单位：%）

方法	CA-1	CA-2	CA-3	CA-4	CA-5	CA-6	OA	AA	Kappa系数
S-Free	99.50	99.65	98.60	98.91	99.76	78.26	97.08	95.78	96.47
R-Free	98.87	99.26	97.60	99.78	99.66	81.49	97.52	96.11	96.81
IP-CNN	99.00	99.40	99.10	99.92	99.66	90.21	98.58	97.88	98.17

表 6.16　基于 Houston 数据集的分类效果对比（单位：%）

方法	CA-1	CA-2	CA-3	CA-4	CA-5	CA-6	CA-7	CA-8	CA-9	CA-10	CA-11	CA-12	CA-13	CA-14	CA-15	OA	AA	Kappa系数
S-Free	85.44	87.31	100.00	94.23	98.82	100.00	88.66	80.88	90.62	72.30	84.70	96.49	93.84	99.77	99.97	89.83	91.53	89.05
R-Free	85.77	86.58	100.00	98.55	98.86	100.00	90.82	88.23	88.10	68.48	92.39	95.54	93.84	99.95	100.00	90.98	92.47	90.27
IP-CNN	85.77	87.34	100.00	94.26	98.42	99.91	94.59	91.81	89.35	72.43	96.57	95.60	94.37	99.86	99.99	92.06	93.35	91.42

由实验结果可知，当 IP-CNN 中缺乏任意一种约束时，分类性能均会有所下降。具体而言，在去除结构控制约束后，基于 Houston 数据集的分类精度下降尤为明显；在去除数据重构约束后，基于三类数据集的分类精度显著降低。Gram 结构控制约束和数据重构约束这两项约束共同指导下的信息融合呈现了最好的整体分类性能。

（2）输入块尺寸对分类效果的影响：在研究了不同模块配置下的分类效果的差异后，我们进一步基于 IP-CNN 探究了不同尺寸输入块对分类效果的影响。表 6.17 列出了基于不同尺寸输入块的分类效果。相关实验结果表明，不同尺寸的输入块具有不同的分类性能，其中 13×13 大小的输入块在 MUUFL 和 Houston 数据集中具备最佳分类性能，该尺寸的输入块在 Houston 数据集上的总体分类精度为92.06%，在MUUFL数据集上的总体分类精度为93.86%。在Trento数据集中，11×11和13×13大小的输入块具有极为相近的分类性能，综合三组数据集考虑，选取13×13作为三组数据集的最优输入块大小。

表6.17　基于不同尺寸输入块的分类效果（单位：%）

输入块尺寸	MUUFL 数据集			Trento 数据集			Houston 数据集		
	OA	AA	Kappa系数	OA	AA	Kappa系数	OA	AA	Kappa系数
9×9	93.04	94.58	90.93	97.94	97.31	97.25	89.63	91.37	88.85
11×11	93.45	95.38	91.46	98.68	98.02	98.24	89.59	91.25	88.78
13×13	93.86	95.64	91.99	98.58	97.88	98.17	92.06	93.35	91.42
15×15	93.49	95.38	91.52	97.12	94.75	96.15	91.19	92.52	90.50

3. 实验结果分析

为了进一步验证IP-CNN方法的有效性，本节将该方法与其他分类方法进行了系统比较。对比方法包括CNN-PPF、双分支CNN（Two-Branch CNN，TB-CNN）、快速密集空谱卷积网络（Fast Dense Spectral-Spatial Convolution Network，FDSSCN）、CD-CNN、卷积循环神经网络（Convolutional Recurrent Neural Network，CRNN）、CNN-马尔科夫随机场（CNN with Markov Random Field，CNN-MRF）、不变属性集（Invariant Attribute Profiles，IAP）、耦合卷积神经网络（Coupled CNN）以及半监督生成对抗网络（Semi-supervised Generative Adversarial Network，Semi-GAN）。实验中涉及的各对比实验均基于最优参数配置实现。

（1）量化对比：表6.18～表6.20为基于本书提出的IP-CNN方法与其他对比方法所实现的分类效果对比。根据表格中的实验对比结果，IP-CNN方法的分类精度明显优于其他对比方法。具体而言，在MUUFL数据集中，IP-CNN方法的OA为93.86%，该实验结果比TB-CNN方法高约3.5%，比CNN-PPF方法高约2.9%。基于Trento和Houston数据集的实验结果与MUUFL数据集的实验结果类似，IP-CNN方法的分类效果最佳，OA分别达到98.58%、92.06%。显然，该部分实验结果较有力地证实了基于结构信息聚合的HSI与LiDAR数据的融合分类方法具有更好的鲁棒性，可以显著提高HSI与LiDAR数据的融合分类精度。

（2）视觉对比：为了进一步分析及对比本书提出的融合分类方法的有效性，我们基于IP-CNN和Houston数据集中分类性能较好的IAP进行分类效果的视觉对比。实验结果如图6.11所示，图中分别提供了样本标注标准图以及相应图例。通过可视化分类结果的对比可见，本书提出的 IP-CNN 方法可以产生最准确且噪声最小的分类结果。在 Houston 数据集中，第 10 类高速公路样本所在区域，HSI 数据存在较为严重的云雾遮挡情况，而 LiDAR 数据能够呈现较为清晰的地貌表征，在两种数据协同使用下，IAP 方法在高光谱地物遮挡严重的区域仍旧存在错分现象，IP-CNN 方法在高速公路中的分类表现较好，有力地表明了 IP-CNN 方法的分类有效性。该视觉对比结果与表 6.20 中的实验结果一致。

表 6.18　基于 MUUFL 数据集的分类效果（单位：%）

方法	CA-1	CA-2	CA-3	CA-4	CA-5	CA-6	CA-7	CA-8	CA-9	CA-10	CA-11	OA	AA	Kappa 系数
CNN-PPF	89.07	85.71	80.15	93.10	88.98	98.93	89.07	92.15	75.45	100.00	100.00	90.97	90.24	84.46
TB-CNN	92.35	59.30	94.47	93.74	92.76	98.42	95.68	94.01	86.64	100.00	96.64	90.35	91.27	87.27
FDSSCN	87.37	32.37	88.12	94.51	97.84	96.20	89.92	87.44	85.75	72.73	99.16	84.83	84.70	80.24
CD-CNN	91.29	63.09	81.84	93.92	89.44	92.92	84.73	81.22	81.30	98.91	99.63	86.07	87.12	81.89
CNN-MRF	93.04	60.17	90.60	97.20	92.00	99.68	95.39	94.71	30.53	36.36	95.80	88.94	85.02	85.55
CRNN	91.43	63.16	90.20	93.44	87.62	95.89	90.16	89.29	82.91	96.97	96.64	91.38	88.88	84.41
IAP	85.32	81.99	78.51	94.63	86.81	99.79	90.91	95.46	73.94	98.91	99.63	86.05	89.63	82.12
Coupled CNN	98.90	78.60	90.66	90.60	96.90	75.98	73.54	96.66	64.93	19.47	62.76	90.93	77.18	88.22
Semi-GAN	92.85	89.16	82.26	96.60	91.89	100.00	96.78	95.87	93.65	99.45	99.63	91.86	94.38	89.43
IP-CNN	94.40	92.26	87.96	97.15	94.38	99.79	96.30	96.13	94.01	100.00	99.63	93.86	95.64	91.99

表 6.19　基于 Trento 数据集的分类效果（单位：%）

方法	CA-1	CA-2	CA-3	CA-4	CA-5	CA-6	OA	AA	Kappa 系数
CNN-PPF	90.11	83.34	71.13	99.04	99.37	89.73	94.76	88.97	93.04
TB-CNN	98.07	95.21	93.32	99.93	98.78	89.98	97.92	96.19	96.81
FDSSCN	67.97	98.31	66.39	89.60	100.00	64.93	88.20	81.20	83.94
CD-CNN	99.26	86.81	97.91	97.31	99.82	84.63	96.11	94.29	94.81
CNN-MRF	99.95	89.97	98.33	100.00	100.00	43.98	98.40	97.04	97.86
CRNN	97.72	95.69	100.00	96.85	100.00	77.76	97.22	94.67	96.29
IAP	96.26	97.80	99.79	95.67	98.19	90.01	96.30	96.29	95.07
Coupled CNN	99.87	83.84	87.09	99.98	99.61	98.75	97.69	94.86	96.91
Semi-GAN	98.07	97.28	100.00	99.64	99.73	80.25	97.20	95.83	96.27
IP-CNN	99.00	99.40	99.10	99.92	99.66	90.21	98.58	97.88	98.17

表 6.20 基于 Houston 数据集的分类效果（单位：%）

方法	CA-1	CA-2	CA-3	CA-4	CA-5	CA-6	CA-7	CA-8	CA-9	CA-10	CA-11	CA-12	CA-13	CA-14	CA-15	OA	AA	Kappa系数
CNN-PPF	83.57	98.21	98.42	97.73	96.50	97.20	85.82	56.51	71.20	57.12	80.55	62.82	63.86	100.00	98.10	83.33	83.21	81.88
TB-CNN	83.10	84.10	100.00	93.09	100.00	99.30	92.82	82.34	84.70	65.44	88.24	89.53	92.28	96.76	99.79	87.98	90.11	86.98
FDSSCN	85.53	84.61	99.43	94.13	100.00	98.15	92.11	65.03	66.21	71.88	84.53	98.54	90.41	100.00	100.00	86.60	88.20	95.59
CD-CNN	84.89	87.40	99.86	93.49	100.00	98.77	82.81	78.78	82.51	59.41	83.24	92.13	94.88	99.77	98.79	86.90	89.11	85.89
CNN-MRF	85.77	86.28	99.00	92.85	100.00	98.15	91.64	80.79	91.37	73.35	98.87	89.38	92.75	100.00	100.00	90.61	92.01	89.87
CRNN	83.00	79.41	99.80	90.15	99.71	83.21	88.06	88.61	66.01	52.22	81.97	69.83	79.64	100.00	100.00	88.55	90.30	87.56
IAP	84.57	87.40	99.57	92.68	99.92	98.15	87.54	80.63	86.50	99.10	82.67	96.92	85.71	99.77	99.39	90.98	92.04	90.25
Coupled CNN	98.51	97.83	70.60	99.06	100.00	41.11	83.14	98.39	94.81	92.98	90.88	91.02	97.09	100.00	97.85	90.43	90.22	89.68
Semi-GAN	85.77	87.40	100.00	99.28	99.19	100.00	89.27	84.08	90.42	68.05	97.89	91.00	94.88	100.00	98.64	90.88	92.39	90.16
IP-CNN	85.77	87.34	100.00	94.26	98.42	99.91	94.59	91.81	89.35	72.43	96.57	95.60	94.37	99.86	99.99	92.06	93.35	91.42

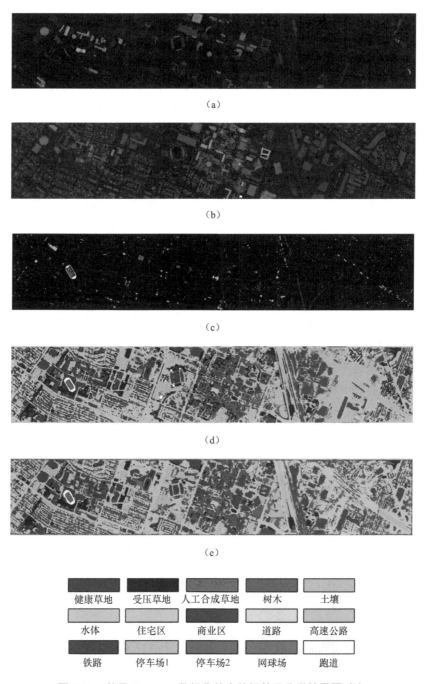

（a）

（b）

（c）

（d）

（e）

健康草地	受压草地	人工合成草地	树木	土壤
水体	住宅区	商业区	道路	高速公路
铁路	停车场1	停车场2	网球场	跑道

图 6.11　基于 Houston 数据集的真值标签及分类效果图对比

（a）HSI 伪彩色图；（b）LiDAR 灰度图；（c）真值图；（d）IAP 分类结果；
（e）IP-CNN 分类结果

（3）样本敏感性对比：为进一步验证本书提出的分类方法在小样本情况下的优越性，设计了基于不同训练集大小的对照实验，以评估各类方法对样本数量的敏感性，衡量各类方法对样本数量的依赖程度。实验结果表明，IP-CNN方法在不同数量训练样本下的分类效果均优于其他对比方法。而且，实验结果中各类对比方法的分类效果都伴随训练样本数量的增加而提升，这说明各类对比方法都对样本数量呈现一定程度的依赖性，而IP-CNN方法对样本数量的依赖性较低，在极低数量的训练样本下依旧可获取较高分类性能，这充分验证了IP-CNN方法具有小样本鲁棒性。

参考文献

[1] RAHMAN S A E. Hyperspectral imaging classification using ISODATA algorithm: big data challenge[C]//Fifth International Conference on e-Learning (econf). Piscataway, USA: IEEE, 2016: 247-250.

[2] 赵晓辉, 姚佩阳, 张鹏. 动态贝叶斯网络在战场态势估计中的应用 [J]. 电光与控制, 2010, 17(1): 44-47.

[3] 杜培军. 遥感科学与进展 [M]. 北京：中国矿业大学出版社, 2007.

[4] CHIEN S, DOUBLEDAY J, MCLAREN D, et al. Monitoring flooding in Thailand using earth observing one in a sensorweb[J]. IEEE Journal of Selected Topics in Applied Earth Observations and Remote Sensing, 2013, 6(2): 291-297.

[5] DAILY M I, FARR T, ELACHI C, et al. Geologic interpretation from composited radar and landsat imagery[J]. Photogrammetric Engineering and Remote Sensing, 1979, 45(8): 1109-1116.

[6] JOSHI M V, GAJJAR P P, RAVISHANKAR S, et al. Multiresolution fusion in remotely sensed images: use of gibbs prior and PSO optimization[C]//IEEE International Geoscience and Remote Sensing Symposillm. Hawaii, USA: IEEE, 2010: 480-483.

[7] WALTZ EDWARD, LLINAS JAMES. Multisensor data fusion[M]. Norwood: Artech House, 1990.

[8] KANELLOPOULOS I, WILKINSON G G, CHIUDERI A. Land cover mapping using combined landsat TM imagery and textural features from ERS-1 synthetic aperture radar imagery[J]. Image and Signal Processing for Remote Sensing, 1994, 2315: 332-341.

[9] RAN Y H, LI X, LU L, et al. Large-scale land cover mapping with the integration of multi-source information based on the Dempste-Shafer theory[J]. International Journal of

Geographical Information Science, 2012, 26(1): 169-191.

[10] HALL D L, LLINAS J. An introduction to multisensor data fusion[J]. Proceedings of the IEEE, 1997, 85(1): 6-23.

[11] 蒋年德, 王耀南. 一种新的基于主分量变换与小波变换的图像融合方法 [J]. 中国图象图形学报, 2005, 10(7): 910-915.

[12] GOMEZ R B, JAZAERI A, KAFATOS M. Wavelet-based hyperspectral and multispectral image fusion[J]. Proceedings of SPIE-The International Society for Optical Engineering, 2001, 4383: 36-42.

[13] 马一薇. 高光谱遥感图像融合技术与质量评价方法研究 [D]. 郑州 : 解放军信息工程大学, 2010.

[14] MAN Q, DONG P, GUO H. Pixel-and feature-level fusion of hyperspectral and lidar data for urban land-use classification[J]. International Journal of Remote Sensing, 2015, 36(6): 1618-1644.

[15] CHANG Y L, CHEN C T, HAN C C, et al. Hyperspectral and SAR imagery data fusion with positive Boolean function[J]. Proceedings of Spie-The International Society for Optical Engineering, 2003, 5093: 765-776.

[16] LIAO W, BELLENS R, GAUTAMA S, et al. Feature fusion of hyperspectral and lidar data for classification of remote sensing data from urban area[C]// 5th Workshop of the EARSeL Special Interest Group on Land Use and Land Cover: Frontiers in Earth Observation for Land System Science. Berlin, Germany, 2014: 34.

[17] DALPONTE M, BRUZZONE L, GIANELLE D. Fusion of hyperspectral and lidar remote sensing data for classification of complex forest areas[J]. IEEE Transactions on Geoscience and Remote Sensing, 2008, 46(5): 1416-1427.

[18] CAMPS-VALLS G, GOMEZ-CHOVA L, MUNOZ-MARI J, et al. Kernel-based framework for multitemporal and multisource remote sensing data classification and change detection[J]. IEEE Transactions on Geoscience and Remote Sensing, 2008, 46(6): 1822-1835.

[19] ZHAO B, ZHONG Y, ZHANG L. Hybrid generative/discriminative scene classification strategy based on latent dirichlet allocation for high spatial resolution remote sensing imagery[C]//IEEE International Geoscience and Remote Sensing Symposium. Piscataway, USA: IEEE, 2013: 196-199.

[20] BIGDELI B, SAMADZADEGAN F, REINARTZ P. A decision fusion method based on multiple support vector machine system for fusion of hyperspectral and lidar data[J]. International Journal of Image and Data Fusion, 2014, 5(3): 196-209.

[21] YU L, ZHANG W, WANG J, et al. SeqGAN: sequence generative adversarial nets with policy gradient[EB/OL]. (2016-09-18) [2024-07-01].

[22] ERTURK A, GULLU M K, ERTURK S. Hyperspectral image classification using empirical mode decomposition with spectral gradient enhancement[J]. IEEE Transactions on Geoscience and Remote Sensing, 2013, 51(5): 2787-2798.

[23] KEYS R. Cubic convolution interpolation for digital image processing[J]. IEEE Transactions on Acoustics, Speech, and Signal Processing, 1981, 29(6): 1153-1160.

[24] ZEILER M D, FERGUS R. Visualizing and understanding convolutional networks[EB/OL]. (2023-11-12) [2024-07-01].

[25] YANG Y, NEWSAM S. Bag-of-visual-words and spatial extensions for land-use classification[C]//Proceedings of the 18th SIGSPATIAL International Conference on Advances in Geographic Information Systems. California, USA: ACM, 2010: 270-279.

[26] XU B, WANG N, CHEN T, et al. Empirical evaluation of rectified activations in convolutional network[J]. arXiv: 1505.00853, 2015.

[27] IOFFE S, SZEGEDY C. Batch normalization: accelerating deep network training by reducing internal covariate shift[EB/OL]. (2015-03-02) [2024-05-05].

[28] MAAS A L, HANNUN A Y, NG A Y. Rectifier nonlinearities improve neural network acoustic models[C]//Proceedings of the 30th International Conference on Machine Learning. Atlanta, USA, 2013, 30(1): 3.

[29] SINGH K K, VOGLER J B, SHOEMAKER D A, et al. LiDAR-landsat data fusion for large-area assessment of urban land cover: balancing spatial resolution, data volume and mapping accuracy[J]. ISPRS Journal of Photogrammetry and Remote Sensing, 2012, 74: 110-121.

[30] PENG P, MA Q L, HONG L M. The research of the parallel SMO algorithm for solving SVM[C]//International Conference on Machine Learning and Cybernetics. Piscataway, USA: IEEE, 2009, 3: 1271-1274.

[31] TSAI R. Multiframe image restoration and registration[J]. Advance Computer Visual and Image Processing, 1984, 1(3): 317-339.

[32] SRIVASTAVA N, HINTON G, KRIZHEVSKY A, et al. Dropout: a simple way to prevent neural networks from overfitting[J]. Journal of Machine Learning Research, 2014, 15(1): 1929-1958.

[33] HU W, HUANG Y, WEI L, et al. Deep convolutional neural networks for hyperspectral image classification[J]. Journal of Sensors, 2015: 1-12.

[34] LI W, WU G, ZHANG F, et al. Hyperspectral image classification using deep pixel-pair features[J]. IEEE Transactions on Geoscience and Remote Sensing, 2016, 55(2): 844-853.